计算结构力学

阎　军　杨春秋　编著

科学出版社
北　京

内 容 简 介

本书根据国家教育部力学专业教学指导委员会制定的工程力学专业规范对计算力学课程教学基本要求编写。全书共 5 章，内容包括杆系结构位移法、杆系结构刚度阵法、直接刚度法计算桁架、直接刚度法计算平面刚架、直接刚度法计算空间刚架，并将平面桁架程序设计、空间桁架程序设计、平面刚架程序设计、空间刚架程序设计列入附录。各章均附有习题，并在书后给出了部分参考答案。

本书注重计算结构力学的基本原理、基本概念和基本方法。在内容编排上注重课程的基础性、应用性和教学的适用性。程序设计采用 C 语言,符合国际大型通用结构计算程序的编制习惯，附录中给出的计算结构力学源程序及设计使用说明，工程实用性强，结构化特点突出。

本书可作为普通高等学校工程力学专业及相关工科专业计算结构力学课程的教材，也可供工程技术人员参考和应用。

图书在版编目(CIP)数据

计算结构力学 / 阎军，杨春秋编著. —北京：科学出版社，2014.6
ISBN 978-7-03-040940-9

Ⅰ. ①计… Ⅱ. ①阎… ②杨… Ⅲ. ①计算力学－结构力学－高等学校－教材 Ⅳ. ①O342

中国版本图书馆 CIP 数据核字(2014)第 121114 号

责任编辑：朱晓颖　张丽花 / 责任校对：张凤琴
责任印制：张　伟 / 封面设计：迷底书装

科 学 出 版 社 出版
北京东黄城根北街 16 号
邮政编码：100717
http://www.sciencep.com
北京厚诚则铭印刷科技有限公司印刷
科学出版社发行　各地新华书店经销
*
2014 年 6 月第　一　版　　开本：787×1092　1/16
2024 年 7 月第八次印刷　　印张：13 1/2
字数：354 000

定价：59.00 元

(如有印装质量问题，我社负责调换)

前 言

本书根据国家教育部力学专业教学指导委员会制定的工程力学专业规范对计算力学课程教学基本要求编写，内容包括杆系结构位移法，杆系结构刚度阵法，直接刚度法计算桁架，直接刚度法计算平面刚架和空间刚架，及平面桁架程序设计、空间桁架程序设计、平面刚架程序设计和空间刚架程序设计等，适用于计算结构力学课程的教学。

本书传承大连理工大学工程力学系在计算结构力学课程教学中的知识体系和风格特色，注重杆系结构力学计算机程序实现的基本原理、基本概念和基本方法。编写参考了国内外优秀教材。本书主要特点：

(1) 计算程序采用 C 语言；

(2) 增强教材内容的工程性；

(3) 采用国际通用的力学符号；

(4) 给出平面桁架、空间桁架、平面刚架、空间刚架的源程序；

(5) 程序设计具有实用性和易读性。

在本书编写过程中，程耿东院士给予了热情的支持和鼓励，并提出了许多建设性意见。曹富新教授详细审阅了书稿，提出了具体修改意见。赵红华老师绘制了全书插图。研究生李栋参与了计算结构力学 C 语言程序设计和考题计算工作。在此一并深表谢忱。

本书得到教育部国家特色专业建设点项目及大连理工大学教材出版基金的资助。

限于作者水平，错误在所难免，恳请专家和读者给予批评指正。

作 者

2014 年 3 月

主要符号表

符号	名称
A	面积
D，d	直径
H	高度
l	长度、跨度
E	弹性模量
J	惯性矩
F	力
F_{Ax}，F_{Ay}	A 点 x、y 方向约束反力
F_N	轴力
F_S	剪力
F_T	拉力
M	弯矩
F	集中载荷
F_x、F_y、F_z	x、y、z 方向力的分量
q	分布载荷集度
A、B、C 等 a、b、c 等	表示位置
θ	转角
R，r	半径
α	倾角、线膨胀系数
$[K]$	结构刚度阵
$\{U\}$	结构位移列阵总体坐标系节点位移
$\{F\}$	结构载荷列阵
$[T]$	坐标转换阵
$\{s\}$	总体坐标系杆端力
$\{S\}$	局部坐标系杆端力
$\{u\}$	局部坐标系杆端位移
$\sum F_x=0$ $\sum F_y=0$ $\sum M_A=0$	平衡方程

目 录

第 1 章　杆系结构位移法

1.1　概　　述

位移法是求解静不定结构另一途径。位移法和力法在物理概念上是不同的，但在数学处理手法上是很相似的。

力法以多余约束力为基本未知数，因此未知数的数量就是静不定次数。而位移法以节点位移作为基本未知数，因此未知数的数量是动不定次数。

静不定次数是指结构多余约束的数量，将多余约束解除，代之以约束力，结构就成为在载荷及多余约束力作用下的基本体系，所以力法所用的基本体系是静定结构。

动不定次数是指结构的节点弹性位移自由度数，于是位移法所采用基本体系是将未知位移处增加约束的动定结构，增加约束处有指定的节点位移。如图 1-1 所示，将节点的线位移和角位移加以约束，令其有指定位移量的动定结构成为位移法所用的基本体系，其由一系列两端约束的单根梁所组成。

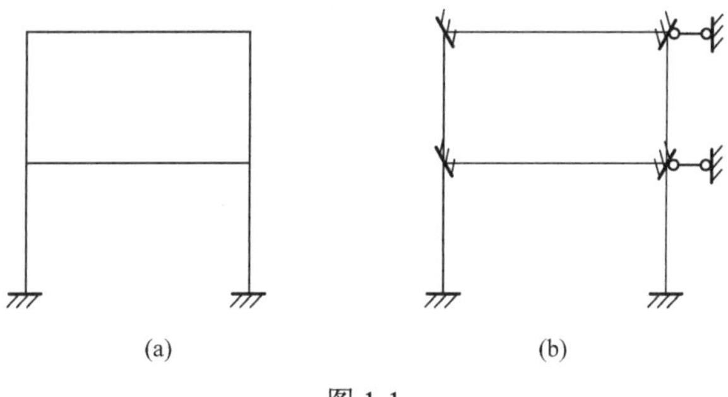

图 1-1

力法中未知的多余约束力首先满足平衡条件，同时在载荷及多余约束力作用下静定基本体系的位移状态应该满足原结构的变形协调条件，这个位移状态是以未知约束力及载荷来表达的，于是由变形协调条件唯一地确定这些多余约束力，从而可确定原结构的受力状态。

位移法中未知的节点位移首先满足体系的连续条件，即基本体系中相交的单根杆都有相同的节点位移，单根杆的内力及位移状态都已满足平衡和连续条件全部要求；同时，外载作用和节点位移在动定结构上引起的内力状态在节点处应一起满足平衡条件，这个内力状态都以节点位移来表达，于是由平衡条件唯一确定这些未知节点位移，从而确定结构的真实状态。

例如图 1-2(a)所示的单跨梁，A 端固定，B 端简支，承受均布载荷 q，这是一个二次动不定结构，如果不计轴向变形，则只有一个弹性位移自由度，即为一次动不定结构，有一个未知的节点转角位移 θ_B。如果将 θ_B 确定了，则全梁的内力位移状态均可以确定。

相应的基本体系动定结构如图 1-2(c)所示，是一个约束转角 θ_B 的动定结构，其 B 端应有真实的转角 θ_B，符合结构的位移边界条件，θ_B 对基本体系会引起端弯矩，若以 $M_{BA\theta}$ 表示，则有

$$M_{BA\theta}=m_B\theta_B$$

设定 θ_B 以顺时针方向为正，其中 m_B 为单位转角所产生的端弯矩，也以顺时针方向为正，m_B 值可以应用微分方程求解或用力法求解而加以确定，可知此值为

$$m_B=\frac{4EJ}{l}$$

于是

$$M_{BA\theta}=\frac{4EJ}{l}\ \theta_B$$

载荷作用在动定结构上，B 端也将产生端弯矩，称为固端弯矩，这也可用微分方程或者力法求解加以确定，其值以 M_{FBA} 表示，以顺时针方向为正，对于图 1-2(b)所示的载荷，其在动定结构上引起的固端弯矩为

$$M_{FBA}=\frac{ql^2}{12}$$

载荷及未知的节点位移 θ_B 的作用使 B 节点处满足原结构的平衡条件。

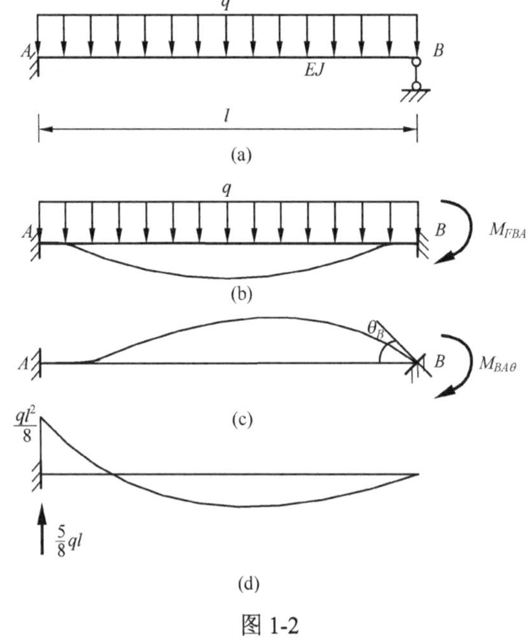

图 1-2

图 1-2(a)所示结构在 B 节点处的平衡条件应有

$$M_B=0 \tag{1-1}$$

按照叠加原理，M_B 由载荷及指定位移 θ_B 引起的弯矩叠加而成，即有

$$M_B=M_{BA\theta}+M_{FBA}$$

将前述所得的 $M_{BA\theta}$ 和 M_{FBA} 代入上式，满足式(1-1)，即得到这个问题的位移法基本方程

$$\frac{4EJ}{l}\ \theta_B+\frac{ql^2}{12}=0$$

由此解得

$$\theta_B=-\frac{ql^3}{48EJ}$$

式中负号表示实际位移是逆时针方向的转角。θ_B 确定之后，结构的其他内力位移都可以按照叠加原理算出。

例如 A 端的支反力和反力矩为

$$F_A = F_{FA} + r_A\theta_B, \qquad M_{AB} = M_{FAB} + m_A\,\theta_B$$

式中，F_{FA}、M_{FAB} 分别为载荷作用下基本体系上 A 端的支反力及反力矩；r_A、m_A 分别为单位 θ_B 在基本体系上 A 端产生的支反力及反力矩。这些量都是可以算得的，于是实际上 F_A 和 M_{AB} 有如下各值：

$$F_A = \frac{ql}{2} - \frac{6EJ}{l^2}\left(-\frac{ql^3}{48EJ}\right) = \frac{5ql}{8}$$

$$M_{AB} = -\frac{ql^2}{12} + \frac{2EJ}{l}\left(-\frac{ql^3}{48EJ}\right) = -\frac{ql^2}{8}$$

式中负号表示 M_{AB} 是逆时针方向的。这样全梁的弯矩分布就可确定，如图 1-2(d)所示。

通过上述简单例题分析，可知位移法的基本特点是：首先以节点位移为基本未知数，以约束节点位移的动定结构为基本体系，节点位移及杆内位移状态预先满足连续条件，最后由平衡条件决定未知位移，从而解出全部内力状态。

1.2　杆系结构位移法方程

动不定次数为 d 的结构体系，不能由连续条件唯一地确定其位移状态，将此动不定结构加以 d 个约束，由此得到的动定结构作为基本体系。这种动定结构实际上是一系列两端固定的单根杆件组成的体系，节点处有指定位移，同时有载荷作用在基本体系上，这两种因素都使基本体系产生内力，可以通过单元杆件的平衡和连续条件精确解出，因而在各杆内的连续和平衡全已满足。指定的节点位移在相交的杆端处都具有相同的量值和方向，因此全部位移连续条件均满足，这些节点位移使动定结构的杆端所产生的广义力必为节点位移的函数，载荷使动定结构产生杆端广义力，它们则是载荷的函数。节点位移和载荷两种因素的影响形成的杆端广义力应该满足原结构在节点处的平衡条件，由这些平衡条件唯一地确定 d 个未知节点位移，从而可以确定结构的内力状态。

由此可见，首先必须解决动定体系由上述两种原因产生的杆端广义力，因为动定体系是由一系列两端固定的杆件组成，所以只要讨论单根杆件的情况就可以了。

1.2.1　两端固定的单元杆件由于端点位移产生的广义反力

图 1-3 表示两端固定的单元杆，端点位移的方向与广义反力的方向规定为：杆端力及线

图 1-3

位移与坐标同向为正，杆端力矩及角位移以其旋转矢量与坐标轴反向为正，在平面中看则以顺时针方向为正，图 1-3 上所示的方向都是正的。

对于图 1-3 所示的三次静不定梁，由支承位移而引起的杆端广义力可以用力法求解。

图 1-4 给出了用力法求解的基本体系，多余约束力为右端支承反力，基本方程式为右端的三个连续条件：

$$\begin{cases}\delta_{11}x_1+\delta_{12}x_2+\delta_{13}x_3+\Delta_{1u}=0\\ \delta_{21}x_1+\delta_{22}x_2+\delta_{23}x_3+\Delta_{2u}=0\\ \delta_{31}x_1+\delta_{32}x_2+\delta_{33}x_3+\Delta_{3u}=0\end{cases}$$

其中，

$$\delta_{11}=\frac{l}{EA},\qquad \delta_{12}=\delta_{21}=\delta_{13}=\delta_{31}=0$$

$$\delta_{22}=\frac{l^3}{3EJ},\qquad \delta_{23}=\delta_{32}=-\frac{l^2}{2EJ}$$

$$\delta_{33}=\frac{l}{EJ},\qquad \Delta_{1u}=-\delta_{xj}+\delta_{xi}$$

$$\Delta_{2u}=\delta_{yi}-\delta_{yj}-l\theta_i,\qquad \Delta_{3u}=\theta_i-\theta_j$$

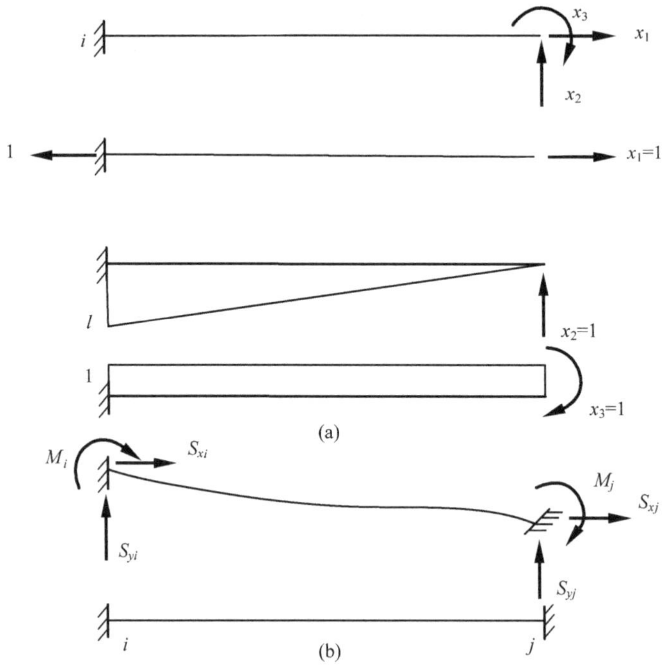

(a)

(b)

图 1-4

以上都是从图 1-4 所示的各单位力矩图图乘而得，非齐次项算出如上述。于是方程为

$$\begin{cases}\dfrac{l}{EA}x_1-\delta_{xj}+\delta_{xi}=0\\ \dfrac{l^3}{3EJ}x_2-\dfrac{l^2}{2EJ}x_3+\delta_{yi}-\delta_{yj}-l\theta_i=0\\ -\dfrac{l^2}{2EJ}x_2+\dfrac{l}{EJ}x_3+\theta_i-\theta_j=0\end{cases}$$

由此解出
$$x_1 = -\frac{EA}{l}(\delta_{xi} - \delta_{xj})$$
$$x_2 = \frac{6EJ}{l^2}\theta_i + \frac{6EJ}{l^2}\theta_j - \frac{12EJ}{l^3}\delta_{yi} + \frac{12EJ}{l^3}\delta_{yj}$$
$$x_3 = \frac{2EJ}{l}\theta_i + \frac{4EJ}{l}\theta_j - \frac{6EJ}{l^2}\delta_{yi} + \frac{6EJ}{l^2}\delta_{yj}$$

对比图 1-4(a)与图 1-4(b)可知：
$$x_1 = S_{xj}, \quad x_2 = S_{yj}, \quad x_3 = M_j$$

再由该杆的平衡条件可得
$$S_{xi} = -S_{xj}, \quad S_{yi} = -S_{yj}, \quad M_i = -M_j + S_{yj}l$$

于是可知图 1-3 中所表示的两端杆端力与给定的杆端位移的关系，即物理关系如下：
$$\begin{cases} S_{xi} = \dfrac{EA}{l}\delta_{xi} - \dfrac{EA}{l}\delta_{xj} \\ S_{yi} = -\dfrac{6EJ}{l^2}\theta_i - \dfrac{6EJ}{l^2}\theta_j + \dfrac{12EJ}{l^3}\delta_{yi} - \dfrac{12EJ}{l^3}\delta_{yj} \\ M_i = \dfrac{4EJ}{l}\theta_i + \dfrac{2EJ}{l}\theta_j - \dfrac{6EJ}{l^2}\delta_{yi} + \dfrac{6EJ}{l^2}\delta_{yj} \\ S_{xj} = -\dfrac{EA}{l}\delta_{xi} + \dfrac{EA}{l}\delta_{xj} \\ S_{yj} = \dfrac{6EJ}{l^2}\theta_i + \dfrac{6EJ}{l^2}\theta_j - \dfrac{12EJ}{l^3}\delta_{yi} + \dfrac{12EJ}{l^3}\delta_{yj} \\ M_j = \dfrac{2EJ}{l}\theta_i + \dfrac{4EJ}{l}\theta_j - \dfrac{6EJ}{l^2}\delta_{yi} + \dfrac{6EJ}{l^2}\delta_{yj} \end{cases} \tag{1-2}$$

也可以用角位移 θ_i、θ_j，轴向相对位移 ΔL 以及横向相对位移 $\varDelta$ 表示位移状态，即在式(1-2)中以下列位移量代入：
$$\Delta L = -\delta_{xi} + \delta_{xj}, \quad \varDelta = \delta_{yi} - \delta_{yj}$$

于是可得到以四个位移参数表示的杆端广义反力为
$$\begin{cases} S_{xi} = -S_{xj} = -\dfrac{EA}{l}\Delta L \\ M_i = \dfrac{4EJ}{l}\theta_i + \dfrac{2EJ}{l}\theta_j - \dfrac{6EJ}{l^2}\varDelta \\ M_j = \dfrac{2EJ}{l}\theta_i + \dfrac{4EJ}{l}\theta_j - \dfrac{6EJ}{l^2}\varDelta \\ S_{yi} = -S_{yj} = -\dfrac{6EJ}{l^2}\theta_i - \dfrac{6EJ}{l^2}\theta_j + \dfrac{12EJ}{l^3}\varDelta \end{cases} \tag{1-3}$$

如果不计轴向变形，则式(1-3)中第一式就可不考虑了。一般在手算过程中，习惯以内力表示而不用杆端力表示，则 S_{yi} 及 $-S_{yj}$ 以正的剪力 F_{Sij} 代替，M_i 与 M_j 的表示方法仍与杆端力矩一样以顺时针方向为正，于是式(1-3)的后三式就成为单元杆件的转角位移公式，独立的位移量就是 θ_i、θ_j 及 $\varDelta$，它们分别是 i 端的转角、j 端的转角及 i 与 j 端的相对横向位移，

$$\begin{cases} M_i = \dfrac{4EJ}{l}\theta_i + \dfrac{2EJ}{l}\theta_j - \dfrac{6EJ}{l^2}\Delta \\ M_j = \dfrac{2EJ}{l}\theta_i + \dfrac{4EJ}{l}\theta_j - \dfrac{6EJ}{l^2}\Delta \\ F_{Sij} = F_{Sji} = -\dfrac{6EJ}{l^2}\theta_i - \dfrac{6EJ}{l^2}\theta_j + \dfrac{12EJ}{l^3}\Delta \end{cases} \tag{1-4}$$

1.2.2 两端固定的单元杆件由于载荷作用产生的广义反力

载荷作用在动定结构上，各杆端就产生固端作用，包括杆端力和杆端力矩，其反作用力是作用在节点上的等效节点载荷。

这个问题同样可以用力法将它解出。图 1-5 所示的就是其基本体系及其在单位约束力和载荷作用下的弯矩图。

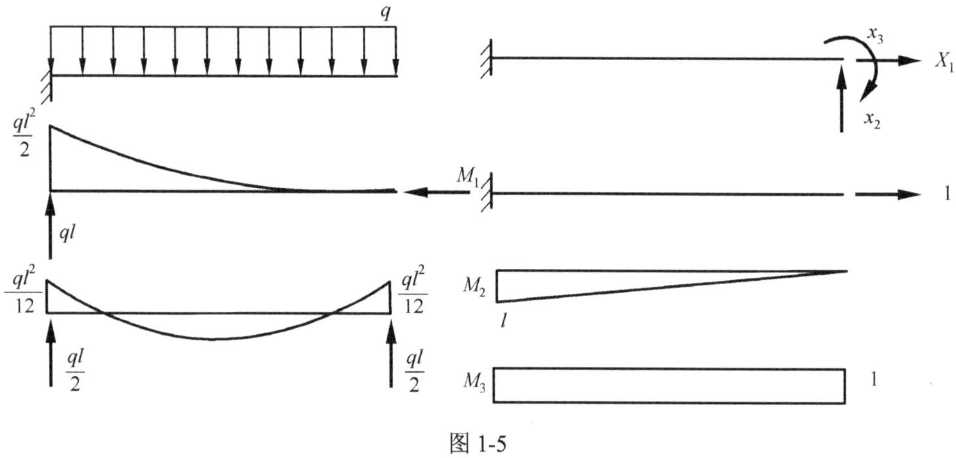

图 1-5

力法基本方程式为

$$\begin{cases} \delta_{11}x_1 + \delta_{12}x_2 + \delta_{13}x_3 + \Delta_{1F} = 0 \\ \delta_{21}x_1 + \delta_{22}x_2 + \delta_{23}x_3 + \Delta_{2F} = 0 \\ \delta_{31}x_1 + \delta_{32}x_2 + \delta_{33}x_3 + \Delta_{3F} = 0 \end{cases}$$

此方程组的系数和 1.2.1 节中的问题是一样的，因为选择了同样的基本体系，计算则可应用单位弯矩图与载荷作用力下的弯矩图的图乘而得，不同的载荷当然可得到不同的 Δ_{iF}。图 1-5 所示的是均布载荷载的情况，图乘所得的结果为

$$\Delta_{1F} = 0$$

$$\Delta_{2F} = \frac{1}{EJ}\int_0^l M_2 M_F \mathrm{d}s = -\frac{1}{EJ}\left[\frac{1}{3}\times\frac{ql^2}{2}\times l\times\frac{3}{4}l\right] = -\frac{ql^4}{8EJ}$$

$$\Delta_{3F} = \frac{1}{EJ}\int_0^l M_3 M_F \mathrm{d}s = -\frac{1}{EJ}\left[\frac{1}{3}\times\frac{ql^2}{2}\times l\right] = \frac{ql^3}{6EJ}$$

于是力法基本方程为

$$\begin{cases}\dfrac{l}{EA}x_1=0\\ \dfrac{l^3}{3EJ}x_2-\dfrac{l^2}{2EJ}x_3-\dfrac{ql^4}{8EJ}=0\\ -\dfrac{l^2}{2EJ}x_2+\dfrac{l}{EJ}x_3+\dfrac{ql^3}{6EJ}=0\end{cases}$$

由此而解出多余约束力为

$$x_1=0,\qquad x_2=\frac{ql}{2},\qquad x_3=\frac{ql^2}{12EJ}$$

于是有杆端力为

$$S_{xi}=S_{xj}=0,\qquad S_{yi}=S_{yj}=\frac{ql}{2}$$

$$M_i=-\frac{ql^2}{12},\qquad M_j=\frac{ql^2}{12}$$

或与式(1-4)相对应，载荷作用引起的固端力和力矩为

$$F_{NFij}=0,\qquad M_{Fi}=-\frac{ql^2}{12},\qquad M_{Fj}=\frac{ql^2}{12}$$

$$F_{SFij}=\frac{ql}{2},\qquad F_{SFji}=-\frac{ql}{2}$$

式中，下标 F 表示载荷的影响。

其他各种类型的载荷作用下的固端广义力均可如上计算，具体步骤从略。在表 1-1 中列举各种载荷作用及温度变化引起的固端力和固端力矩，支承位移及杆件的初始变形也是外因影响，由此产生的固端作用也可通过计算得到。

1.2.3 平衡方程

前述已经给出动定结构上作用载荷且节点有指定位移时在该结构上引起的杆端广义力，这两部分广义力各可在表 1-1 及式(1-4)中找到，实际状态应使节点脱离体满足平衡条件，节点上作用着上述两部分广义力的反作用力，如果节点还有集中力和力偶矩作用其上，则此三者的总和应满足平衡条件。

可通过图 1-6 所示的算例具体讨论平衡方程的建立。

图 1-6(a)所示刚架是六次动不定的，有六个独立的节点位移，即 θ_C、δ_{xC}、δ_{yC}、θ_D、δ_{xD}、δ_{yD}，当不计轴向变形时，则有

$$\delta_{yC}=\delta_{yD}=0,\qquad \delta_{xC}=\delta_{xD}=\varDelta$$

所以实际上独立的节点位移有三个：θ_C、θ_D 及 $\varDelta$。图1-6(a)虚线所示的位移图，相应的动定结构如图 1-6(b)所示。

由于载荷作用在动定结构上而引起的杆端广义力可在表 1-1 中查到如下：

$$M_{FC}=\frac{ql^2}{12}=\frac{10\times 6\times 6}{12}=30(\text{kN}\cdot\text{m})$$

$$F_{SFCA}=-\frac{ql}{2}=-\frac{10\times 6}{2}=-30(\text{kN})$$

$$M_{FCD}=0\,,\quad M_{FDC}=0\,,\quad F_{SFCD}=0$$

$$F_{SFDC}=0\,,\quad M_{FDB}=0\,,\quad F_{SDB}=0$$

表 1-1　作用载荷且节点有指定位移时在该结构上引起的杆端广义力

载荷形式	杆端弯矩、剪力及弯矩图	杆端弯矩、剪力公式
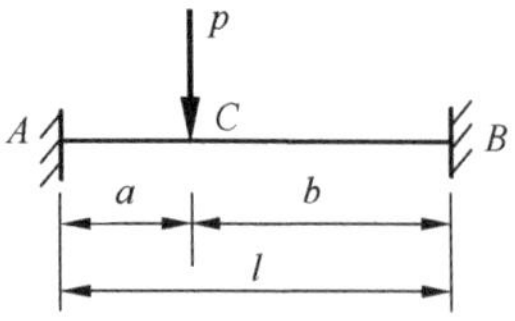 A, B, p, C, a, b, l	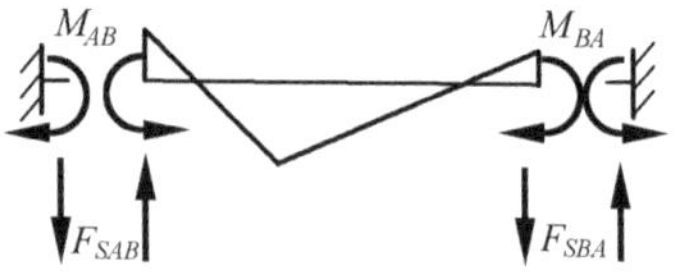 M_{AB}, M_{BA}, F_{SAB}, F_{SBA}	$M_{AB}=-\frac{pab^2}{l^2}$，$M_{BA}=\frac{pa^2b}{l^2}$ $F_{SAB}=\frac{pb^2}{l^2}\left(1+\frac{2a}{l}\right)$ $F_{SBA}=\frac{pa^2}{l^2}\left(1+\frac{2b}{l}\right)$
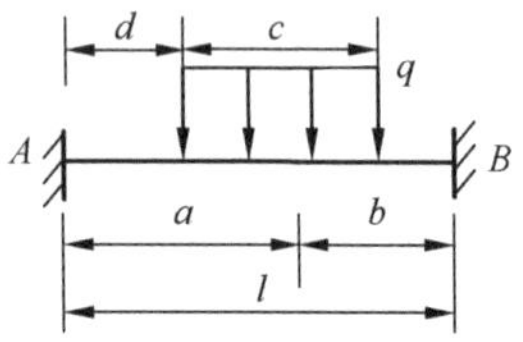 A, B, d, c, q, a, b, l	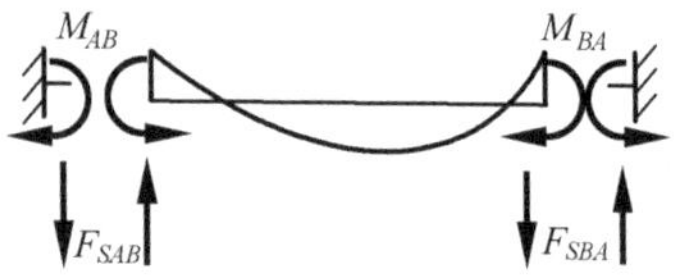 M_{AB}, M_{BA}, F_{SAB}, F_{SBA}	$M_{AB}=-\frac{qc}{12l^2}(12ab^2-3bc^2+c^2l)$ $M_{BA}=\frac{qc}{12l^2}(12a^2l+3bc^2-2c^2l)$ $F_{SAB}=\frac{qc}{4l^3}(12b^2l-3b^3+c^2l-2bc^2)$ $F_{SBA}=-qc+F_{SAB}$
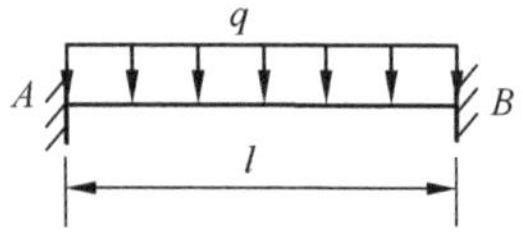 A, B, q, l	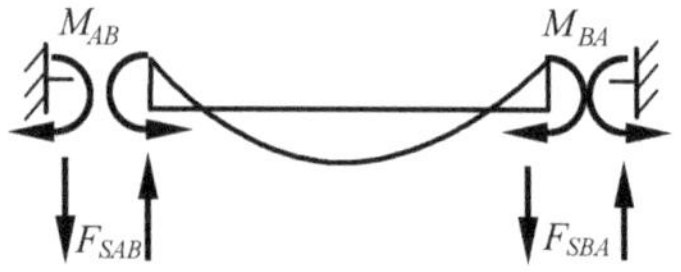 M_{AB}, M_{BA}, F_{SAB}, F_{SBA}	$M_{AB}=-\frac{ql^2}{12}$,　$M_{BA}=\frac{ql^2}{12}$ $F_{SAB}=\frac{ql}{2}$,　$F_{SBA}=-\frac{ql}{2}$
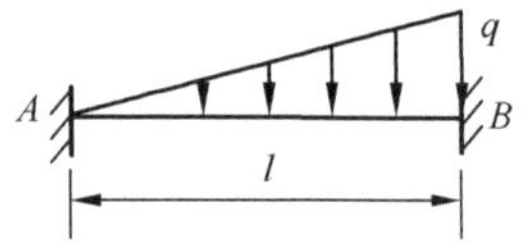 A, B, q, l	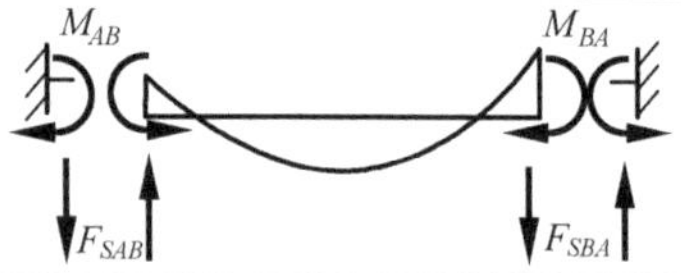 M_{AB}, M_{BA}, F_{SAB}, F_{SBA}	$M_{AB}=-\frac{ql^2}{30}$,　$M_{BA}=\frac{ql^2}{20}$ $F_{SAB}=\frac{3ql}{20}$,　$F_{SBA}=-\frac{7ql}{20}$
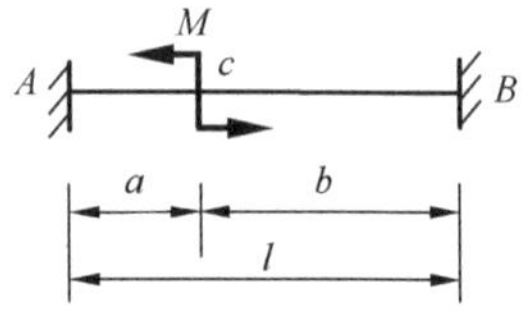 A, B, M, c, a, b, l	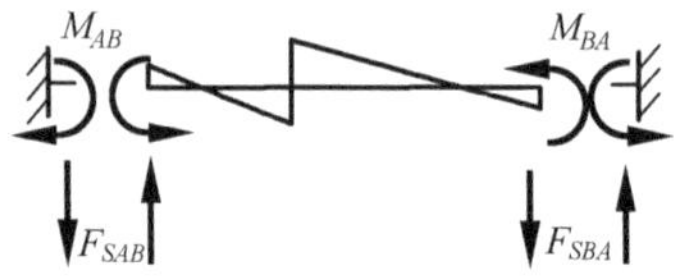 M_{AB}, M_{BA}, F_{SAB}, F_{SBA}	$M_{AB}=-\frac{Mb}{l}\left(2-\frac{3b}{l}\right)$ $M_{AB}=-\frac{Ma}{l}\left(2-\frac{3a}{l}\right)$ $F_{SAB}=\frac{5Mab}{l^3}$,　$F_{SBA}=\frac{6Mab}{l^3}$
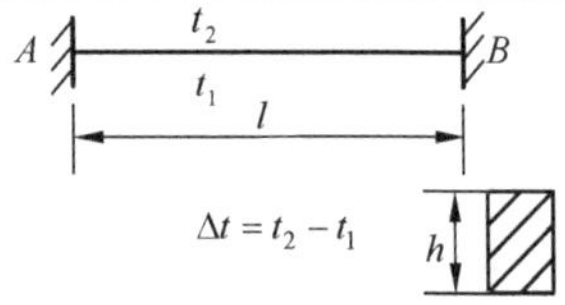 A, B, t_2, t_1, l, $\Delta t=t_2-t_1$, h	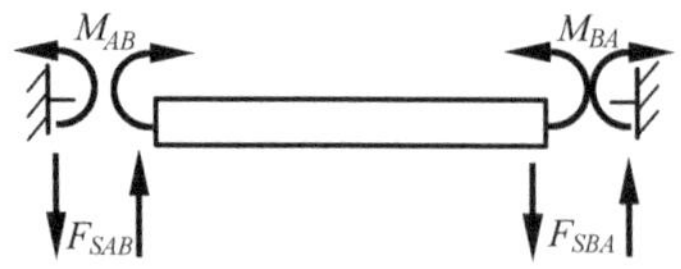 M_{AB}, M_{BA}, F_{SAB}, F_{SBA}	$M_{AB}=\frac{EJ\alpha\Delta t}{h}$ $M_{BA}=-\frac{EJ\alpha\Delta t}{h}$ $F_{SAB}=F_{SBA}=0$

节点位移引起的动定结构上的各杆广义力可由式(1-4)计算，与上列固端广义力叠加后可得

$$M_{CA}=\frac{4EJ}{l}\theta_C-\frac{6EJ}{l^2}\varDelta+30=4\theta_C-\varDelta+30$$

$$F_{SCA}=-\frac{6EJ}{l^2}+\frac{12EJ}{l^3}\varDelta-30=-\theta_C+\frac{\varDelta}{3}-30$$

$$M_{CD}=\frac{4EJ}{l}\theta_C+\frac{2EJ}{l}\theta_D=4\theta_C+2\theta_D$$

$$F_{SCD} = -\frac{6EJ}{l^2}\theta_C - \frac{6EJ}{l^2}\theta_D = -\frac{\theta_C}{2} - \frac{\theta_D}{2}$$

$$M_{DC} = \frac{2EJ}{l}\theta_C + \frac{4EJ}{l}\theta_D = 2\theta_C + 4\theta_D$$

$$F_{SDC} = -\frac{6EJ}{l^2}\theta_C - \frac{6EJ}{l^2}\theta_D = -\frac{\theta_C}{2} - \frac{\theta_D}{2}$$

$$M_{DB} = \frac{4EJ}{l}\theta_D - \frac{6EJ}{l^2}\Delta = 4\theta_D - \Delta$$

$$F_{SDB} = -\frac{6EJ}{l^2}\theta_D + \frac{12EJ}{l^3}\Delta = -\theta_D + \frac{\Delta}{3}$$

$$M_{BD} = \frac{2EJ}{l}\theta_D - \frac{6EJ}{l^2}\Delta = 2\theta_D - \Delta$$

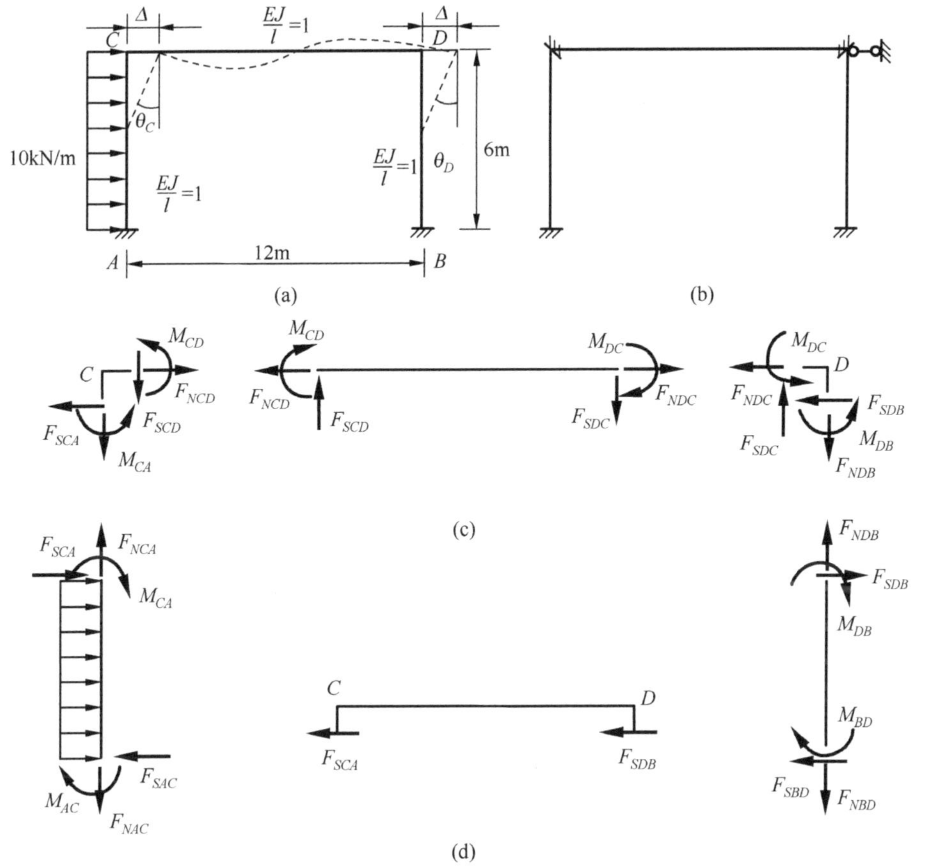

(a)

(b)

(c)

(d)

图 1-6

以上各力的方向如图 1-6(c)所示，由于无外加节点载荷，因此对 C、D 两节点建立平衡方程时，只要考虑以上各力的反作用力即可。由于不计轴向变形，因此建立 C、D 两节点的水平方向和垂直方向的平衡方程时，将会有轴向力参加，这是物理关系不能确定的量，因此除了这两个节点的力矩平衡外，应采用图 1-6(d)所示的 CD 梁脱离体的水平方向平衡，这样就可将不定的轴向力消去，于是总的平衡方程就为如下形式：

$$\begin{cases} M_{CA}+M_{CD}=0 \\ M_{DC}+M_{DB}=0 \\ F_{SCA}+F_{SDB}=0 \end{cases}$$

以位移表示即得基本方程为

$$\begin{cases} 8\theta_C+2\theta_D-\Delta+30=0 \\ 2\theta_C+8\theta_D-\Delta=0 \\ -\theta_C-\theta_D+\dfrac{2}{3}\Delta-30=0 \end{cases} \tag{1-5}$$

由此可解得 $\theta_C=1.8,\quad \theta_D=6.8,\quad \Delta=57.9$

将三个位移值代回杆端弯矩的算式，可得各杆端弯矩为

$$M_{AC}=2\times1.8-57.9-30=-84.3(\mathrm{kN\cdot m})$$

$$M_{CA}=4\times1.8-57.9+30=-20.7(\mathrm{kN\cdot m})$$

$$M_{CD}=4\times1.8+2\times6.8=20.7(\mathrm{kN\cdot m})$$

$$M_{DC}=2\times1.8+4\times6.8=30.7(\mathrm{kN\cdot m})$$

$$M_{BD}=2\times6.8-57.9=-44.3(\mathrm{kN\cdot m})$$

$$M_{DB}=4\times6.8-57.9=-30.7(\mathrm{kN\cdot m})$$

上述杆端力矩已知，则可以得到沿杆轴的力矩分布图，如图 1-7(a)所示。

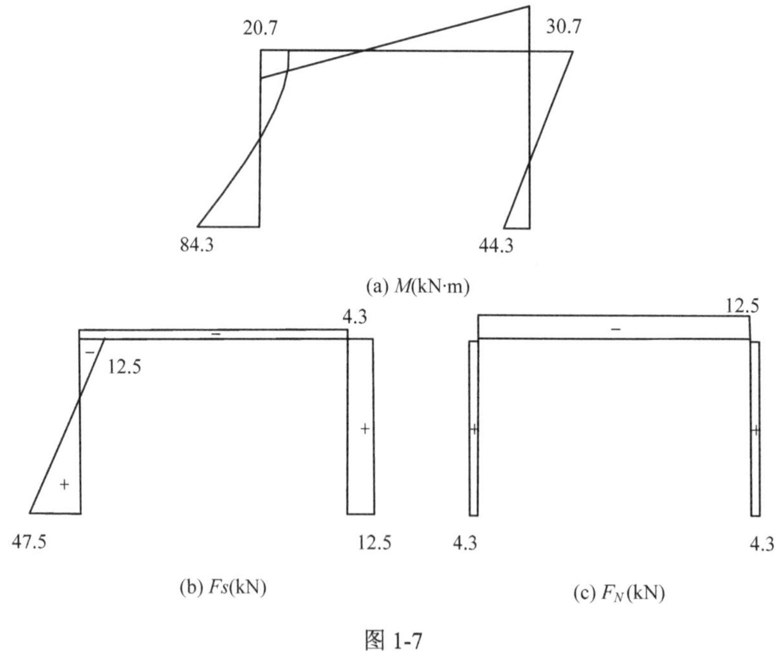

图 1-7

由弯矩及剪力的微分关系，可以得到剪力分布图，由节点平衡可以作轴力分布图，见图 1-7(b)和图 1-7(c)。

方程(1-5)用矩阵形式表达如下：

$$\begin{bmatrix} 8 & 2 & -1 \\ 2 & 8 & -1 \\ -1 & -1 & \dfrac{2}{3} \end{bmatrix} \begin{bmatrix} \theta_C \\ \theta_D \\ \varDelta \end{bmatrix} + \begin{bmatrix} 30 \\ 0 \\ -30 \end{bmatrix} = \begin{bmatrix} 0 \\ 0 \\ 0 \end{bmatrix}$$

缩写为

$$[K]\{U\} = \{F\} \tag{1-6}$$

位移法基本方程的系数矩阵称为结构刚度矩阵，如上列方程中的刚度矩阵为

$$[K] = \begin{bmatrix} 8 & 2 & -1 \\ 2 & 8 & -1 \\ -1 & -1 & \dfrac{2}{3} \end{bmatrix}$$

$[K]$中各元素称为刚度系数，这些刚度系数都有明确的物理意义，例如第一列元素表示θ_C=1，θ_D=0，$\varDelta$=0 时，在θ_C、θ_D和$\varDelta$方向的杆端广义反力，如图 1-8(a)所示。即有

$$k_{11} = 8, \quad k_{12} = 2, \quad k_{13} = -1$$

第二列元素表示θ_C=0，θ_D=1，$\varDelta$=0 时，在θ_C、θ_D和$\varDelta$方向的杆端广义反力(如图 1-8(b)所示)：

$$k_{21} = 2, \quad k_{22} = 8, \quad k_{23} = -1$$

第三列元素表示θ_C=0，θ_D=0，$\varDelta$=1 时，在θ_C、θ_D和$\varDelta$方向的杆端广义反力(如图 1-8(c)所示)：

$$k_{31} = -1, \quad k_{32} = -1, \quad k_{33} = \frac{2}{3}$$

显然，由线性弹性结构的反力互等定理可知，上列刚性系数一定有如下规律：

$$k_{ij} = k_{ji}$$

因此，位移法的刚度矩阵是对称矩阵。

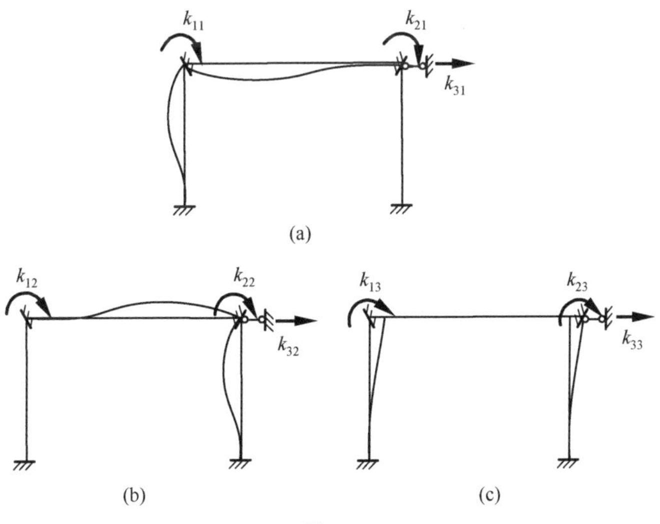

图 1-8

方程(1-6)中的$\{F\}$称为结构载荷向量，$\{U\}$称为结构的位移向量。

有时，在动不定结构中有些节点是铰节点而不是刚节点，这样动不定次数就有所不同，如果仍按前面所述的动定结构形成的基本体系，则铰节点的存在会增加动不定次数，为了简化起见，应该利用铰节点处弯矩为零的条件，即采用图1-9所示的单元杆件作为基本体系的单元。

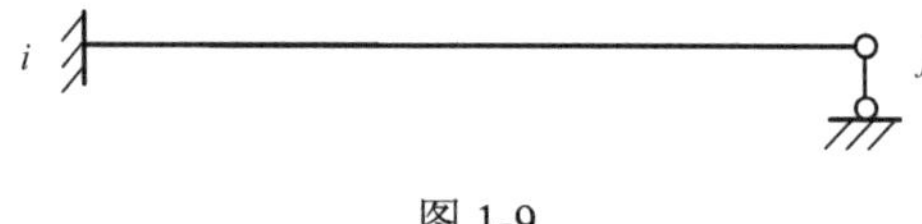

图 1-9

对于这种单元杆件，在节点位移及载荷的影响下的杆端广义反力可以预先算得。

这个问题仍然可用力法来计算。图1-10表示这个一次静不定结构的求解过程，支承位移的连续方程为

$$\delta_{11}\ x_1 + \Delta_{1u} = 0$$

由图1-10(b)可知

$$\delta_{11} = \frac{1}{EJ}\int_0^l M_1^2 \mathrm{d}x = \frac{1}{EJ}\left[\frac{l \times l}{2} \times l \times \frac{2}{3}\right] = \frac{l^3}{3EJ}$$

$$\Delta_{1u} = -\sum uR_1 = -\ l\theta_1 + \Delta$$

则方程为

$$\frac{l^3}{3EJ}\ x_1 - l\theta_1 + \Delta = 0$$

由此解出

$$x_1 = \frac{3EJ}{l^3}\ (l\theta_1 - \Delta) = \frac{3EJ}{l^2}\ \theta_1 - \frac{3EJ}{l^3}\Delta$$

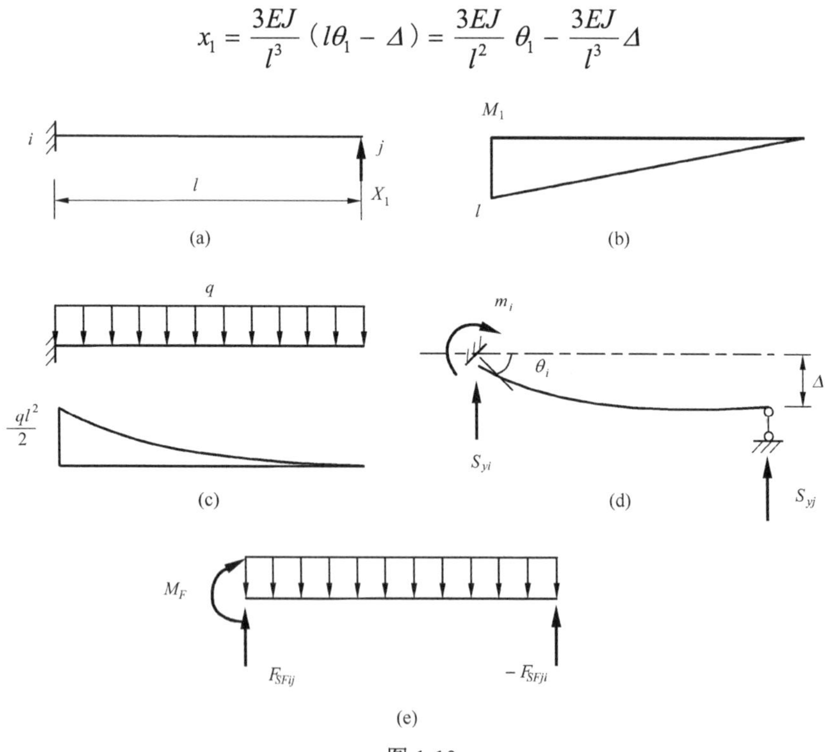

图 1-10

由图 1-10(d)所示的平衡关系可知

$$S_{yi}=-\frac{3EJ}{l^2}\theta_i+\frac{3EJ}{l^3}\varDelta$$

$$S_{yj}=-\frac{3EJ}{l^2}\theta_j-\frac{3EJ}{l^3}\varDelta$$

$$m_i=x_1 l=\frac{3EJ}{l}\theta_i-\frac{3EJ}{l^2}\varDelta$$

写成转角位移公式为

$$\begin{cases}M_i=\dfrac{3EJ}{l}\theta_i-\dfrac{3EJ}{l^2}\varDelta\\ F_{Sij}=F_{Sji}=-\dfrac{3EJ}{l^2}\theta_i+\dfrac{3EJ}{l^3}\varDelta\end{cases}\tag{1-7}$$

均布载荷作用在此单元杆上时的连续方程为

$$\delta_{11}x_1+\varDelta_{1F}=0$$

系数 δ_{11} 与上列问题相同，$\varDelta_{1F}$ 则由图 1-10(b)和图 1-10(c)的两个弯矩图乘而得

$$\varDelta_{1F}=\frac{1}{EJ}\int_0^l M_1 M_F \mathrm{d}x=-\frac{1}{EJ}\left[\frac{1}{3}\times\frac{ql^2}{2}\times l\times\frac{3}{4}l\right]=-\frac{ql^4}{8EJ}$$

于是连续方程为

$$\frac{l^3}{3EJ}x_1-\frac{ql^4}{8EJ}=0$$

可解得

$$x_1=\frac{3ql}{8}$$

由图 1-10(e)所示的平衡关系可知固端力与力矩为

$$M_{Fi}=\frac{3ql}{8}\times l-\frac{ql^2}{2}=-\frac{ql^2}{8}$$

$$F_{SFij}=ql-\frac{3ql}{8}=\frac{5ql}{8},\qquad F_{SFji}=-\frac{3ql}{8}$$

各种形式的外因都可以通过类同的计算确定其作用，将这类结果列于表 1-2 中。

这种单元杆件的应用可由图 1-11(a)所示的算例加以说明。

这是一个四次动不定结构，有四个独立的未知位移：θ_A、θ_B、δ_{xB}、δ_{yB}，如果不计轴向变形，则有 $\delta_{xB}=0$，$\delta_{yB}=0$；由于杆 AB 可用图 1-9 所示的形式作基本体系，即 θ_A 的不定由 $M_A=0$ 代替，这样该问题的独立位移数只有 θ_B。因而图 1-11(b)所示的即为采用的动定结构基本体系。应用式(1-4)及式(1-7)转角位移公式，并从表 1-2 中找到载荷作用下的固端作用，两者叠加后，可知杆端广义力为

$$M_{BA}=\frac{3EJ_1}{l_1}\theta_B+\frac{ql_1^2}{8}=\frac{3\times 1.73}{3.5}\theta_B+\frac{30\times 3.5^2}{8}=1.485\,\theta_B+46$$

$$M_{BC}=\frac{4EJ_2}{l_2}\ \theta_B=\frac{4\times1}{4.1}\ \theta_B=0.976\,\theta_B$$

$$M_{CB}=\frac{2EJ_2}{l_2}\ \theta_B=\frac{2\times1}{4.1}\ \theta_B=0.488\,\theta_B$$

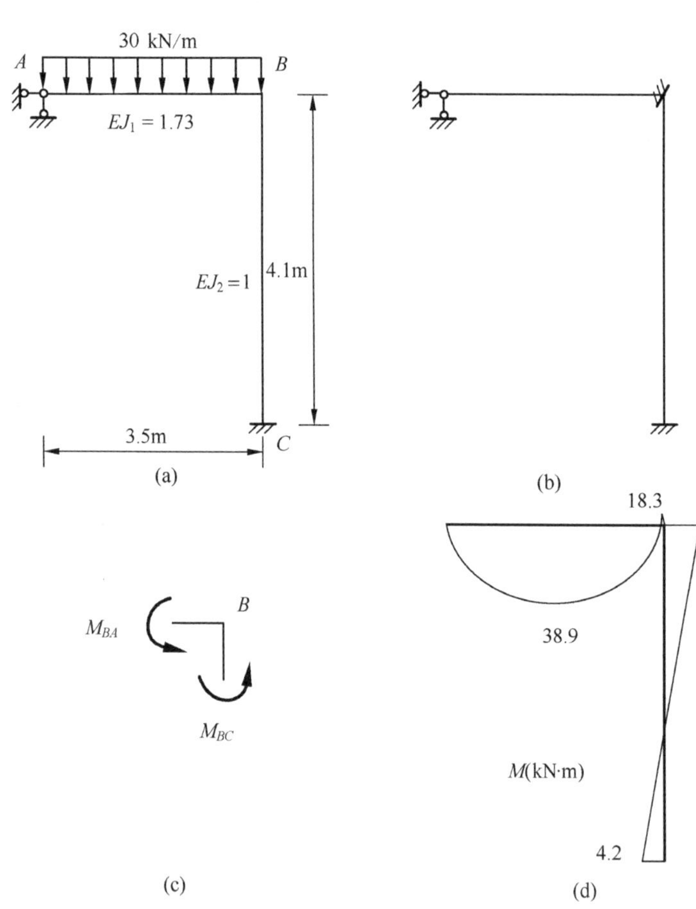

图 1-11

图 1-11(c)表示 B 的平衡条件

$$\sum M_B=M_{BA}+M_{BC}=0$$

$$1.485\,\theta_B+46+0.976\,\theta_B=0$$

由此解出 $$\theta_B=-18.65$$

于是各杆端力矩为

$$M_{BA}=1.485(-18.65)\ +46=18.3(\mathrm{kN\cdot m})$$

$$M_{BC}=0.976(-18.65)=-18.3(\mathrm{kN\cdot m})$$

$$M_{CB}=0.488(-18.65)=-9.2(\mathrm{kN\cdot m})$$

即知杆端弯矩，则沿杆轴的弯矩分布可应用叠加办法作出，全结构的弯矩分布如图 1-11(d)所示。

表 1-2　一端固定一端简支梁的固端力矩及剪力

载荷形式	杆端弯矩、剪力及弯矩图	杆端弯矩、剪力公式
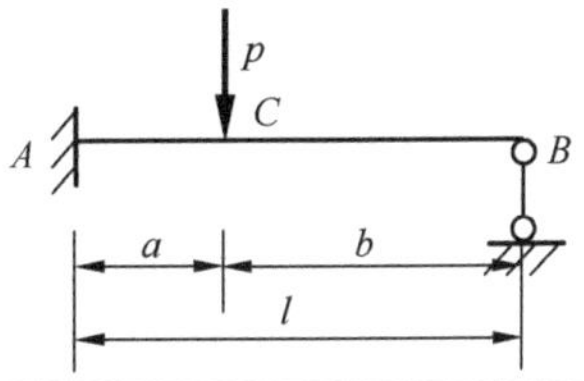	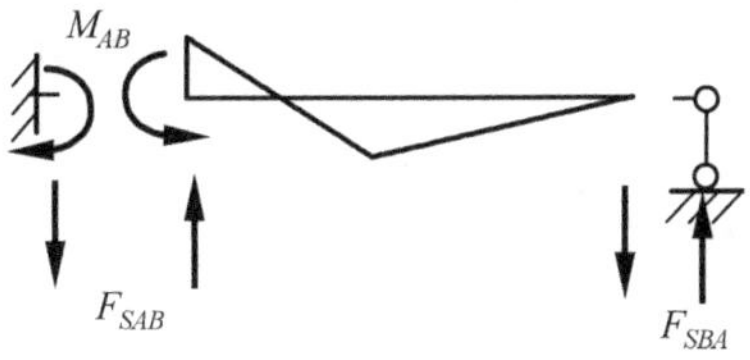	$M_{AB}=-\frac{pb(l^2-b^2)}{2l^4}$ $F_{SAB}=\frac{pb(3l^2-b^2)}{2l^2}$ $F_{SBA}=-\frac{pa^2(3l-a)}{2l^2}$
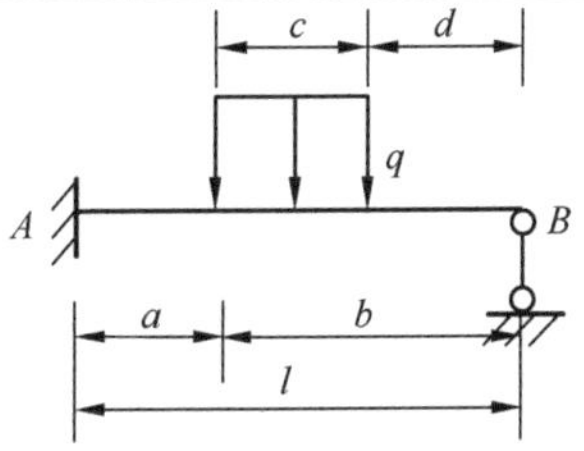	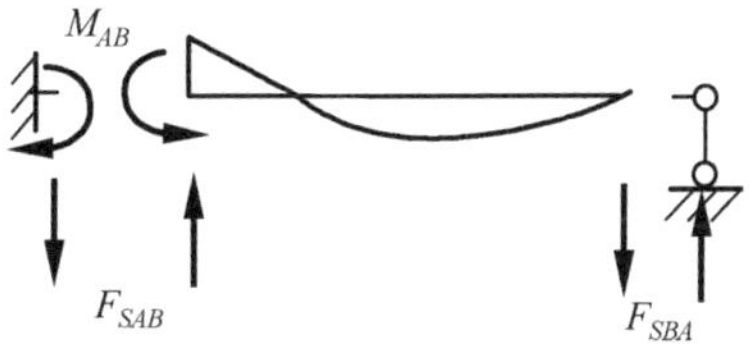	$M_{AB}=-\frac{qc}{8l^4}\left[4b(b-2al-b^2)+ac^2\right]$ $F_{SAB}=qc+F_{AB}$ $F_{SBA}=-\frac{qc}{8l^3}(12b^2l-4b^3+ac^2)$
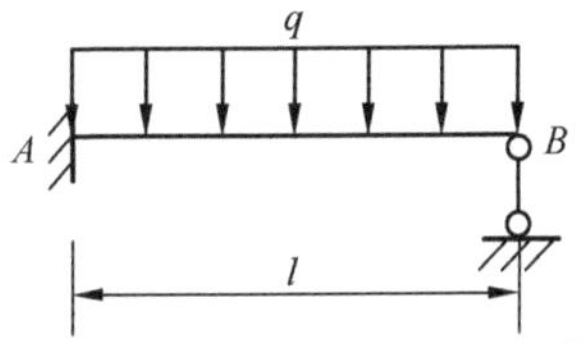	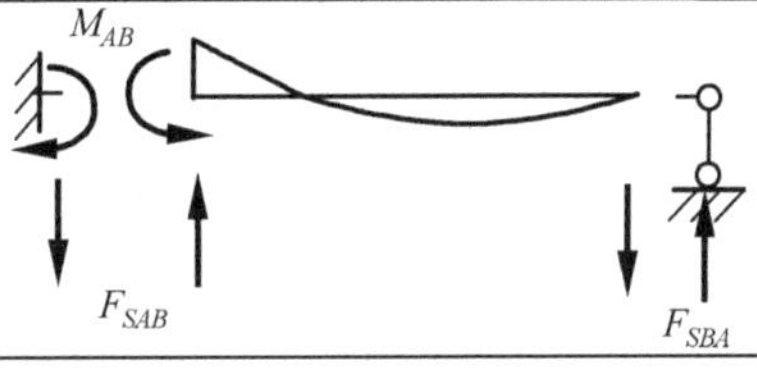	$M_{AB}=-\frac{ql^2}{8}$ $F_{SAB}=\frac{5ql}{8}$ $F_{SBA}=-\frac{3ql}{8}$
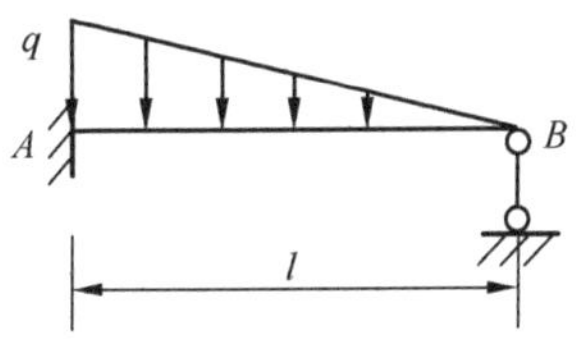	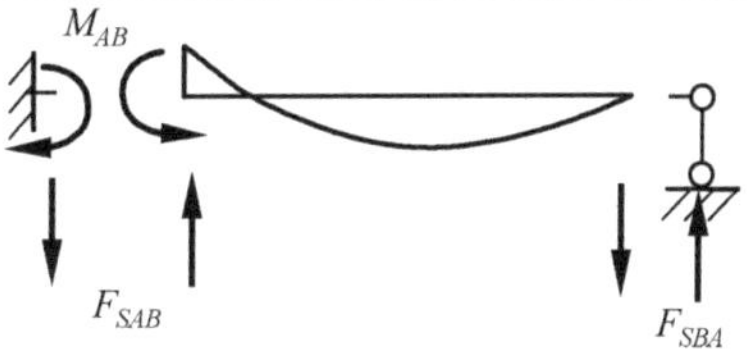	$M_{AB}=-\frac{ql^2}{8}$ $F_{SAB}=\frac{2ql}{5}$ $F_{SBA}=-\frac{ql}{10}$
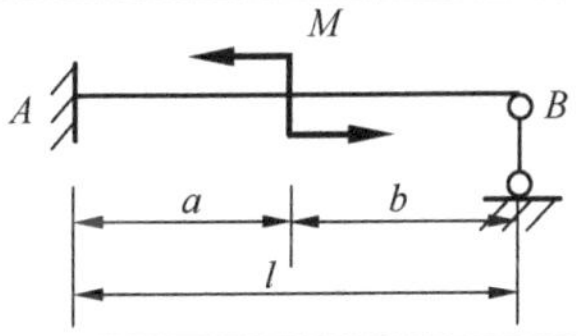	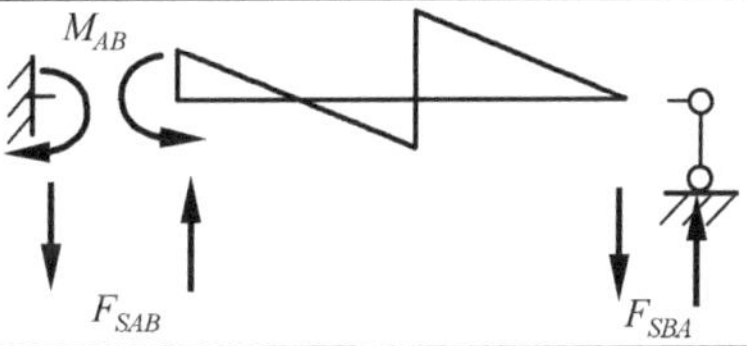	$M_{AB}=-\frac{M}{2}\left(1-\frac{3b^2}{l^2}\right)$ $F_{SAB}=F_{SBA}=\frac{3M}{2l}\left(1-\frac{b^2}{l^2}\right)$
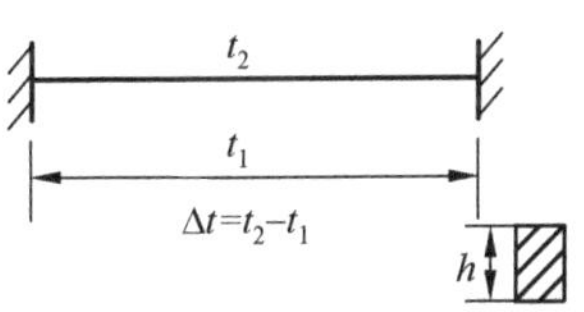	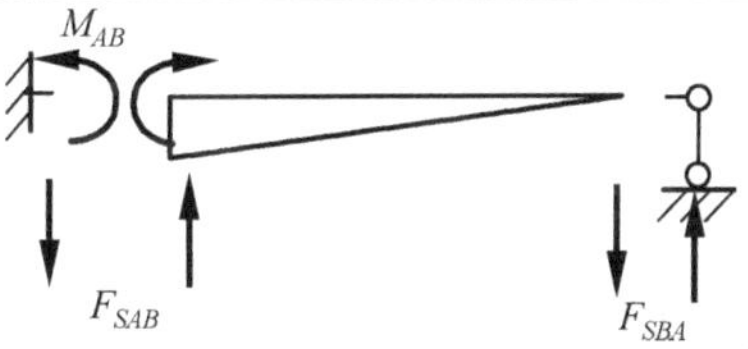	$M_{AB}=\frac{3EJ\alpha\Delta t}{2h}$ $F_{SAB}=F_{SBA}=-\frac{3EJ\alpha\Delta t}{2lh}$

1.3　杆系结构位移法算例

本节讨论位移法的典型算例。

例 1-1　用位移法分析图 1-12(a)所示刚架并作弯矩图。

解：此结构为七次动不定结构，当不计轴向变形，并且利用一端固定一端简支的基本动定结构，则有三个独立的节点位移，即 θ_B、θ_C 及 Δ。固端力矩及剪力由表 1-1 和表 1-2 查得如下：

$$M_{FAB}=-\frac{50\times3\times2^2}{5^2}=-24(\text{kN}\cdot\text{m})$$

$$M_{FBA}=\frac{50\times 3^2\times 2}{5^2}=36(\mathrm{kN\cdot m})$$

$$M_{FBC}=-\frac{100\times 3^2\times 2}{5^2}=-72(\mathrm{kN\cdot m})$$

$$M_{FCB}=\frac{100\times 3\times 2^2}{5^2}=48(\mathrm{kN\cdot m})$$

$$M_{FCD}=\frac{6}{2}\left[1-3\times\left(\frac{2}{3}\right)^2\right]=-1(\mathrm{kN\cdot m})$$

$$F_{SF\,BA}=-\frac{50\times 3^2}{5^2}\left(1+\frac{2\times 2}{5}\right)=-32.4(\mathrm{kN})$$

$$F_{SF\,CD}=-\frac{3\times 6}{2\times 3}\left[1-\left(\frac{2}{3}\right)^2\right]=-1.67(\mathrm{kN})$$

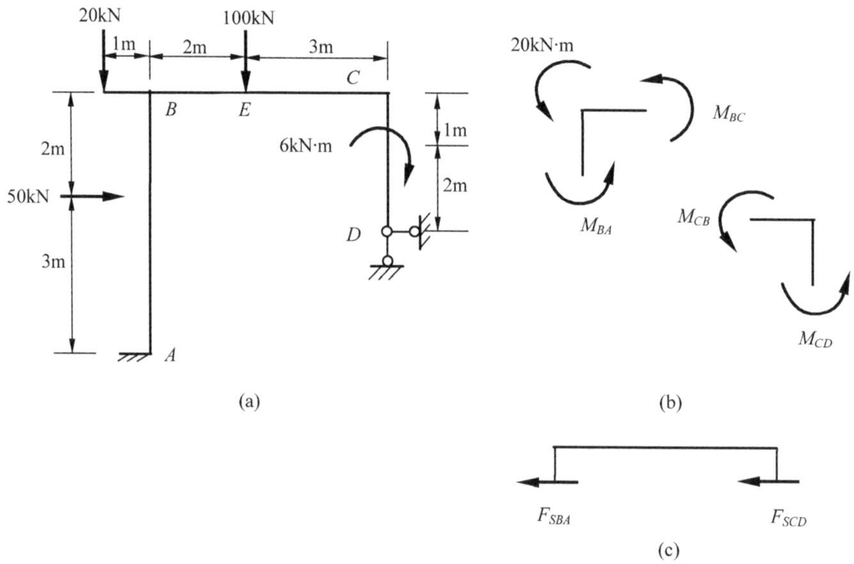

(a) (b) (c)

图 1-12

由节点位移引起的杆端反力分别由式(1-4)及式(1-7)确定，与载荷作用的杆端力叠加后如下：

$$M_{BA}=\frac{4EJ}{5}\theta_B-\frac{6EJ}{25}\varDelta+36=0.8EJ\theta_B-0.24EJ\varDelta+36$$

$$M_{BC}=\frac{2\times 4EJ}{5}\theta_B+\frac{2\times 2EJ}{5}\theta_C-72=1.6EJ\theta_B+0.8EJ\theta_C-72$$

$$M_{CB}=\frac{2\times 2EJ}{5}\theta_B+\frac{2\times 4EJ}{5}\theta_C+48=1.6EJ\theta_C+0.8EJ\theta_B+48$$

$$M_{CD}=\frac{3EJ}{3}\theta_C-\frac{3EJ}{9}\varDelta-1=EJ\theta_C-\frac{EJ}{3}\varDelta-1$$

$$F_{SBA} = -\frac{6EJ}{25}\theta_B + \frac{12EJ}{125}\Delta - 32.4 = -0.24EJ\theta_B + 0.096EJ\Delta - 32.4$$

$$F_{SCD} = -\frac{3EJ}{9}\theta_C + \frac{3EJ}{27}\Delta - 1.67 = -\frac{EJ}{3}\theta_C + \frac{EJ}{9}\Delta - 1.67$$

由图 1-12(b)可看到节点力矩的平衡关系为

$$M_{BA} + M_{BC} + 20 = 0$$

$$M_{CB} + M_{CD} = 0$$

由图 1-12(c)可以看到水平剪力的平衡关系为

$$F_{SBA} + F_{SCD} = 0$$

将各杆的杆端广义力与位移的关系代入这些平衡方程式中，可得到以下位移法基本方程：

$$\begin{cases} 2.4EJ\theta_B + 0.8EJ\theta_C - 0.24EJ\Delta - 16 = 0 \\ 0.8EJ\theta_B + 2.6EJ\theta_C - \frac{EJ}{3}\Delta + 47 = 0 \\ -0.24EJ\theta_B - \frac{EJ}{3}\theta_C + 0.207EJ\Delta - 34.07 = 0 \end{cases}$$

由此解出 $EJ\theta_B = 26.45$， $EJ\theta_C = -1.5$， $EJ\Delta = 192.9$

于是各杆端弯矩为

$$M_{BA} = 0.8\times26.45 - 0.24\times192.9 + 36 = 10.86(\text{kN}\cdot\text{m})$$

$$M_{BC} = 1.6\times26.45 - 0.8\times1.5 - 72 = -30.88(\text{kN}\cdot\text{m})$$

$$M_{CB} = 0.8\times26.45 - 1.6\times1.5 + 48 = 66.8(\text{kN}\cdot\text{m})$$

$$M_{CD} = -1.5 - \frac{1}{3}\times192.9 - 1 = -66.8(\text{kN}\cdot\text{m})$$

已知各杆端力矩，杆轴上的弯矩分布可由叠加而得，如图 1-13 所示。

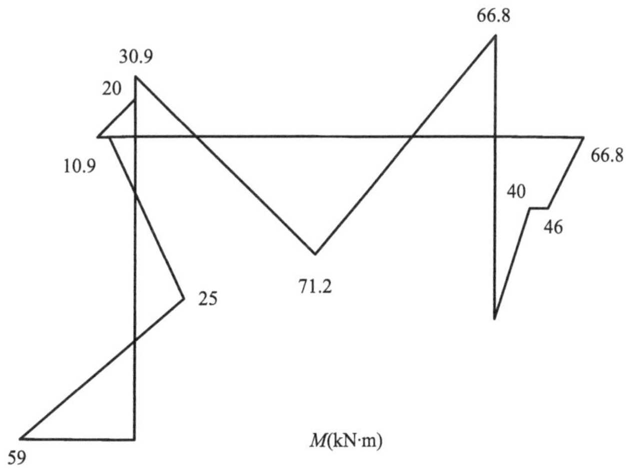

图 1-13

例 1-2 如图 1-14(a)所示刚架，由于温度变化而引起内力，试用位移法分析并作弯矩分布图。已知柱的横截面高度 $h=l/8$，梁的横截面高度 $h_1=1.59h$，E 为常数，热膨胀系数为 α，柱的 $EJ=1$，梁的 $EJ_1=1.59^3$。

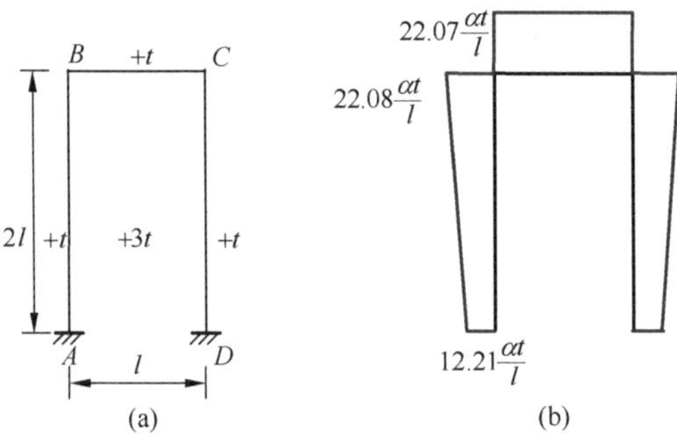

图 1-14

解：横梁的固端弯矩由表 1-1 查得

$$M_{FBC}=-\frac{2\alpha tEJ_1}{h_1}=-\frac{2\alpha t(1.59)^3}{1.59\times\dfrac{l}{8}}=-\frac{40.48\alpha t}{l}$$

$$M_{FCB}=\frac{2\alpha tEJ_1}{h_1}=\frac{40.48\alpha t}{l}$$

由于对称，因而两柱的轴向变形是一样的，横梁无相对位移，横梁的轴向变形对柱来说是横向相对位移，因为对称，因此对每个柱子而言，其横向相对位移为

$$\varDelta=-\frac{2\alpha tl}{2}=-\alpha tl$$

于是根据式(1-4)和表 1-1，柱子的固端弯矩应为

$$M_{FBA}=-\frac{\alpha EJ\Delta t}{h}-\frac{6EJ}{(2l)^2}\varDelta$$

其中，$\Delta t=t-3t$，$\varDelta$ 即为 $\varDelta_{AB}$，因此

$$M_{FBA}=\frac{2\alpha EJt}{h}+\frac{6EJ}{4l^2}\alpha tl=\frac{16\alpha t}{l}+\frac{3\alpha t}{2l}=17.5\frac{\alpha t}{l}$$

由于温度变化对称，结构对称，所以独立的未知位移只有一个，即

$$\theta_B=-\theta_C$$

将节点位移引起的弯矩和固端弯矩叠加为杆端的实际弯矩，各杆弯矩值如下：

$$M_{BC}=\frac{4EJ_1}{l}\theta_B+\frac{2EJ_1}{l}\theta_C-\frac{40.48\alpha t}{l}=\frac{2(1.59)^3}{l}\theta_B-\frac{40.48\alpha t}{l}$$

$$M_{BA}=\frac{4EJ_1}{l}\theta_B+\frac{1.75\alpha t}{l}=\frac{2}{l}\theta_B+\frac{1.75\alpha t}{l}$$

节点 B 的弯矩平衡方程为

$$M_{BA}+M_{BC}=0$$

代入以 θ_B 表示的弯矩值有

$$[2(1.59)^3+2]\,\theta_B-(40.48-17.5)\alpha t=0$$

由此解得
$$\theta_B=2.29\alpha t$$

于是各杆的杆端弯矩为

$$M_{BC}=\frac{8.04}{l}(2.29\alpha t)-40.48\frac{\alpha t}{l}=-22.07\frac{\alpha t}{l}$$

$$M_{BA}=\frac{2}{l}(2.29\alpha t)+17.5\frac{\alpha t}{l}=22.08\frac{\alpha t}{l}$$

$$M_{AB}=\frac{1}{l}(2.29\alpha t)+\frac{3}{2l^2}(\alpha tl)-16\frac{\alpha t}{l}=-12.21\frac{\alpha t}{l}$$

于是作出弯矩图如图 1-14(b)所示。

例 1-3 如图 1-15(a)所示的等截面连续梁，截面惯性矩 $EJ=1.75\times10^4$ kN • m²，支承 B 下沉 3cm，支座 C 下沉 2cm，试作梁的弯矩分布图。

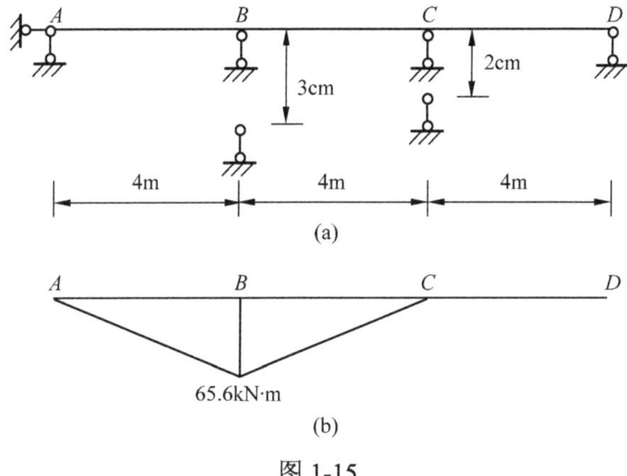

图 1-15

解：由式(1-4)及式(1-7)可计算动定结构由支承沉陷而引起的固端弯矩为

$$M_{FBA}=-\frac{3EJ}{l^2}\varDelta_{BA}\,,\qquad M_{FBC}=-\frac{6EJ}{l^2}\varDelta_{BC}$$

$$M_{FCB}=-\frac{6EJ}{l^2}\varDelta_{CB}\,,\qquad M_{FCD}=-\frac{3EJ}{l^2}\varDelta_{CD}$$

已知 $\varDelta_{BA}=0.03\text{m}$，$\varDelta_{BC}=\varDelta_{CB}=-0.01\text{m}$，$\varDelta_{CD}=0.01-0.03=-0.02\text{m}$，于是上列各固端弯矩为

$$M_{FBA}=-0.03\times\frac{3EJ}{l^2}\,,\qquad M_{FBC}=0.01\times\frac{6EJ}{l^2}$$

$$M_{FCB}=0.01\times\frac{6EJ}{l^2}\,,\qquad M_{FCD}=0.02\times\frac{3EJ}{l^2}$$

叠加由于转角产生的杆端作用，则杆端弯矩为

$$M_{BA}=\frac{3EJ}{l}\,\theta_B-0.03\times\frac{3EJ}{l^2}$$

$$M_{BC}=\frac{4EJ}{l}\ \theta_B+\frac{2EJ}{l}\ \theta_C+0.01\times\frac{6EJ}{l^2}$$

$$M_{CB}=\frac{2EJ}{l}\ \theta_B+\frac{4EJ}{l}\ \theta_C+0.01\times\frac{6EJ}{l^2}$$

$$M_{CD}=\frac{3EJ}{l}\ \theta_C+0.02\times\frac{3EJ}{l^2}$$

节点 B 和 C 的平衡条件为

$$\begin{cases}M_{BA}+M_{BC}=0\\M_{CB}+M_{CD}=0\end{cases}$$

即有

$$\begin{cases}\dfrac{7EJ}{l}\theta_B+\dfrac{2EJ}{l}\theta_C-0.01\times\dfrac{3EJ}{l^2}=0\\\dfrac{2EJ}{l}\theta_B+\dfrac{7EJ}{l}\theta_C+0.01\times\dfrac{12EJ}{l^2}=0\end{cases}$$

由此解得 $\theta_B=0.0025$， $\theta_C=-0.005$

于是可算出各杆端弯矩为

$$M_{BA}=\frac{3EJ}{l}\times0.0025-\frac{3EJ}{l^2}\times0.03=-65.6(\text{kN}\cdot\text{m})$$

$$M_{BC}=\frac{4EJ}{l}\times0.0025+\frac{2EJ}{l}\times(-0.005)+\frac{6EJ}{l^2}\times0.01=65.6(\text{kN}\cdot\text{m})$$

$$M_{CB}=\frac{2EJ}{l}\times0.0025+\frac{4EJ}{l}\times(-0.005)+\frac{6EJ}{l^2}\times0.01=0(\text{kN}\cdot\text{m})$$

$$M_{CD}=\frac{3EJ}{l}\times(-0.005)+\frac{3EJ}{l^2}\times0.02=0(\text{kN}\cdot\text{m})$$

弯矩图如图 1-15(b)所示。

例 1-4 刚架如 1-16(a)所示，有非平行的立柱，用位移法计算在图示载荷作用下的弯矩分布。

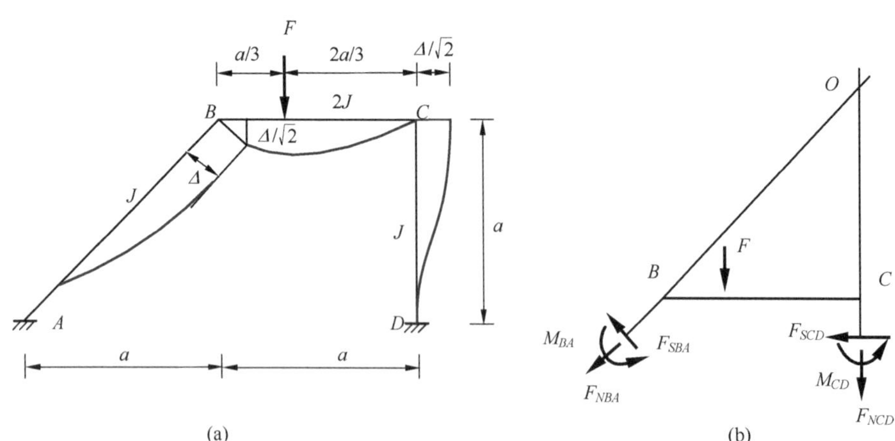

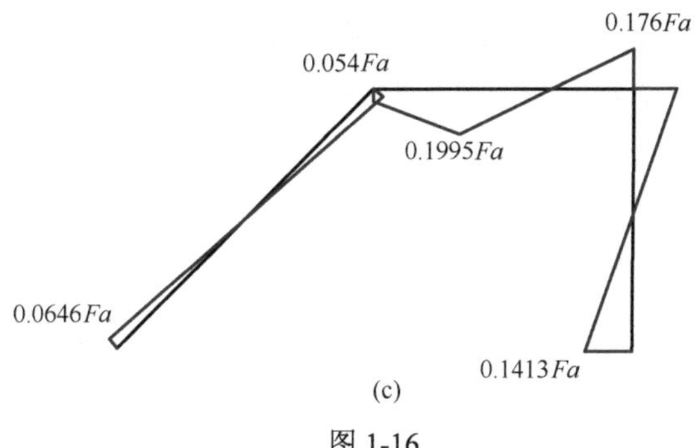

(c)

图 1-16

解：不计轴向变形，这是三次动不定结构，独立的节点位移为 θ_B、θ_C 及 AB 杆的横向相对位移 $\varDelta$ 如图 1-16(a)所示，由于位移连续。在 B 点有位移 $\varDelta$ 时，则 C 点必有水平位移 $\dfrac{\varDelta}{\sqrt{2}}$，如图 1-16(a)所示。于是 BC 杆的相对横向位移为 $-\dfrac{\varDelta}{\sqrt{2}}$，$CD$ 杆的横向相对位移为 $\dfrac{\varDelta}{\sqrt{2}}$。

图示载荷，固端弯矩只有 BC 杆上才有，由表 1-1 可以查得

$$M_{FBC}=-\frac{F}{a^2}\left(\frac{a}{3}\right)\left(\frac{2a}{3}\right)^2=-\frac{4Fa}{27},\qquad M_{FCB}=-\frac{F}{a^2}\left(\frac{a}{3}\right)^2\left(\frac{2a}{3}\right)=\frac{2Fa}{27}$$

AB、CD 杆上由于没有载荷，因此没有固端广义力。

由于节点位移产生的杆端广义力可由式(1-4)得到，与载荷影响同时考虑，则各杆端的力矩和力为

$$M_{BA}=\frac{4EJ}{\sqrt{2}a}\theta_B-\frac{6EJ}{(\sqrt{2}a)^2}\varDelta=\frac{4EJ}{\sqrt{2}a}\theta_B-\frac{3EJ}{a^2}\varDelta$$

$$\begin{aligned}M_{BC}&=\frac{4E(2J)}{a}\theta_B+\frac{2E(2J)}{a}\theta_C+\frac{6E(2J)}{\sqrt{2}a^2}\varDelta-\frac{4Fa}{27}\\&=\frac{8EJ}{a}\theta_B+\frac{4EJ}{a}\theta_C+\frac{6\sqrt{2}EJ}{a^2}\varDelta-\frac{4Fa}{27}\end{aligned}$$

$$M_{CB}=\frac{4EJ}{a}\theta_B+\frac{8EJ}{a}\theta_C+\frac{6\sqrt{2}EJ}{a^2}\varDelta-\frac{2Fa}{27}$$

$$M_{CD}=\frac{4EJ}{a}\theta_C-\frac{6EJ}{\sqrt{2}a^2}\varDelta$$

$$F_{SBA}=-\frac{6EJ}{(\sqrt{2}a)^2}\theta_B+\frac{12EJ}{(\sqrt{2}a)^3}\varDelta=-\frac{3EJ}{a^2}\theta_B+\frac{6EJ}{\sqrt{2}a^3}\varDelta$$

$$F_{SCD}=-\frac{6EJ}{a^2}\theta_C+\frac{12EJ}{\sqrt{2}a^3}\varDelta=-\frac{6EJ}{a^2}\theta_C+\frac{6\sqrt{2}EJ}{a^3}\varDelta$$

然后可以建立平衡方程，关于节点 B 和 C 的力矩平衡为

$$\begin{cases}M_{BA}+M_{BC}=0\\M_{CB}+M_{CD}=0\end{cases}$$

与位移 $\varDelta$ 对应的平衡可以取脱离体 BC 的水平方向的受力平衡，由图 1-16(b)可见，平衡

方程将有轴力 F_{NBA} 参与，只是不能通过物理关系而以位移表达的，因为忽略了轴向变形，所以可以在脱离体 BC 上对 O 点建立力矩总和为零的方程：

$$\sum M_O = 0 , \qquad F_{SCD} \times a + F_{SAB} \times \sqrt{2}a - \frac{2}{3}Fa - M_{BA} - M_{CD} = 0$$

将所有的力都以位移来表示，因而有如下形式的平衡方程：

$$\begin{cases} 10.828\dfrac{EJ}{a^2}\theta_B + 4J\theta_C + 5.485\dfrac{EJ}{a^3}\varDelta = 0.148F \\ 4\dfrac{EJ}{a^2}\theta_B + 12\dfrac{EJ}{a^2}\theta_C + 4.423\dfrac{EJ}{a^3}\varDelta = -0.0741F \\ -7.071\dfrac{EJ}{a^2}\theta_B - 10\dfrac{EJ}{a^2}\theta_C + 21.728\dfrac{EJ}{a^3}\varDelta = 0.6667F \end{cases}$$

由此可解出

$$\frac{EJ}{a^2}\theta_B = 0.00747F , \qquad \frac{EJ}{a^2}\theta_C = -0.01752F , \qquad \frac{EJ}{a^3}\varDelta = 0.02505F$$

于是可知各杆端力矩为

$$M_{BA} = 2\sqrt{2}a \times 0.00747F - 3a \times 0.02505F = -0.054Fa$$

$$M_{BC} = 8a \times 0.00747F + 4a(-0.01752F) + 6\sqrt{2}a \times 0.02505F - \frac{4}{27}Fa = 0.054Fa$$

$$M_{CB} = 4a \times 0.00747F + 8a(-0.01752F) + 6\sqrt{2}a \times 0.02505F + \frac{2}{27}Fa = 0.176Fa$$

$$M_{CD} = 4a \times \left(-0.01752F\right) - 3\sqrt{2}a \times 0.02505F = -0.176Fa$$

支承处的力矩也可以算出：

$$M_{AB} = \frac{2EJ}{\sqrt{2}a}\theta_B - \frac{6EJ}{(\sqrt{2}a)^2}\varDelta = \sqrt{2}a \times 0.00747F - 3a \times 0.02505F = -0.0646Fa$$

$$M_{DC} = \frac{2EIJ}{a}\theta_C - \frac{6EJ}{\sqrt{2}a^2}\varDelta = 2a \times (-0.01752F) - 3\sqrt{2}a \times 0.02505F = -0.1413Fa$$

杆端力矩已知后，沿杆轴向的弯矩分布可利用叠加原理作出，弯矩分布见图 1-16(c)。

例 1-5 图 1-17(a)所示刚架，用位移法计算并作弯矩、剪力及轴力图。设 EJ=1。

解：这是一个九次动不定结构，在不计轴向变形的条件下，并且利用有铰支端的单元杆件的转角位移公式，因而实际上可以按二次动不定结构计算，独立的未知位移为 θ_B、θ_C。

增加约束之后的动定结构如图 1-17(b)所示，θ_B、θ_C 对各杆都是相同的，因此连续条件已经满足。

由表 1-1 和表 1-2 可查得各杆的固端力矩如下：

$$M_{FBA} = \frac{ql^2}{8} = \frac{20 \times 4^2}{8} = 40(\text{kN} \cdot \text{m})$$

$$M_{FBC} = -\frac{ql^2}{12} = -\frac{20 \times 5^2}{12} = -41.7(\text{kN} \cdot \text{m})$$

$$M_{FCB}=\frac{ql^2}{12}=41.7(\text{kN}\cdot\text{m})$$

$$M_{FCD}=0,\quad M_{FCF}=0,\quad M_{FBE}=0$$

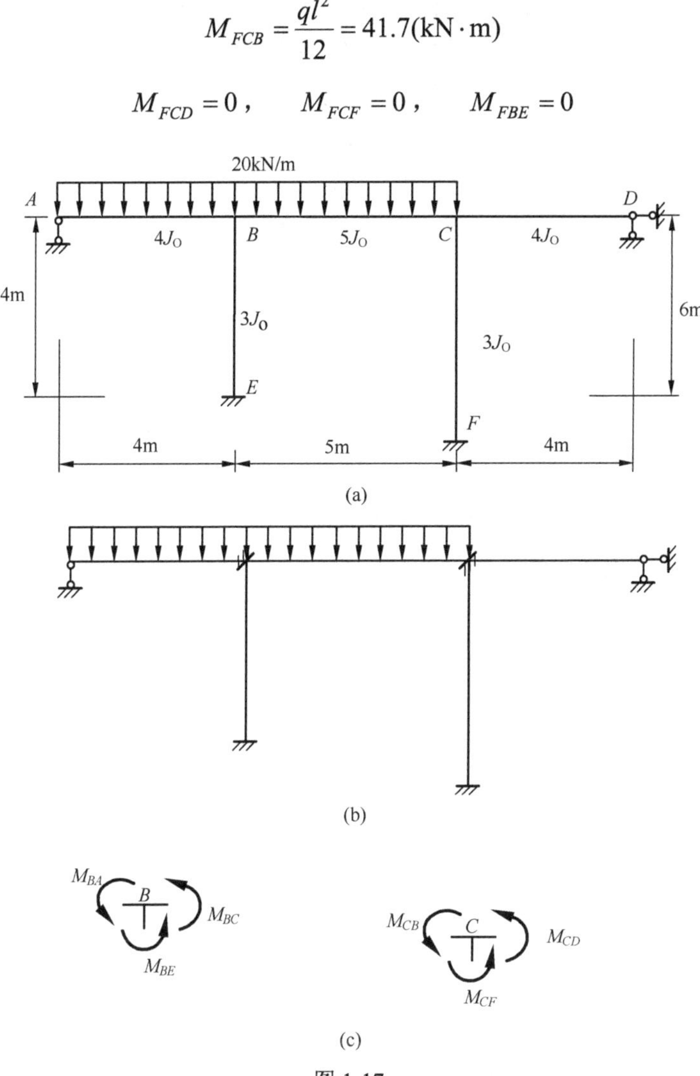

图 1-17

由式(1-4)及式(1-7)可算出节点位移引起的动定结构上的杆端力矩,并与固端力矩叠加得到如下各值

$$M_{BA}=\frac{3EJ}{l}\ \theta_B+40=3\theta_B+40$$

$$M_{BC}=\frac{4EJ}{l}\ \theta_B+\frac{2EJ}{l}\ \theta_C-41.7=4\theta_B+2\theta_C-41.7$$

$$M_{CB}=\frac{2EJ}{l}\ \theta_B+\frac{4EJ}{l}\ \theta_C+41.7=2\theta_B+4\theta_C+41.7$$

$$M_{CD}=\frac{3EJ}{l}\ \theta_C=3\theta_C$$

$$M_{CF}=\frac{4EJ}{l}\ \theta_C=2\theta_C$$

$$M_{BE}=\frac{4EJ}{l}\ \theta_C=3\theta_C$$

节点平衡如图 1-17(c)所示，各杆端力矩的反作用力矩作用在节点上，因而有

$$\begin{cases} M_{BA}+M_{BE}+M_{BC}=0 \\ M_{CB}+M_{CF}+M_{CD}=0 \end{cases}$$

即

$$\begin{cases} 10\theta_B+2\theta_C-1.7=0 \\ 2\theta_B+9\theta_C+41.7=0 \end{cases}$$

由此解出

$$\theta_B=1.15,\qquad \theta_C=-4.89$$

于是各杆端力矩为

$$M_{BA}=3\times1.15+40=43.45(\text{kN}\cdot\text{m})$$

$$M_{BC}=4\times1.15+2\times(-4.89)-41.7=-46.88(\text{kN}\cdot\text{m})$$

$$M_{CB}=2\times1.15+4\times(-4.89)+41.7=24.44(\text{kN}\cdot\text{m})$$

$$M_{CD}=3\times(-4.89)=-14.67(\text{kN}\cdot\text{m})$$

$$M_{CF}=2\times(-4.89)=-9.78(\text{kN}\cdot\text{m})$$

$$M_{BE}=3\times1.15=3.45(\text{kN}\cdot\text{m})$$

$$M_{EB}=-\frac{1}{2}M_{BE}=-\frac{1}{2}\times3.45=-1.73(\text{kN}\cdot\text{m})$$

$$M_{FC}=-\frac{1}{2}M_{CF}=-\frac{1}{2}\times(-9.78)=4.89(\text{kN}\cdot\text{m})$$

利用叠加原理可作沿杆轴的弯矩分布图，再利用平衡关系可作剪力和轴力的分布图，分别见图 1-18(a)、(b)、(c)。

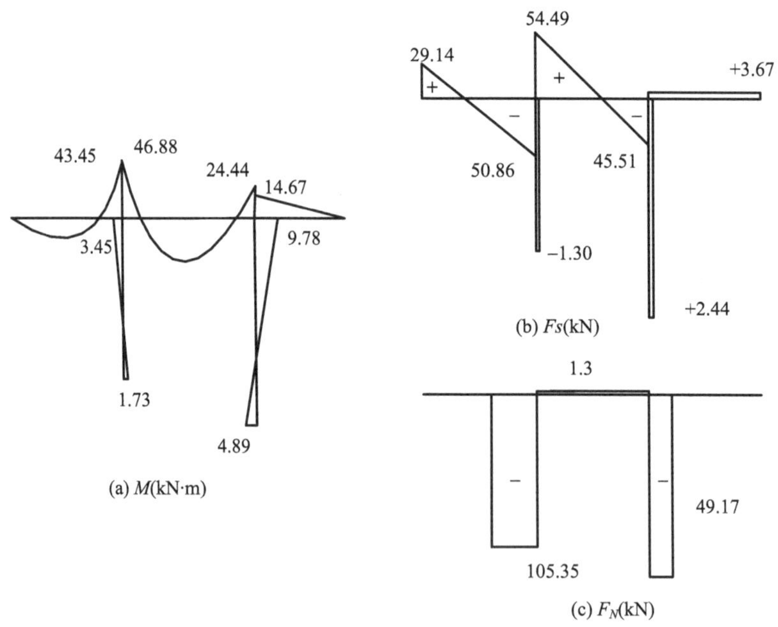

(a) M(kN·m)

(b) Fs(kN)

(c) F_N(kN)

图 1-18

例 1-6 图 1-19(a)为静不定刚架，设柱的 $EJ/l=1$，横梁的 $EJ/l=2$，用位移法分析内力并作弯矩图。

解：这是七次动不定结构，当不计轴向变形并且利用一端铰支的基本单元杆时，则为二次动不定结构，独立未知节点位移为θ_B及Δ。

增加约束之后的动定结构如图 1-19(b)所示。

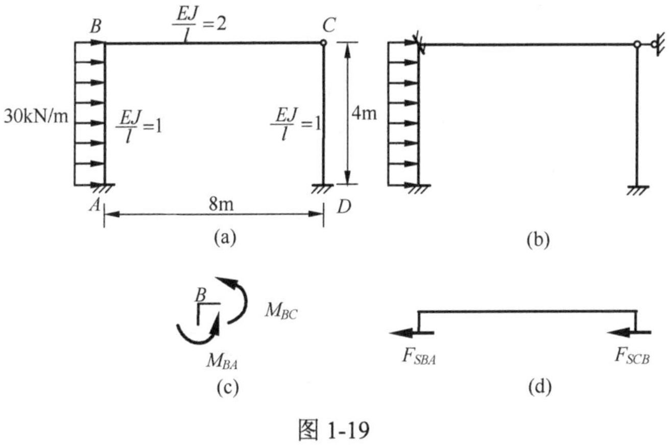

图 1-19

应用表 1-1 可查得固端作用如下：

$$M_{FBA}=\frac{ql^2}{12}=\frac{30\times 4^2}{12}=40(\text{kN}\cdot\text{m})$$

$$F_{SFBA}=-\frac{ql}{2}=-\frac{30\times 4}{2}=-60(\text{kN})$$

由于杆 BC 上没有载荷所以固端力为

$$M_{FBC}=0\text{，}\qquad F_{SFBC}=0$$

节点位移引起的杆端力可用式(1-4)及式(1-7)算出，与固端作用叠加后可得各杆端力矩为

$$M_{BA}=4\theta_B-\frac{3}{2}\Delta+40\text{，}\qquad M_{BC}=6\theta_B$$

$$F_{SBA}=-\frac{3}{2}\theta_B+\frac{3}{4}\Delta-60\text{，}\qquad F_{SCD}=\frac{3}{16}\Delta$$

图 1-19(c)表示 B 节点的力矩平衡，水平方向的受力平衡见图 1-19(d)所示的脱离体，于是可有下列平衡方程

$$\begin{cases}M_{BA}+M_{BC}=0\\F_{SBA}+F_{SCD}=0\end{cases}$$

即

$$\begin{cases}10\theta_B-1.5\Delta+40=0\\-1.5\theta_B+0.9375\Delta-60=0\end{cases}$$

由此可以解得 $\theta_B=7.4,\qquad \Delta=75.8$

于是各杆端力矩为

$$M_{AB}=2\times 7.4-1.5\times 75.8-40=-138.9(\text{kN}\cdot\text{m})$$

$$M_{BA}=4\times 7.4-1.5\times 75.8+40=-44.1(\text{kN}\cdot\text{m})$$

$$M_{BC}=6\times 7.4=44.4(\text{kN}\cdot\text{m})$$

$$M_{DC}=F_{SCD}\times 4=\frac{3}{16}\Delta\times 4=\frac{3}{16}\times 75.8\times 4=56.8(\text{kN}\cdot\text{m})$$

已知各杆端的弯矩，利用叠加原理可作沿杆轴的弯矩分布图，由弯矩和剪力的微分关系可以作剪力分布图，再由节点平衡可作轴力分布图。弯矩、剪力和轴力分布见图 1-20。

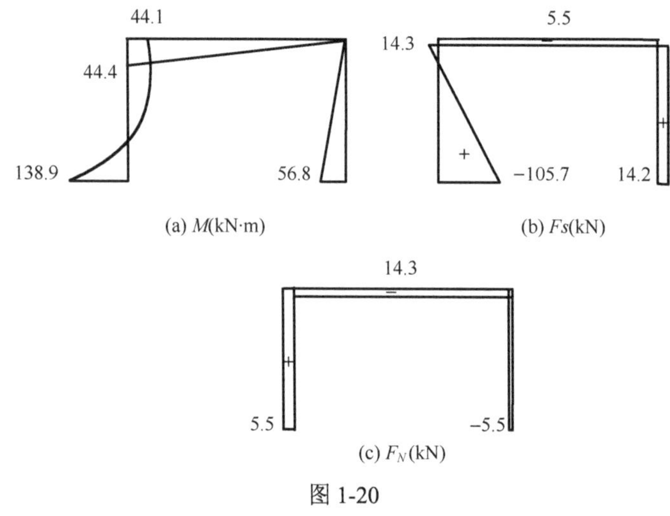

图 1-20

习　题

1-1　用位移法计算题 1-1 图所示刚架并作弯矩分布图。

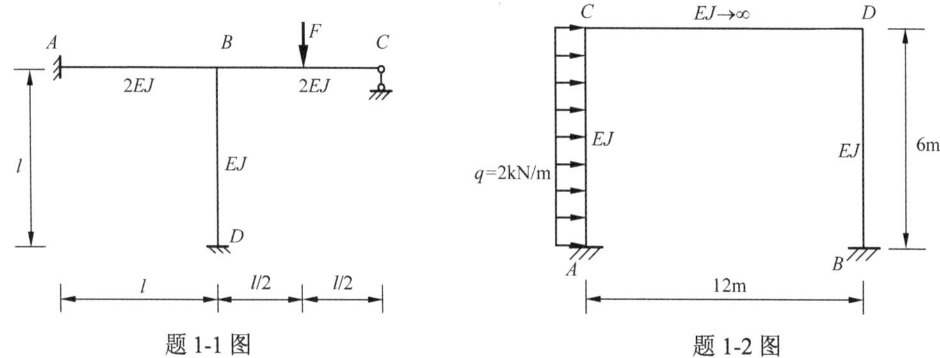

题 1-1 图　　　　题 1-2 图

1-2　用位移法计算题 1-2 图所示刚架并作弯矩、剪力及轴力分布图。

1-3　用位移法计算题 1-3 图所示刚架并作弯矩分布图。

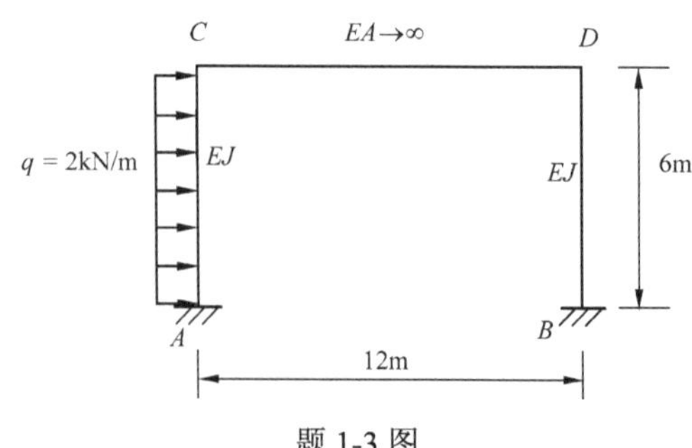

题 1-3 图

1-4 题 1-4 图所示为连续梁，用位移法分析内力并作弯矩分布图。

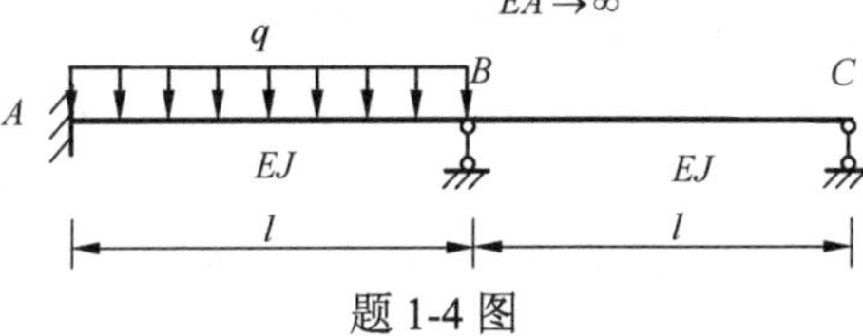

题 1-4 图

1-5 用位移法分析题 1-5 图所示刚架的内力并作弯矩、剪力及轴力分布图。

1-6 用位移法分析题 1-6 图所示刚架的内力并作弯矩分布图。各杆 EI 为常数。

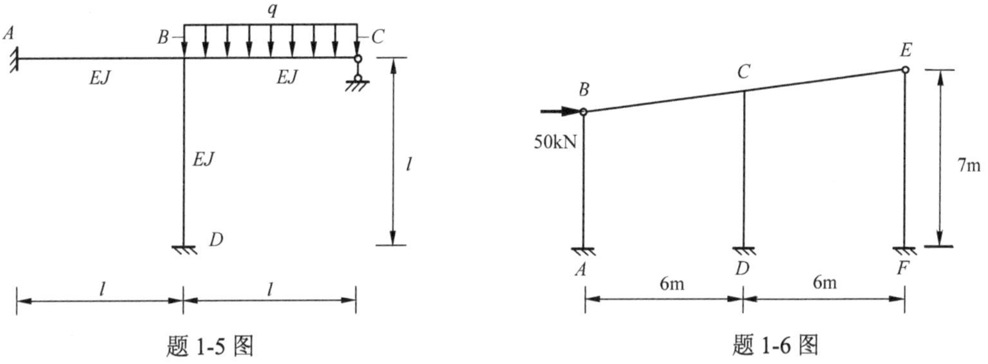

题 1-5 图

题 1-6 图

1-7 用位移法分析题 1-7 图所示刚架的内力并作弯矩分布图。

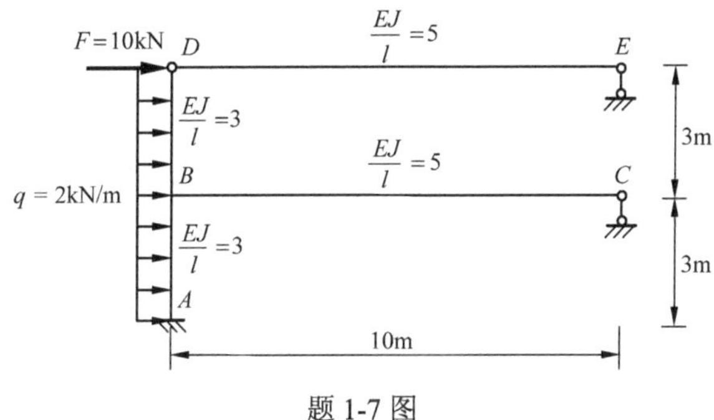

题 1-7 图

1-8 用位移法分析题 1-8 图所示刚架的内力并作弯矩、剪力及轴力分布图。J 为常数。

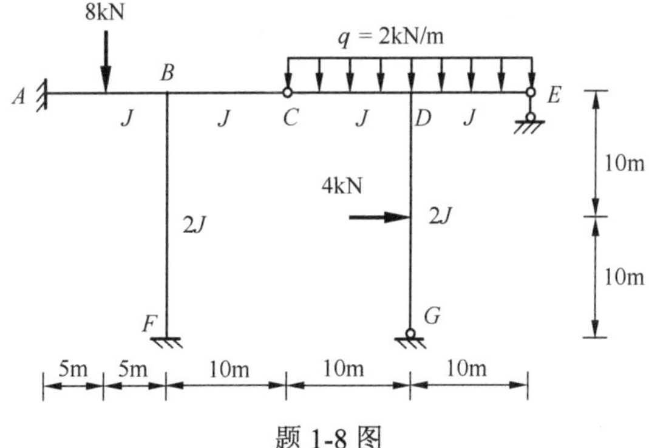

题 1-8 图

1-9 用位移法分析题 1-9 图所示刚架的内力并作弯矩分布图。各杆 EJ 为常数。

1-10　用位移法分析题 1-10 图所示刚架内力并作弯矩分布图。各杆 EJ 为常数，l=20m，q = 2.4N/m。

1-11　用位移法分析题 1-11 图所示刚架并作弯矩、剪力和轴力分布图。各杆 EJ 为常数。

1-12　题 1-12 图所示刚架，温度变化如图所示，截面为矩形，h=60cm，b=40cm，$E=2\times10^7\text{kN/m}^2$，$\alpha$ = 0.00001，EJ 为常数。用位移法计算由此产生的内力并作弯矩、剪力及轴力图。

1-13　题 1-13 图所示为连续梁，其截面的 $J=1.76\times10^4\text{cm}^4$，$E=2.0\times10^8\text{kN/m}^2$，设支座 B 下沉 1.3cm，设支座 C 下沉 0.8cm，用位移法分析并作弯矩分布图。

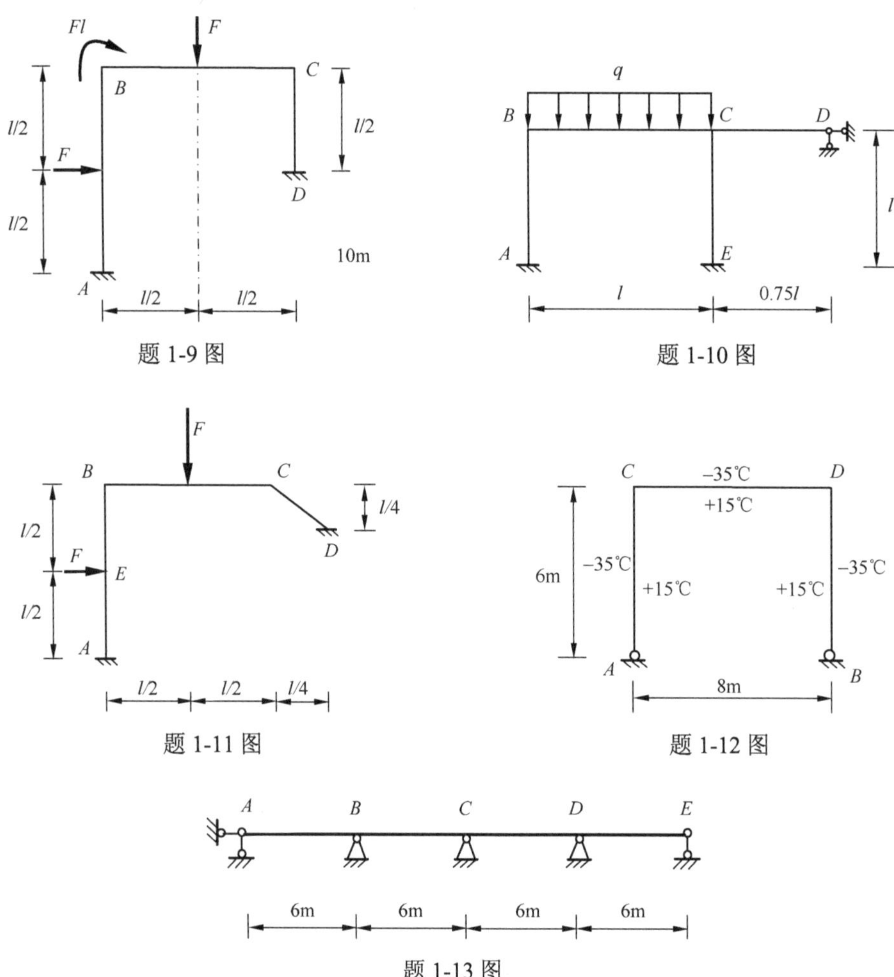

题 1-9 图

题 1-10 图

题 1-11 图

题 1-12 图

题 1-13 图

第 2 章　杆系结构刚度阵法

2.1 概　　述

矩阵理论是研究线性问题的得力工具，而结构的静力分析归结为线性方程组的求解，因此矩阵方法就很自然地被应用了。采用矩阵方法不改变结构力学基本原理，仅用矩阵代数表达式取代了一般代数表达式而已。由于矩阵代数能把结构分析问题写成特别紧凑而简洁的数学形式，并且能鲜明地揭示出线性结构体系的基本特征，从而弄清了力法和位移法之间严密的相似关系。矩阵方法与力法结合称为柔度阵法，柔度阵法亦称为矩阵力法。矩阵方法与位移法结合称为刚度阵法，刚度阵法亦称为矩阵位移法。

结构静力分析的位移法基本方程，如 1.2 节所述，可用矩阵形式表达如下：

$$[K]\{U\}=\{F\} \quad \text{（参见式(1-6)）}$$

复杂的高阶动不定结构如果要用手算是很困难的，必须应用计算机，编制程序使刚度阵$[K]$自动形成，从而算出位移和内力。为此要在统一的坐标系统中表示结构节点位移、杆端力及其相互关系，在统一的坐标系统中建立结构平衡方程。因为内力要表示沿杆轴的分布规律，而平衡方程要在结构的各个节点上建立，所以坐标系有局部坐标及总体坐标两种，而且要明确在两种坐标系中位移和内力各自的转换关系。

结构分析必须建立结构力学模型，杆件结构是由一系列杆件的轴线以一定形式的节点连接而成的系统。在编制结构计算程序时，必须将杆件结构力学模型用数字信息输入到计算机中，如图 2-1(a)所示，关于结构力学模型及数字化在后续章节具体讨论。为讨论结构计算的刚度阵法，对于图 2-1(b)所示结构的各节点以大写英文字母命名，无位移的支承节点记为 O，以小写英文字母标记杆件，如图 2-1(b)所示。

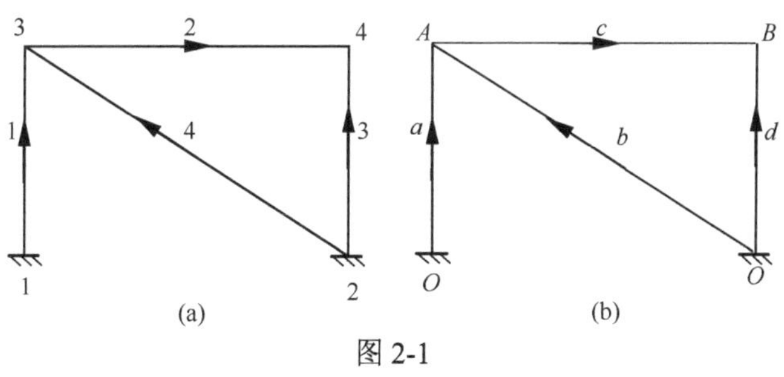

图 2-1

2.2 坐 标 系 统

2.2.1　局部坐标和总体坐标

需要规定两种坐标系统：即杆件本身的局部坐标和结构系统的总体坐标。

杆件本身的局部坐标：以未受载荷前的直杆为 x_m 轴，杆件小号端为“左”端，大号端为“右”端；或在前面的字母为“左”端，后面的字母为“右”端。同时设字母 O 是最前面的，自“左”到“右”的连线方向为局部坐标的 x_m 轴正向，y_m 轴则由右手系统决定其正向，如图 2-2 所示。

结构系统的总体坐标：是结构系统各杆共同的坐标，则可任意决定一个右手系统，以 x、y、z 表示，如图 2-2 所示。

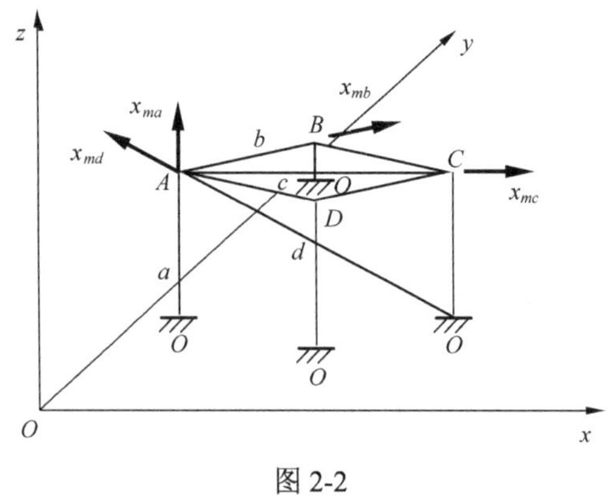

图 2-2

2.2.2 载荷、杆端力、杆端位移和节点位移

载荷是以节点载荷向量作用在结构上的，以向量$\{F\}$表示，如果不是作用在节点上，则可将载荷作用点也视作节点，或当量转化到节点上去。在空间体系中，节点荷载有如下六个分量：

$$\{F\}=\{F_x \quad F_y \quad F_z \quad m_x \quad m_y \quad m_z\}^{\mathrm{T}} \tag{2-1}$$

节点载荷中的集中力$\{F_x \quad F_y \quad F_z\}$与 x、y、z 轴的正向同向为正，力矩$\{m_x \quad m_y \quad m_z\}$以其旋转矢量与 x、y、z 轴反向为正，即在平面中为顺时针方向，如图 2-3(a)所示。

对于平面体系，其节点上的载荷有三个分量，正负规定与空间体系类同，见图 2-3(b)。

$$\{F\}=\{F_x \quad F_y \quad m\}^{\mathrm{T}} \tag{2-2}$$

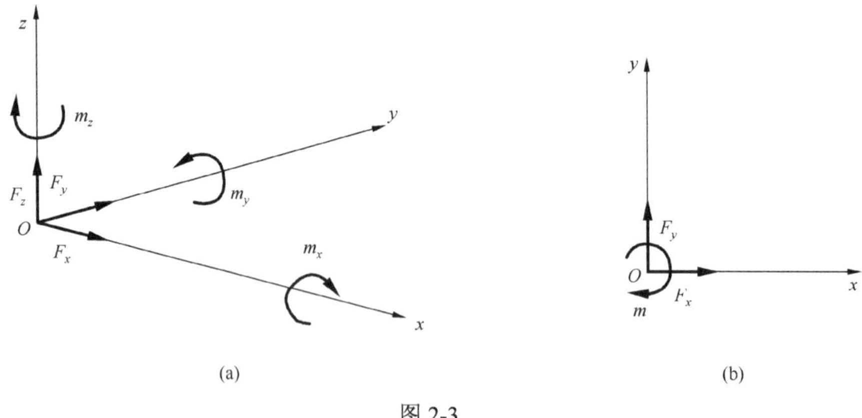

图 2-3

在杆件局部坐标中，杆端力以向量$\{S\}$表示，其力分量与局部坐标 x_m、y_m 的正向一致时为正，力矩分量以顺时针方向为正。

在总体坐标中，杆端力向量以$\{s\}$表示，其力分量与总体坐标 x、y 正向一致时为正，力矩向量则以顺时针方向为正。

局部坐标系中杆端力与总体坐标中杆端力的正方向如图 2-4 所示。

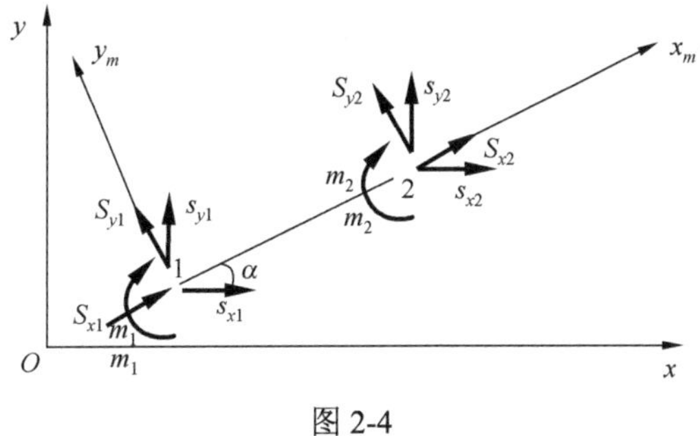

图 2-4

总体坐标系中结构杆端力向量$\{s\}$按杆件次序由各杆的杆端力向量$\{S\}$组成。

平面轴力杆和空间轴力杆的杆端位移向量分别为

$$\{u_i\}=\{\delta_{xi}\} \tag{2-3}$$

$$\{u_i\}=\{\delta_{xi}\} \tag{2-4}$$

平面弯曲杆和空间弯曲杆的杆端位移向量分别为

$$\{u_i\}=\{\delta_{xi} \quad \delta_{yi} \quad \theta_i\}^{\mathrm{T}} \tag{2-5}$$

$$\{u_i\}=\{\delta_{xi} \quad \delta_{yi} \quad \delta_{zi} \quad \theta_{xi} \quad \theta_{yi} \quad \theta_{zi}\}^{\mathrm{T}} \tag{2-6}$$

平面桁架和空间桁架的节点位移向量分别为

$$\{U_i\}=\{\bar{\delta}_{xi} \quad \bar{\delta}_{yi}\}^{\mathrm{T}} \tag{2-7}$$

$$\{U_i\}=\{\bar{\delta}_{xi} \quad \bar{\delta}_{yi} \quad \bar{\delta}_{zi}\}^{\mathrm{T}} \tag{2-8}$$

平面刚架和空间刚架的节点位移向量分别为

$$\{U_i\}=\{\bar{\delta}_{xi} \quad \bar{\delta}_{yi} \quad \bar{\theta}_i\}^{\mathrm{T}} \tag{2-9}$$

$$\{U_i\}=\{\bar{\delta}_{xi} \quad \bar{\delta}_{yi} \quad \bar{\delta}_{zi} \quad \bar{\theta}_{xi} \quad \bar{\theta}_{yi} \quad \bar{\theta}_{zi}\}^{\mathrm{T}} \tag{2-10}$$

总体坐标系中结构节点位移向量$\{U\}$是由各节点的位移向量$\{U_i\}$按节点次序组成。

2.3 坐标转换矩阵

在总体坐标系建立结构平衡方程和求解位移，在局部坐标系求解各杆件内力，因此必须讨论杆端力和杆端位移在两种坐标之间的转换关系。

首先讨论轴力杆件。

如图 2-5 所示，在“1”端讨论杆端力的两种坐标转换，总体坐标系杆端力与局部坐标系杆端力之转换关系为

$$s_{x1} = S_1 \cos\alpha, \qquad s_{y1} = S_1 \sin\alpha$$

式中，α 是单元杆件的 x_m 轴线与总体坐标 x 轴线的夹角，以 x 轴逆时针向转到 x_m 轴为正。此转换关系用矩阵表示为

$$\begin{Bmatrix} s_{x1} \\ s_{y1} \end{Bmatrix} = \begin{bmatrix} \cos\alpha \\ \sin\alpha \end{bmatrix} \{S_1\}$$

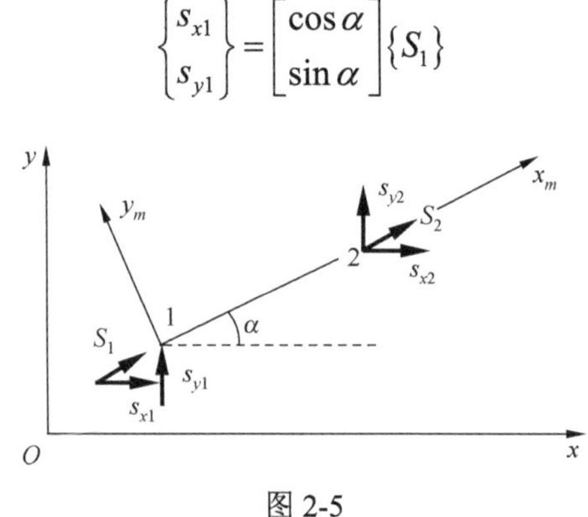

图 2-5

“1”端与“2” 端的两种坐标的转换关系是一样的，所导出的转换关系在“2” 端是完全类同的，因而下标不必写出，总体坐标系杆端力$\{s\}$与局部坐标系中杆端力$\{S\}$之转换关系为

$$\{s\} = [T]\{S\} \tag{2-11}$$

式中，$[T]$为平面轴力杆坐标转换矩阵：

$$[T] = \begin{bmatrix} \cos\alpha \\ \sin\alpha \end{bmatrix} \tag{2-12}$$

继而讨论弯曲杆件。

如图 2-6 所示，因为“1”端与“2” 端的两种坐标的转换关系是一样的，因而以下推导省略下标。

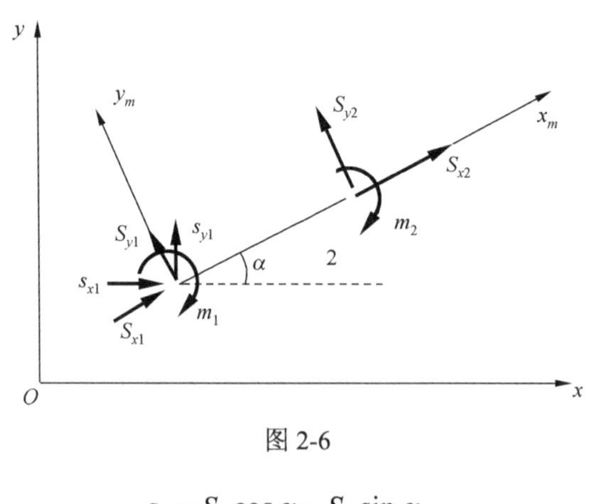

图 2-6

$$s_x = S_x \cos\alpha - S_y \sin\alpha$$
$$s_y = S_x \sin\alpha + S_y \cos\alpha$$
$$m = m$$

用矩阵表示为

$$\begin{Bmatrix} s_x \\ s_y \\ m \end{Bmatrix} = \begin{bmatrix} \cos\alpha & -\sin\alpha & 0 \\ \sin\alpha & \cos\alpha & 0 \\ 0 & 0 & 1 \end{bmatrix} \begin{Bmatrix} S_x \\ S_y \\ m \end{Bmatrix}$$

可缩写为

$$\{s\} = [T]\{S\} \qquad \text{（参见式(2-11)）}$$

式中，$[T]$为平面弯曲杆总体坐标系杆端力$\{s\}$与局部坐标系杆端力$\{S\}$的坐标转换矩阵：

$$[T] = \begin{bmatrix} \cos\alpha & -\sin\alpha & 0 \\ \sin\alpha & \cos\alpha & 0 \\ 0 & 0 & 1 \end{bmatrix} \tag{2-13}$$

其中，α 也是单元杆件的 x_m 轴线与总体坐标 x 轴线的夹角，以 x 轴逆时针向转到 x_m 轴为正。

杆端位移由连续条件的要求，即为节点位移。在局部坐标系以向量$\{u\}$表示，在总体坐标系以向量$\{U\}$表示。图 2-7 表示了$\{u\}$和$\{U\}$各分量的正向，其规定与杆端力是一致的。

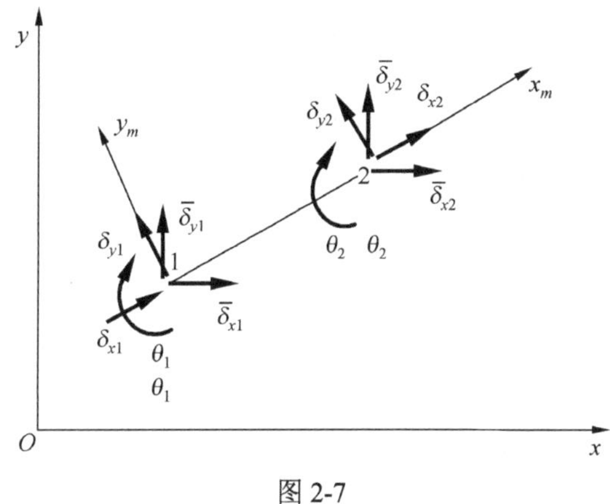

图 2-7

杆端位移的转换关系与杆端力的转换关系推导是完全类同的，且“1”端与“2” 端的两种坐标的转换关系是一样的，因而以下推导省略下标。以平面弯曲杆为例，由图 2-7 可见如下关系：

$$\delta_x = \bar{\delta}_x \cos\alpha + \bar{\delta}_y \sin\alpha$$

$$\delta_y = -\bar{\delta}_x \sin\alpha + \bar{\delta}_y \cos\alpha$$

$$\theta = \theta$$

用矩阵表达为

$$\begin{Bmatrix} \delta_x \\ \delta_y \\ \theta \end{Bmatrix} = \begin{bmatrix} \cos\alpha & \sin\alpha & 0 \\ -\sin\alpha & \cos\alpha & 0 \\ 0 & 0 & 1 \end{bmatrix} \begin{Bmatrix} \bar{\delta}_x \\ \bar{\delta}_y \\ \theta \end{Bmatrix}$$

可缩写为

$$\{u\} = [T]^{\mathrm{T}}\{U\} \tag{2-14}$$

式中，$[T]^{\mathrm{T}}$ 为平面弯曲杆局部坐标系杆端位移向量$\{u\}$与总体坐标系节点位移向量$\{U\}$的坐标转换矩阵：

$$[T]^{\mathrm{T}}=\begin{bmatrix}\cos\alpha & \sin\alpha & 0\\ -\sin\alpha & \cos\alpha & 0\\ 0 & 0 & 1\end{bmatrix}$$

2.4 局部坐标系单元刚度阵

在1.2节中已推导了图2-8所示的局部坐标系中平面弯曲单元杆件的两端杆端力与杆端位移之间的物理关系，为

$$\begin{cases}S_{x1}=\dfrac{EA}{l}\delta_{x1}-\dfrac{EA}{l}\delta_{x2}\\ S_{y1}=-\dfrac{6EJ}{l^2}\theta_1-\dfrac{6EJ}{l^2}\theta_2+\dfrac{12EJ}{l^3}\delta_{y1}-\dfrac{12EJ}{l^3}\delta_{y2}\\ m_1=\dfrac{4EJ}{l}\theta_1+\dfrac{2EJ}{l}\theta_2-\dfrac{6EJ}{l^2}\delta_{y1}+\dfrac{6EJ}{l^2}\delta_{y2}\\ S_{x2}=-\dfrac{EA}{l}\delta_{x1}+\dfrac{EA}{l}\delta_{x2}\\ S_{y2}=\dfrac{6EJ}{l^2}\theta_1+\dfrac{6EJ}{l^2}\theta_2-\dfrac{12EJ}{l^3}\delta_{y1}+\dfrac{12EJ}{l^3}\delta_{y2}\\ m_2=\dfrac{2EJ}{l}\theta_1+\dfrac{4EJ}{l}\theta_2-\dfrac{6EJ}{l^2}\delta_{y1}+\dfrac{6EJ}{l^2}\delta_{y2}\end{cases}$$ （参见式(1-2)）

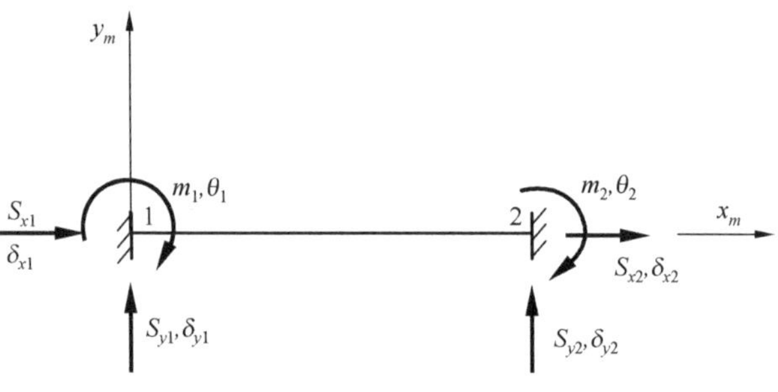

图2-8

用矩阵表示为

$$\begin{Bmatrix}S_{x1}\\S_{y1}\\m_1\\S_{x2}\\S_{y2}\\m_2\end{Bmatrix}=\begin{bmatrix}\dfrac{EA}{l} & 0 & 0 & -\dfrac{EA}{l} & 0 & 0\\ 0 & \dfrac{12EJ}{l^3} & -\dfrac{6EJ}{l^2} & 0 & -\dfrac{12EJ}{l^3} & -\dfrac{6EJ}{l^2}\\ 0 & -\dfrac{6EJ}{l^2} & \dfrac{4EJ}{l} & 0 & \dfrac{6EJ}{l^2} & \dfrac{2EJ}{l}\\ -\dfrac{EA}{l} & 0 & 0 & \dfrac{EA}{l} & 0 & 0\\ 0 & -\dfrac{12EJ}{l^3} & \dfrac{6EJ}{l^2} & 0 & \dfrac{12EJ}{l^3} & \dfrac{6EJ}{l^2}\\ 0 & -\dfrac{6EJ}{l^2} & \dfrac{2EJ}{l} & 0 & \dfrac{6EJ}{l^2} & \dfrac{4EJ}{l}\end{bmatrix}\begin{Bmatrix}\delta_{x1}\\\delta_{y1}\\\theta_1\\\delta_{x2}\\\delta_{y2}\\\theta_2\end{Bmatrix}$$

以分块矩阵表示：

$$\begin{Bmatrix} S_{x1} \\ S_{y1} \\ m_1 \end{Bmatrix} = \begin{bmatrix} \frac{EA}{l} & 0 & 0 \\ 0 & \frac{12EJ}{l^3} & -\frac{6EJ}{l^2} \\ 0 & -\frac{6EJ}{l^2} & \frac{4EJ}{l} \end{bmatrix} \begin{Bmatrix} \delta_{x1} \\ \delta_{y1} \\ \theta_1 \end{Bmatrix} + \begin{bmatrix} -\frac{EA}{l} & 0 & 0 \\ 0 & -\frac{12EJ}{l^3} & -\frac{6EJ}{l^2} \\ 0 & \frac{6EJ}{l^2} & \frac{2EJ}{l} \end{bmatrix} \begin{Bmatrix} \delta_{x2} \\ \delta_{y2} \\ \theta_2 \end{Bmatrix}$$

$$\begin{Bmatrix} S_{x2} \\ S_{y2} \\ m_2 \end{Bmatrix} = \begin{bmatrix} -\frac{EA}{l} & 0 & 0 \\ 0 & -\frac{12EJ}{l^3} & \frac{6EJ}{l^2} \\ 0 & -\frac{6EJ}{l^2} & \frac{2EJ}{l} \end{bmatrix} \begin{Bmatrix} \delta_{x1} \\ \delta_{y1} \\ \theta_1 \end{Bmatrix} + \begin{bmatrix} \frac{EA}{l} & 0 & 0 \\ 0 & \frac{12EJ}{l^3} & \frac{6EJ}{l^2} \\ 0 & \frac{6EJ}{l^2} & \frac{4EJ}{l} \end{bmatrix} \begin{Bmatrix} \delta_{x2} \\ \delta_{y2} \\ \theta_2 \end{Bmatrix}$$

或缩写为

$$\begin{aligned} \{S_1\} &= [k_{11}]\{u_1\} + [k_{12}]\{u_2\} \\ \{S_2\} &= [k_{21}]\{u_1\} + [k_{22}]\{u_2\} \end{aligned} \tag{2-15}$$

其中，

$$[k_{11}] = \begin{bmatrix} \frac{EA}{l} & 0 & 0 \\ 0 & \frac{12EJ}{l^3} & -\frac{6EJ}{l^2} \\ 0 & -\frac{6EJ}{l^2} & \frac{4EJ}{l} \end{bmatrix} \tag{2-16}$$

$$[k_{12}] = \begin{bmatrix} -\frac{EA}{l} & 0 & 0 \\ 0 & -\frac{12EJ}{l^3} & -\frac{6EJ}{l^2} \\ 0 & \frac{6EJ}{l^2} & \frac{2EJ}{l} \end{bmatrix} \tag{2-17}$$

$$[k_{21}] = \begin{bmatrix} -\frac{EA}{l} & 0 & 0 \\ 0 & -\frac{12EJ}{l^3} & \frac{6EJ}{l^2} \\ 0 & -\frac{6EJ}{l^2} & \frac{2EJ}{l} \end{bmatrix} \tag{2-18}$$

$$[k_{22}] = \begin{bmatrix} \frac{EA}{l} & 0 & 0 \\ 0 & \frac{12EJ}{l^3} & \frac{6EJ}{l^2} \\ 0 & \frac{6EJ}{l^2} & \frac{4EJ}{l} \end{bmatrix} \tag{2-19}$$

式(2-16)～式(2-19)为局部坐标系平面弯曲单元杆件的刚度阵。

如果是平面轴力杆件，局部坐标系中杆件两端杆端力与杆端位移之间的物理关系，由图 2-9 可见：

$$S_{x1}=\frac{EA}{l}(\delta_{x1}-\delta_{x2})$$

$$S_{x2}=\frac{EA}{l}(\delta_{x2}-\delta_{x1})$$

以矩阵形式表达为

$$\{S_{x1}\}=\left[\frac{EA}{l}\right]\{\delta_{x1}\}+\left[-\frac{EA}{l}\right]\{\delta_{x2}\}$$

$$\{S_{x2}\}=\left[-\frac{EA}{l}\right]\{\delta_{x1}\}+\left[\frac{EA}{l}\right]\{\delta_{x2}\}$$

或缩写为

$$\begin{aligned}\{S_1\}&=[k]\{u_1\}-[k]\{u_2\}\\ \{S_2\}&=-[k]\{u_1\}+[k]\{u_2\}\end{aligned}\tag{2-20}$$

其中，

$$[k]=\left[\frac{EA}{l}\right]\tag{2-21}$$

$[k]$为局部坐标系平面轴力杆件的单元刚度阵。

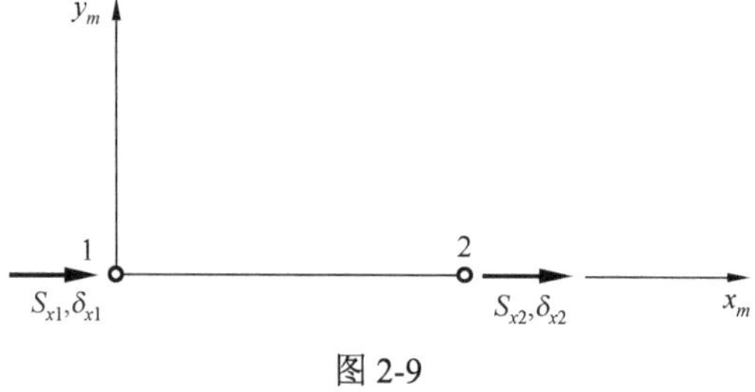

图 2-9

2.5 总体坐标系单元刚度阵

将局部坐标系中的杆端力和杆端位移转换为总体坐标系中的杆端力和杆端位移，这样即可导出在总体坐标系中的单元刚度阵。

首先推导总体坐标系中平面弯曲单元刚度阵，将式(2-15)及式(2-14)代入式(2-11)即得

$$\{s_1\}=[T]\{S_1\}=[T]\left([k_{11}]\{u_1\}+[k_{12}]\{u_2\}\right)=[T]([k_{11}][T]^{\mathrm{T}}\{U_1\}+[k_{12}][T]^{\mathrm{T}}\{U_2\})$$

$$\{s_2\}=[T]\{S_2\}=[T]\left([k_{21}]\{u_1\}+[k_{22}]\{u_2\}\right)=[T]([k_{21}][T]^{\mathrm{T}}\{U_1\}+[k_{22}][T]^{\mathrm{T}}\{U_2\})$$

将上式写成如下形式：

$$\begin{aligned}\{s_1\}&=[K_{11}]\{U_1\}+[K_{12}]\{U_2\}\\ \{s_2\}&=[K_{21}]\{U_1\}+[K_{22}]\{U_2\}\end{aligned} \tag{2-22}$$

其中，总体坐标系平面弯曲杆件单元的刚度阵为

$$\begin{aligned}[K_{11}]&=[T][k_{11}][T]^{\mathrm{T}}\\ [K_{12}]&=[T][k_{12}][T]^{\mathrm{T}}\\ [K_{21}]&=[T][k_{21}][T]^{\mathrm{T}}\\ [K_{22}]&=[T][k_{22}][T]^{\mathrm{T}}\end{aligned} \tag{2-23}$$

坐标转换矩阵为

$$[T]=\begin{bmatrix}\cos\alpha & -\sin\alpha & 0\\ \sin\alpha & \cos\alpha & 0\\ 0 & 0 & 1\end{bmatrix}$$

同理，将式(2-20)及式(2-14)代入式(2-11)就可导得总体坐标系中的平面轴力杆单元刚度阵，即有

$$\begin{aligned}\{s_1\}&=[T]\{S_1\}=[T](\left[k\right]\{u_1\}-[k]\{u_2\})=[T](\left[k\right][T]^{\mathrm{T}}\{U_1\}-[k][T]^{\mathrm{T}}\{U_2\})\\ \{s_2\}&=[T]\{S_2\}=[T](-[k]\{u_1\}+[k]\{u_2\})=[T](-[k][T]^{\mathrm{T}}\{U_1\}+[k][T]^{\mathrm{T}}\{U_2\})\end{aligned}$$

$$\begin{aligned}\{s_1\}&=[K]\{U_1\}-[K]\{U_2\}\\ \{s_2\}&=-[K]\{U_1\}+[K]\{U_2\}\end{aligned} \tag{2-24}$$

式中，总体坐标系平面轴力杆单元刚度阵为

$$[K]=[T]\,[k][T]^{\mathrm{T}} \tag{2-25}$$

坐标转换矩阵为

$$[T]=\begin{bmatrix}\cos\alpha\\ \sin\alpha\end{bmatrix}$$

2.6　结构刚度阵法方程

2.6.1　结构位移连续条件

各单元杆件的“左”、“右”端位移在动不定结构体系中，应各为相应的节点位移，这样就保证了位移的连续条件。

图 2-10 所示的平面桁架结构，应满足如下连续条件：

杆 a　　$\{U_1\}=\{0\}$，　$\{U_2\}=\{U_A\}$

杆 b　　$\{U_1\}=\{0\}$，　$\{U_2\}=\{U_B\}$

杆 c　　$\{U_1\}=\{U_A\}$，　$\{U_2\}=\{U_C\}$

杆 d $\{U_1\}=\{U_B\}$， $\{U_2\}=\{U_D\}$

杆 e $\{U_1\}=\{U_C\}$， $\{U_2\}=\{U_D\}$

杆 f $\{U_1\}=\{U_A\}$， $\{U_2\}=\{U_D\}$

杆 g $\{U_1\}=\{U_B\}$， $\{U_2\}=\{U_C\}$

杆 h $\{U_1\}=\{0\}$， $\{U_2\}=\{U_A\}$

杆 i $\{U_1\}=\{0\}$， $\{U_2\}=\{U_B\}$

杆 j $\{U_1\}=\{U_A\}$， $\{U_2\}=\{U_B\}$

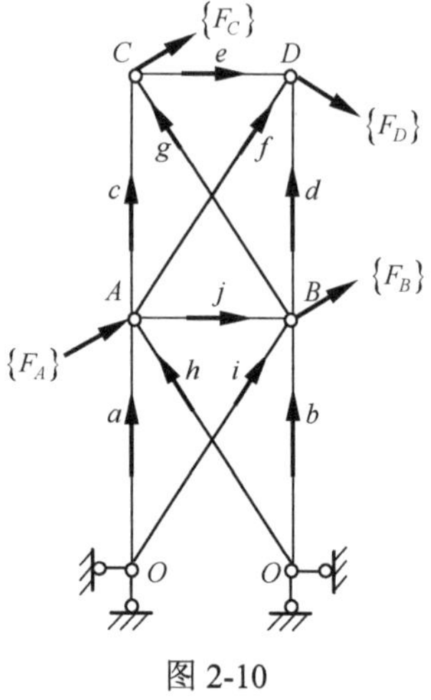

图 2-10

2.6.2 结构刚度阵法方程

结构刚度阵法方程是建立在总体坐标系的平衡方程。仍以图 2-10 所示的平面桁架结构为例，对于每一个具有弹性位移自由度的节点建立平衡方程，这样的节点在载荷及各交于该节点的杆件端力之反作用力作用下处于平衡，因而有：

$$
\begin{aligned}
\{F_A\}&=\{s_{a2}\}+\{s_{h2}\}+\{s_{c1}\}+\{s_{f1}\}+\{s_{j1}\}\\
\{F_B\}&=\{s_{i2}\}+\{s_{b2}\}+\{s_{j2}\}+\{s_{d1}\}+\{s_{g1}\}\\
\{F_C\}&=\{s_{e1}\}+\{s_{g2}\}+\{s_{c2}\}\\
\{F_D\}&=\{s_{e2}\}+\{s_{f2}\}+\{s_{d2}\}
\end{aligned}
\tag{2-26}
$$

式中下标分别表示：A、B、C、D 为载荷作用节点；a、c、h、f、j 为杆件；1、2 为杆件的“左”端和“右”端。

基于式(2-24)所表示的单元杆件在总体坐标系的刚度阵，可将各杆的杆端力以杆端位移表达，并且考虑了位移的连续条件，将杆端位移以相应的节点位移表示，因而有：

$$
\begin{aligned}
&\{s_{a2}\}=[K_a]\{U_A\}\\
&\{s_{h2}\}=[K_h]\{U_A\}\\
&\{s_{c1}\}=[K_c]\{U_A\}-[K_c]\{U_C\}\\
&\{s_{f1}\}=[K_f]\{U_A\}-[K_f]\{U_D\}\\
&\{s_{j1}\}=[K_j]\{U_A\}-[K_j]\{U_B\}\\
&\{s_{i2}\}=[K_l]\{U_B\}\\
&\{s_{b2}\}=[K_b]\{U_B\}\\
&\{s_{j2}\}=-[K_j]\{U_A\}+[K_j]\{U_B\}\\
&\{s_{d1}\}=[K_d]\{U_B\}-[K_d]\{U_D\}\\
&\{s_{g1}\}=[K_g]\{U_B\}-[K_g]\{U_C\}\\
&\{s_{e1}\}=[K_e]\{U_C\}-[K_e]\{U_D\}\\
&\{s_{g2}\}=-[K_g]U_B\}+[K_g]\{U_C\}\\
&\{s_{c2}\}=-[K_c]\{U_A\}+[K_c]\{U_C\}\\
&\{s_{e2}\}=-[K_e]\{U_C\}+[K_e]\{U_D\}\\
&\{s_{f2}\}=-[K_f]\{U_A\}+[K_f]\{U_D\}\\
&\{s_{d2}\}=-[K_d]\{U_B\}+[K_d]\{U_D\}
\end{aligned}
$$

把杆端力和位移的物理关系代入平衡方程式(2-26)，于是可得到以位移表示的平衡方程：

$$\{F_A\}=([K_a]+[K_h]+[K_c]+[K_f]+[K_j])\{U_A\}-[K_j]\{U_B\}-[K_c]\{U_C\}-[K_f]\{U_D\}$$
$$\{F_B\}=-[K_j]\{U_A\}+([K_i]+[K_b]+[K_j]+[K_d]+[K_g])\{U_B\}-[K_g]\{U_C\}-[K_d]\{U_D\}$$
$$\{F_C\}=-[K_c]\{U_A\}-[K_g]\{U_B\}+([K_e]+[K_g]+[K_c])\{U_C\}-[K_e]\{U_D\}$$
$$\{F_D\}=-[K_f]\{U_A\}-[K_d]\{U_B\}-[K_e]\{U_C\}+([K_e]+[K_f]+[K_d])\{U_D\}$$

平衡方程以矩阵表达，则为

$$\begin{Bmatrix} F_A \\ F_B \\ F_C \\ F_D \end{Bmatrix}=\begin{bmatrix} K_a+K_h+K_c+K_f+K_j & -K_j & -K_c & -K_f \\ -K_j & K_i+K_b+K_j+K_d+K_g & -K_g & -K_d \\ -K_c & -K_g & K_e+K_g+K_c & -K_e \\ -K_f & -K_d & -K_e & K_e+K_f+K_d \end{bmatrix}\begin{Bmatrix} U_A \\ U_B \\ U_C \\ U_D \end{Bmatrix} \quad (2\text{-}27)$$

或写成缩写的形式：

$$\{F\}=[K]\{U\} \qquad \text{(参见式(1-6))}$$

如果图 2-10 所示的是一个平面刚架结构，支承是不可动节点，节点平衡方程的形式仍如式(2-26)，但由于单元刚度阵不同，因而当写成以位移表示的平衡方程时，各杆端力应通过式(2-22)表示为位移的表达式。考虑了连续条件，用节点位移代替杆端位移之后，各杆端力有如下形式：

$$\{s_{a2}\}=[K_{22a}]\{U_A\}$$
$$\{s_{h2}\}=[K_{22h}]\{U_A\}$$
$$\{s_{c1}\}=[K_{11c}]\{U_A\}+[K_{12c}]\{U_C\}$$
$$\{s_{f1}\}=[K_{11f}]\{U_A\}+[K_{12f}]\{U_D\}$$
$$\{s_{j1}\}=[K_{11j}]\{U_A\}+[K_{12j}]\{U_B\}$$
$$\{s_{i2}\}=[K_{22l}]\{U_B\}$$
$$\{s_{b2}\}=[K_{22b}]\{U_B\}$$
$$\{s_{j2}\}=[K_{21j}]\{U_A\}+[K_{22j}]\{U_B\}$$
$$\{s_{d1}\}=[K_{11d}]\{U_B\}+[K_{12d}]\{U_D\}$$
$$\{s_{g1}\}=[K_{11g}]\{U_B\}+[K_{12g}]\{U_C\}$$
$$\{s_{e1}\}=[K_{11e}]\{U_C\}+[K_{12e}]\{U_D\}$$
$$\{s_{g2}\}=[K_{21g}]\{U_B\}+[K_{22g}]\{U_C\}$$
$$\{s_{c2}\}=[K_{21c}]\{U_A\}+[K_{22c}]\{U_C\}$$
$$\{s_{e2}\}=[K_{21e}]\{U_C\}+[K_{22e}]\{U_D\}$$
$$\{s_{f2}\}=[K_{21f}]\{U_A\}+[K_{22f}]\{U_D\}$$
$$\{s_{d2}\}=[K_{21d}]\{U_A\}+[K_{22d}]\{U_D\}$$

将上述杆端力和位移的关系代入平衡方程(2-26)，就可得到该平面刚架结构平衡方程，以矩阵形式表达为

$$
\begin{Bmatrix} F_A \\ F_B \\ F_C \\ F_D \end{Bmatrix}
= \begin{bmatrix} K_{22a}+K_{22h}+K_{11c}+K_{11f}+K_{11j} & K_{12j} & K_{12c} & K_{12f} \\ K_{21j} & K_{22i}+K_{22b}+K_{22j}+K_{11d}+K_{11g} & K_{12g} & K_{12d} \\ K_{21c} & K_{21g} & K_{11e}+K_{22g}+K_{22c} & K_{12e} \\ K_{21f} & K_{21d} & K_{21e} & K_{22e}+K_{22f}+K_{22d} \end{bmatrix}
\times \begin{Bmatrix} U_A \\ U_B \\ U_C \\ U_D \end{Bmatrix} \tag{2-28}
$$

同样可缩写为

$$\{F\}=[K]\{U\} \qquad (参见式(1\text{-}6))$$

2.6.3 总刚度阵集合规律

结构位移法平衡方程(1-6)中的$[K]$是刚度系数阵，称之为结构总刚度阵。由于结构位移法平衡方程是建立在总体坐标系中，$[K]$当然是总体坐标系中的，其由结构各杆的总体坐标系单元刚度阵组成，而且有一定的集合规律。

仍以图 2-10 所示平面桁架结构为例，由其平衡方程(2-27)可见，总刚度阵$[K]$是这样组成的, 连接节点 A、B、C、D 的各杆件，其单元刚度阵$[K_m]$各累加到相应 A、B、C、D 的主对角分块位置, 作为这些杆件单元刚度阵对总刚度阵的贡献。如汇交于节点 A 处有杆 a、c、h、f、j，所以 A 行主对角分块中为$[K_a]+[K_c]+[K_h]+[K_f]+[K_j]$，而 B、C、D 三个主对角分块上也类同地组成。在 A 行 B 列非对角分块位置上，因为连接节点 A 和 B 的是 j 杆，所以该分块即为$-[K_j]$。在 A 行 C 列非对角分块位置上是连接该两节点的 C 杆的$-[K_c]$。如是，A 行 D 列的位置上是$-[K_f]$，B 行 C 列位置上是$-[K_g]$，B 行 D 列位置上是$-[K_d]$，C 行 D 列位置上是$-[K_e]$。

因此，对于平面桁架结构，若杆件 m 是连接节点 i 和 j 的，则总刚度阵$[K]$的集合规律为：

(1) $[K_m]$累加到 i 行、j 行的主对角分块位置；

(2) $-[K_m]$累加到 i 行 j 列或 j 行 i 列的非对角分块位置。

如果图 2-10 所示的为平面刚架结构，由其平衡方程(2-28)可见，若杆件 m 是连接节点 i 和 j 的，则总刚度阵$[K]$的组成规律应为：

(1) $[K_{11m}]$累加到 i 行主对角元素分块位置；

(2) $[K_{22m}]$累加到 j 行主对角元素分块位置；

(3) $[K_{12m}]$累加到 i 行 j 列非对角分块位置；

(4) $[K_{21m}]$累加到 j 行 i 列非对角分块位置；

(5) 若 i 点固定则只在 j 行主对角分块位置累加$[K_{22}]$；

(6) 若 i、j 无杆件连接，则相应非对角分块位置为零。

如果节点之间无杆件连接，相应的位置上将都是零元素。总刚度阵的下三角区和上三角区是对称的。

按照上述规律，对于图 2-11 所示的平面刚架结构，其总刚度阵[K]可以直接由杆件在总体坐标系单元刚度阵累加而成，而不必对每一个具体问题都从连续、平衡和物理关系三方面去统一建立总体坐标系平衡方程，这就是直接刚度法，特别适于编制计算程序。

$$
\begin{array}{c} \\ \\ [K]= \\ \\ \\ \end{array}
\begin{array}{c} \\ A \\ B \\ C \\ D \\ E \end{array}
\begin{array}{c} \begin{array}{ccccc} A & B & C & D & E \end{array} \\
\begin{bmatrix} K_{22a}+K_{11b}+K_{11e} & K_{12b} & K_{12e} & 0 & 0 \\ K_{21b} & K_{22b}+K_{11c} & 0 & K_{12c} & 0 \\ K_{21e} & 0 & K_{22e}+K_{11d}+K_{11g}+K_{22f} & K_{12d} & K_{12g} \\ 0 & K_{21c} & K_{21d} & K_{22c}+K_{22d} & 0 \\ 0 & 0 & K_{21g} & 0 & K_{22g}+K_{22h} \end{bmatrix} \end{array}
$$

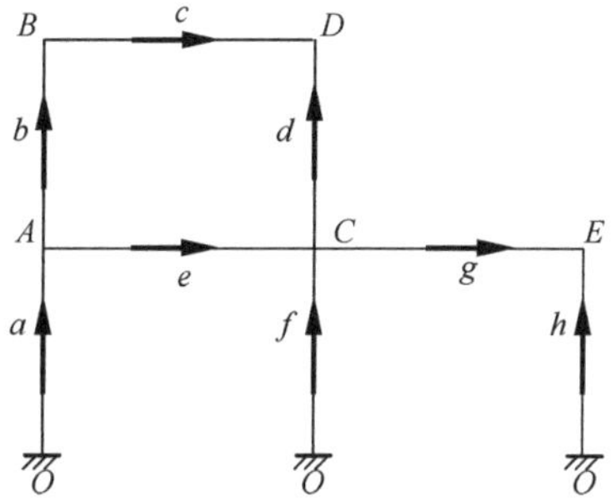

图 2-11

2.7 杆端力计算

由结构刚度阵法方程解出位移$\{U\}$之后，需要计算杆件的杆端力，即确定各杆内力。

对于桁架结构，由式(2-20)可知局部坐标系杆端力与位移的关系为

$$
\begin{aligned} \{S_1\}&=[k]\{u_1\}-[k]\{u_2\} \\ \{S_2\}&=-[k]\{u_1\}+[k]\{u_2\} \end{aligned} \qquad \text{(参见式(2-20))}
$$

式中，$\{u_1\}$ 和 $\{u_2\}$ 是在局部坐标系中沿杆轴方向的位移，而结构刚度阵法方程解出位移$\{U\}$则为总体坐标系中的，因此必须利用局部坐标系杆端位移$\{u\}$与总体坐标系节点位移$\{U\}$的坐标转换阵关系：

$$
\{u\}=[T]^{\mathrm{T}}\{U\} \qquad \text{(参见式(2-14))}
$$

于是，将式(2-14)代入式(2-20)，可得局部坐标系杆端力和总体坐标系节点位移之关系为

$$
\begin{aligned} \{S_1\}&=[k][T]^{\mathrm{T}}\{U_1\}-[k][T]^{\mathrm{T}}\{U_2\} \\ \{S_2\}&=-[k][T]^{\mathrm{T}}\{U_1\}+[k][T]^{\mathrm{T}}\{U_2\} \end{aligned} \qquad (2\text{-}29)
$$

对于平面刚架结构，由结构刚度阵法方程解出总体坐标系位移$\{U\}$，亦必须利用局部坐标系杆端位移$\{u\}$与总体坐标系节点位移$\{U\}$的坐标转换阵关系式(2-14)，代入局部坐标系杆端力与位移之关系：

$$
\begin{aligned} \{S_1\}&=[k_{11}]\{u_1\}+[k_{12}]\{u_2\} \\ \{S_2\}&=[k_{21}]\{u_1\}+[k_{22}]\{u_2\} \end{aligned} \qquad \text{(参见式(2-15))}
$$

即可得

$$
\begin{aligned}
\{S_1\} &= [k_{11}][T]^{\mathrm{T}}\{U_1\} + [k_{12}][T]^{\mathrm{T}}\{U_2\} \\
\{S_2\} &= [k_{21}][T]^{\mathrm{T}}\{U_1\} + [k_{22}][T]^{\mathrm{T}}\{U_2\}
\end{aligned}
\tag{2-30}
$$

由式(2-29)和式(2-30)可见，无论是桁架结构还是平面刚架结构，杆端力都是以局部坐标系表达，而不用总体坐标系表示，这是由于在局部坐标系表示的杆端力，在正负符号适当变化之后就是杆端内力。已知杆端内力，则沿杆轴方向任意截面中的内力也可算出，这在程序中是易于实现的。

2.8 刚度阵法算例

在本节中将通过算例说明用刚度阵法分析结构的受力状态，对于所述简单算例实际上是不会采用刚度阵法去计算的，只是为了说明刚度阵法的原理而加以应用。

例 2-1 图 2-12(a)所示为平面刚架，试用刚度阵法分析。已知各杆 $EA=3.3\times10^6$kN，$EJ=13.5\times10^7$kN·cm^2。

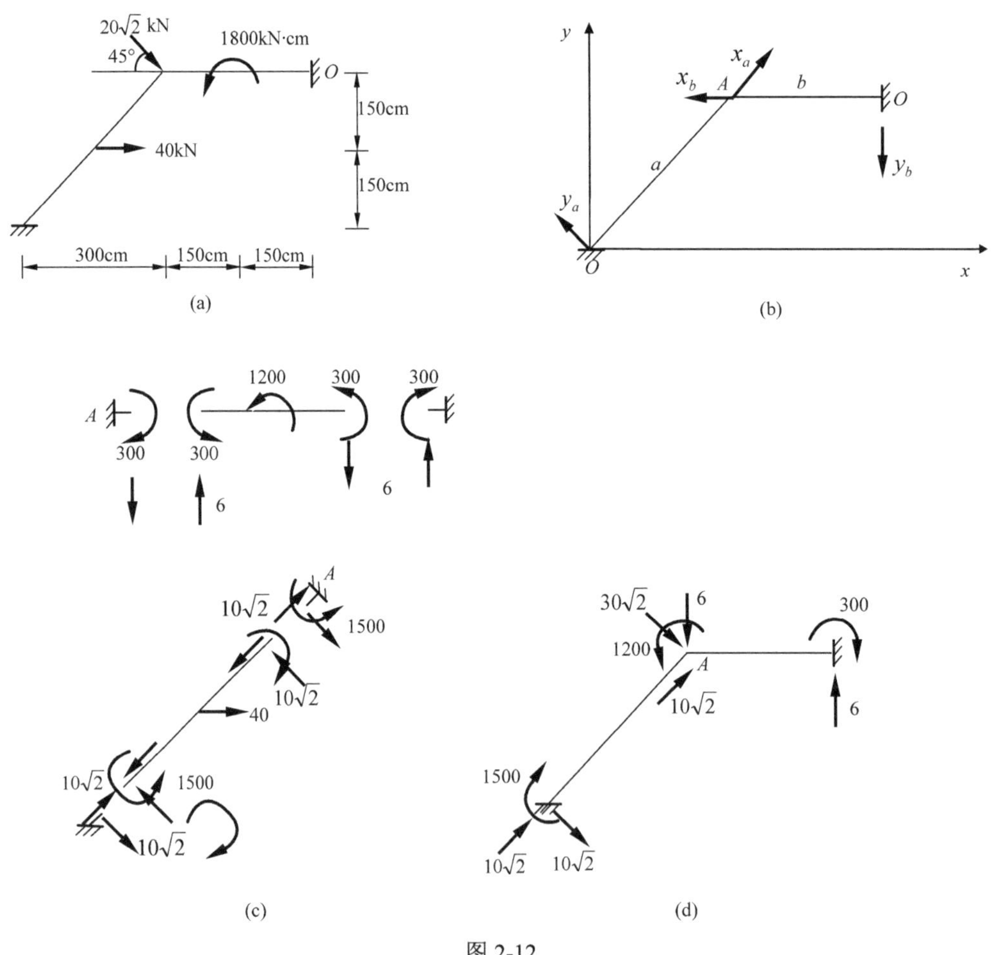

图 2-12

解：节点及杆件编号见图 2-12(b)，x、y 为总体坐标，x_a、y_a，x_b、y_b 分别为 a 杆和 b 杆

的局部坐标。这是三次动不定结构，独立的节点位移为

$$\{U_A\}=\{\delta_{xA}\quad \delta_{yA}\quad \theta_A\}^{\mathrm{T}}$$

杆 a 和杆 b 的载荷化为当量的节点载荷处理，也可以将载荷作用点作为节点，这样处理会增加未知位移数而增加计算工作量，此处采用等效节点载荷的办法。

由表 1-1 可以找到杆 a 和杆 b 的杆端作用，其反作用力就是节点载荷，如图 2-12(c)所示为每一单元杆的情况，综合后如图 2-12(d)所示即为等效节点载荷，于是在节点 A 上相当于有等效节点载荷：

$$\{F_A\}=\begin{Bmatrix}40\\-29\\-1050\end{Bmatrix}$$

连续条件如下：

杆 a $\quad \{U_1\}=\{0\}$， $\{u_1\}=\{0\}$

$\{U_2\}=\{U_A\}$， $\{u_2\}=[T_a]^{\mathrm{T}}\{U_A\}$

杆 b $\quad \{U_1\}=\{0\}$， $\{u_1\}=\{0\}$

$\{U_2\}=\{U_A\}$， $\{u_2\}=[T_b]^{\mathrm{T}}\{U_A\}$

各杆的力学特性为

$$\left(\frac{EA}{l}\right)_a=\frac{3.3\times10^6}{300\sqrt{2}}=0.55\sqrt{2}\times10^4$$

$$\left(\frac{EA}{l}\right)_b=\frac{3.3\times10^6}{300}=1.1\times10^4$$

$$\left(\frac{EJ}{l}\right)_a=\frac{13.5\times10^7}{300\sqrt{2}}=2.25\sqrt{2}\times10^5$$

$$\left(\frac{EJ}{l^2}\right)_a=\frac{13.5\times10^7}{9\times10^4\times2}=0.75\times10^3$$

$$\left(\frac{EJ}{l^3}\right)_a=\frac{13.5\times10^7}{27\times10^6\times2\sqrt{2}}=1.25\sqrt{2}$$

$$\left(\frac{EJ}{l}\right)_b=\frac{13.5\times10^7}{300}=4.5\times10^5$$

$$\left(\frac{EJ}{l^2}\right)_b=\frac{13.5\times10^7}{9\times10^4}=1.5\times10^3$$

$$\left(\frac{EJ}{l^3}\right)_b=\frac{13.5\times10^7}{27\times10^6}=5$$

a 杆及 b 杆的坐标转换矩阵，由图 2-12(b)所示可知为

$$[T_a]=\begin{bmatrix}\cos45^\circ & -\sin45^\circ & 0\\ \sin45^\circ & \cos45^\circ & 0\\ 0 & 0 & 1\end{bmatrix}=\begin{bmatrix}\frac{1}{\sqrt{2}} & -\frac{1}{\sqrt{2}} & 0\\ \frac{1}{\sqrt{2}} & \frac{1}{\sqrt{2}} & 0\\ 0 & 0 & 1\end{bmatrix}$$

$$[T_b]=\begin{bmatrix}\cos\pi & -\sin\pi & 0\\ \sin\pi & \cos\pi & 0\\ 0 & 0 & 1\end{bmatrix}=\begin{bmatrix}-1 & 0 & 0\\ 0 & -1 & 0\\ 0 & 0 & 1\end{bmatrix}$$

按照总刚度阵集合的规则可知总体坐标系刚度阵法基本方程为

$$[K_{22a}+K_{22b}]\{U_A\}=\{F_A\}$$

其中，$[K_{22a}]=[T_a][k_{22a}][T_a]^{\mathrm{T}}$，$[K_{22b}]=[T_b][k_{22b}][T_b]^{\mathrm{T}}$。

将已知的数值代入，可算出总体坐标系中各杆件的单元刚度阵为

$$[K_{22a}]=[T_a][k_{22a}][T_a]^{\mathrm{T}}=\begin{bmatrix}\dfrac{1}{\sqrt{2}} & -\dfrac{1}{\sqrt{2}} & 0\\ \dfrac{1}{\sqrt{2}} & \dfrac{1}{\sqrt{2}} & 0\\ 0 & 0 & 1\end{bmatrix}\begin{bmatrix}0.55\sqrt{2}\times10^4 & 0 & 0\\ 0 & 15\sqrt{2} & 4.5\times10^3\\ 0 & 4.5\times10^3 & 9\sqrt{2}\times10^5\end{bmatrix}\begin{bmatrix}\dfrac{1}{\sqrt{2}} & \dfrac{1}{\sqrt{2}} & 0\\ -\dfrac{1}{\sqrt{2}} & \dfrac{1}{\sqrt{2}} & 0\\ 0 & 0 & 1\end{bmatrix}$$

$$=\begin{bmatrix}0.275\sqrt{2}\times10^4+7.5\sqrt{2} & 0.275\sqrt{2}\times10^4-7.5\sqrt{2} & -2.25\sqrt{2}\times10^3\\ 0.275\sqrt{2}\times10^4-7.5\sqrt{2} & 0.275\sqrt{2}\times10^4+7.5\sqrt{2} & 2.25\sqrt{2}\times10^3\\ -2.25\sqrt{2}\times10^3 & 2.25\sqrt{2}\times10^3 & 9\sqrt{2}\times10^5\end{bmatrix}$$

$$[K_{22b}]=[T_b][k_{22b}][T_b]^{\mathrm{T}}=\begin{bmatrix}-1 & 0 & 0\\ 0 & -1 & 0\\ 0 & 0 & 1\end{bmatrix}\begin{bmatrix}1.1\times10^4 & 0 & 0\\ 0 & 60 & 9\times10^3\\ 0 & 9\times10^3 & 10\times10^5\end{bmatrix}\begin{bmatrix}-1 & 0 & 0\\ 0 & -1 & 0\\ 0 & 0 & 1\end{bmatrix}$$

$$=\begin{bmatrix}1.1\times10^4 & 0 & 0\\ 0 & 60 & -9\times10^3\\ 0 & -9\times10^3 & 18\times10^5\end{bmatrix}$$

于是总刚度阵为

$$[K]=\begin{bmatrix}(0.275\sqrt{2}+1.1)\times10^4+7.5\sqrt{2} & 0.275\sqrt{2}\times10^4-7.5\sqrt{2} & -2.25\sqrt{2}\times10^3\\ 0.275\sqrt{2}\times10^4-7.5\sqrt{2} & 0.275\sqrt{2}\times10^4+7.5\sqrt{2}+60 & (2.25\sqrt{2}-9)\times10^3\\ -2.25\sqrt{2}\times10^3 & (2.25\sqrt{2}-9)\times10^3 & (18+9\sqrt{2})\times10^5\end{bmatrix}$$

$$=\begin{bmatrix}14899.694 & 3878.4807 & -3181.9805\\ 3878.4807 & 3959.6939 & -5818.0195\\ -3181.9805 & -5818.0195 & 3072792.2\end{bmatrix}$$

由刚度阵法方程

$$[K]\{U_A\}=\{F_A\}$$

可解出位移为

$$\{U_A\}=\begin{Bmatrix}\delta_{xA}\\ \delta_{yA}\\ \theta_A\end{Bmatrix}=\begin{Bmatrix}0.00599\\ -0.0130\\ -0.000409\end{Bmatrix}$$

继而，可按式(2-30)计算各杆的局部坐标系的杆端力为

$$[S_{a1}]=[k_{12a}][T_a]^{\mathrm{T}}\{U_A\}=\begin{bmatrix}-0.55\sqrt{2}\times10^4 & 0 & 0\\ 0 & -15\sqrt{2} & -4.5\times10^3\\ 0 & 4.5\times10^3 & 4.5\sqrt{2}\times10^5\end{bmatrix}\begin{bmatrix}\frac{1}{\sqrt{2}} & \frac{1}{\sqrt{2}} & 0\\ -\frac{1}{\sqrt{2}} & \frac{1}{\sqrt{2}} & 0\\ 0 & 0 & 1\end{bmatrix}\begin{bmatrix}0.00599\\ -0.0130\\ -0.000409\end{bmatrix}$$

$$=\begin{bmatrix}38.56\\ 2.12\\ -320.68\end{bmatrix}$$

$$[S_{a2}]=[k_{22a}][T_a]^{\mathrm{T}}\{U_A\}$$

$$=\begin{bmatrix}0.55\sqrt{2}\times10^4 & 0 & 0\\ 0 & 15\sqrt{2} & 4.5\times10^3\\ 0 & 4.5\times10^3 & 9\times10^5\end{bmatrix}\begin{bmatrix}\frac{1}{\sqrt{2}} & \frac{1}{\sqrt{2}} & 0\\ -\frac{1}{\sqrt{2}} & \frac{1}{\sqrt{2}} & 0\\ 0 & 0 & 1\end{bmatrix}\begin{bmatrix}0.00599\\ -0.0130\\ -0.000409\end{bmatrix}=\begin{bmatrix}-38.56\\ -2.12\\ -581.0\end{bmatrix}$$

$$[S_{b1}]=[k_{12b}][T_b]^{\mathrm{T}}\{U_A\}=\begin{bmatrix}-1.1\times10^4 & 0 & 0\\ 0 & -60 & -9\times10^3\\ 0 & 9\times10^3 & 9\times10^5\end{bmatrix}\begin{bmatrix}-1 & 0 & 0\\ 0 & -1 & 0\\ 0 & 0 & 1\end{bmatrix}\begin{bmatrix}0.00599\\ -0.0130\\ -0.000409\end{bmatrix}=\begin{bmatrix}65.89\\ 2.90\\ -251.0\end{bmatrix}$$

$$[S_{b2}]=[k_{22b}][T_b]^{\mathrm{T}}\{U_A\}=\begin{bmatrix}1.1\times10^4 & 0 & 0\\ 0 & 60 & 9\times10^3\\ 0 & 9\times10^3 & 18\times10^5\end{bmatrix}\begin{bmatrix}-1 & 0 & 0\\ 0 & -1 & 0\\ 0 & 0 & 1\end{bmatrix}\begin{bmatrix}0.00599\\ -0.0130\\ -0.000409\end{bmatrix}=\begin{bmatrix}-65.89\\ -2.90\\ -619.2\end{bmatrix}$$

上述计算所得杆端力是由位移所引起的，示于图 2-13(b)上，应叠加固端作用，即图 2-13(a)所示的杆端力，叠加之后就是实际的杆端力，见图 2-13(c)。

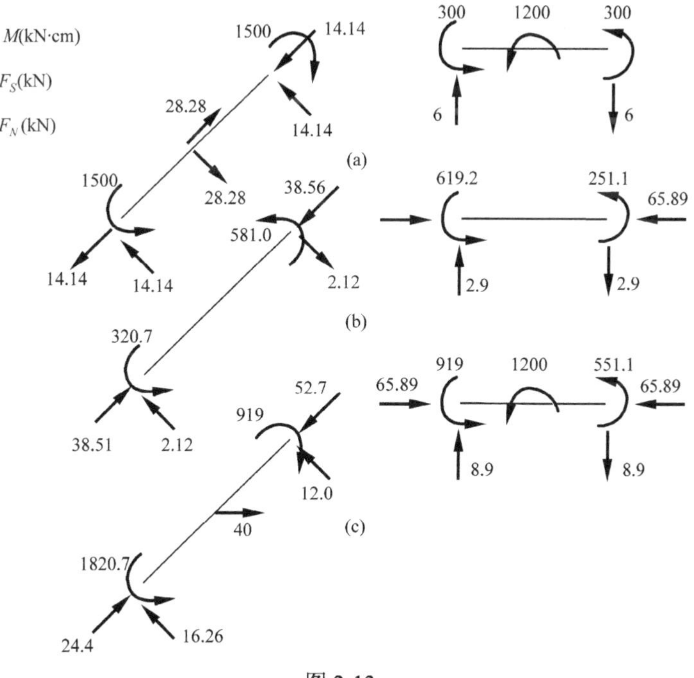

图 2-13

按照杆端力和内力的关系，根据图 2-13(c)可作出弯矩分布、剪力分布及轴力分布图，如图 2-14 所示。

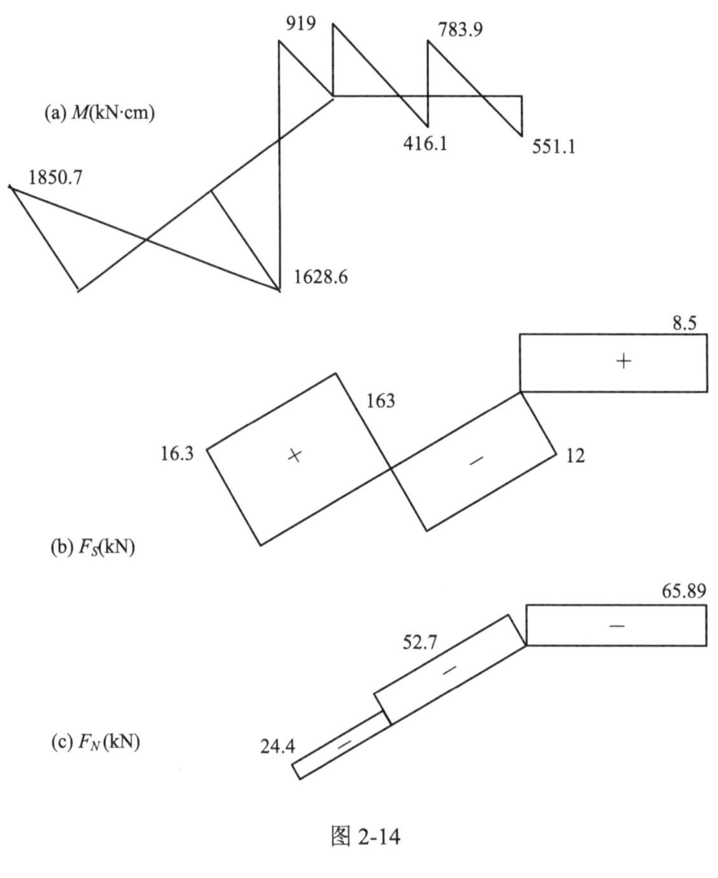

图 2-14

习　题

2-1　用刚度阵法计算题 2-1(a)、(b)、(c)图所示刚架的节点位移。

(1) $EJ=1.5\times10^7$kN·m^2，$EA=3.6\times10^5$kN，L=20m，F=10kN；

(2) $EJ_1=8\times10^6$kN·m^2，$EJ_2=1.5\times10^7$kN·m^2，$EA_1=4\times10^5$kN，$EA_2=5\times10^5$kN，L=5cm，F=50kN；

(3) $EJ_1=3.6\times10^6$kN·m^2，$EJ_2=4.2\times10^7$kN·m^2，$EA_1=1.2\times10^6$kN，$EA_2=1.8\times10^6$kN，L=30cm，F=4kN。

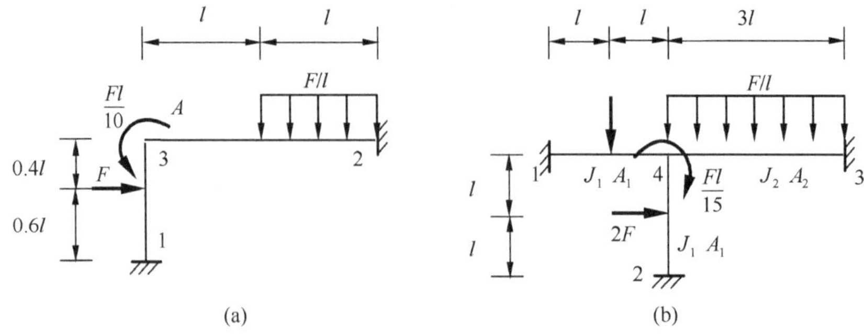

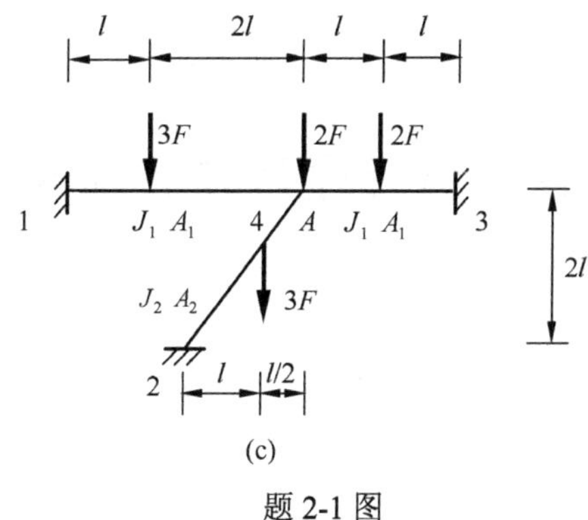

(c)

题 2-1 图

第 3 章　直接刚度法计算桁架

3.1 概　　述

桁架分析手算多采用力法，因为力法基本未知数较少，所建立的基本方程阶数较低，于是计算工作量就较少。但应用计算机程序计算平面桁架、空间桁架则采用刚度阵法，因为刚度阵法对于编制程序是比较方便的。基于计算机和计算程序进行结构计算分析，比手算采用力法快多了。对于桁架结构，如果编制程序自动形成总刚度矩阵，那么建立结构基本方程的核心问题就解决了。将桁架离散成杆单元，建立并求解桁架刚度阵法的基本方程：

$$[K]\{U\}=\{F\} \qquad \text{（参见式(1-6)）}$$

采用刚度阵法计算桁架结构一般应有以下步骤：

(1) 建立结构总体坐标系，清楚地描述结构，使结构模型数据化；

(2) 确定独立的未知位移数，同时处理基本体系动定结构的连续条件，建立各单元杆件端位移和结构节点位移的关系；

(3) 计算每个单元杆件在总体坐标系中的刚度矩阵$[K_m]$；

(4) 形成结构的总刚度阵$[K]$。

(5) 在已知节点载荷向量后，求解基本方程得到总体坐标系中结构节点位移。

(6) 由总体坐标系中结构节点位移求出杆件局部坐标系杆端位移，计算各杆的内力。

以下各节将分别叙述上述步骤，介绍 C 语言平面桁架结构分析程序的实现。

注：上列计算步骤在编制程序时可作为程序设计框图，如图 3-1 所示，此框图是主程序的设计思路。

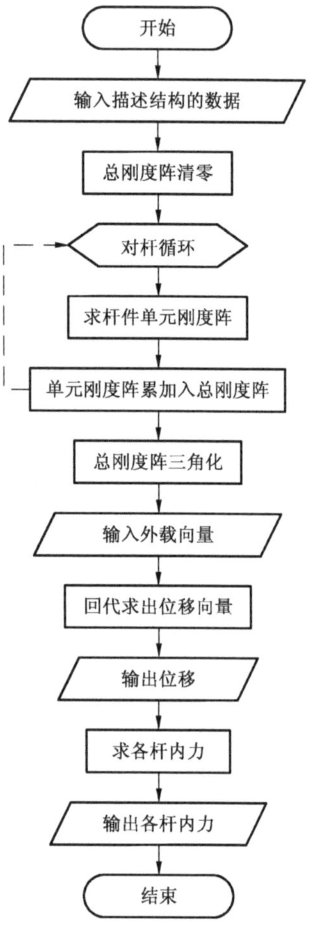

图 3-1

3.2 结构模型数字化

对于要进行计算的平面桁架结构，首先要进行节点编号，节点总数记作 n。节点编号时要先编固定节点，对于桁架结构，固定节点是指不可线位移者。固定节点总数计作 nc，于是平面桁架结构的全部未知节点位移总数为

$$nn = 2(n - nc)$$

可动节点编号时，应注意使每根杆件两端的节点号差尽量小，以便缩小总刚度阵的带宽。然后进行杆件编号，杆件总数记作 m，杆件编号可以任意，但不能遗漏，也不可重复。

确定了结构总体坐标系以后，必须给定每个节点在这个坐标系中的坐标值，即每个节点的 x、y 值，因为有 n 个节点，所以 x、y 是两个一维数组 x[n]、y[n]，有了节点坐标就可确定杆件在模型中的位置。

对于杆件的局部坐标，x_m 轴是以“左”端到“右”端的杆轴方向为其正方向，约定以小号为“左”端号，以 ihl 表示；大号为“右”端号，以 ihr 表示。所以 ihl、ihr 是两个一维数组 ihl[m]、ihr[m]。

杆件的物理性质也要加以确定，对平面桁架是给定各杆的 EA 值，显然 EA 应是一个有 m 个元素的一维数组 EA[m]。

结构模型中还应包括载荷，载荷向量$\{F\}$在每个可动节点上可有水平及垂直两个分量，总共有 nn 个分量。在程序中以数组变量 dp 来表示载荷向量，显然 dp 应是一个有 nn 个元素的一维数组 dp[nn]。

例 3-1 以图 3-2 所示桁架为例说明平面桁架结构模型数字化。平面桁架结构的上、下弦杆面积为 0.003m^2，竖杆面积为 0.002 m^2，斜杆面积为 0.001 m^2，弹性模量 $E = 200\text{GPa}$。

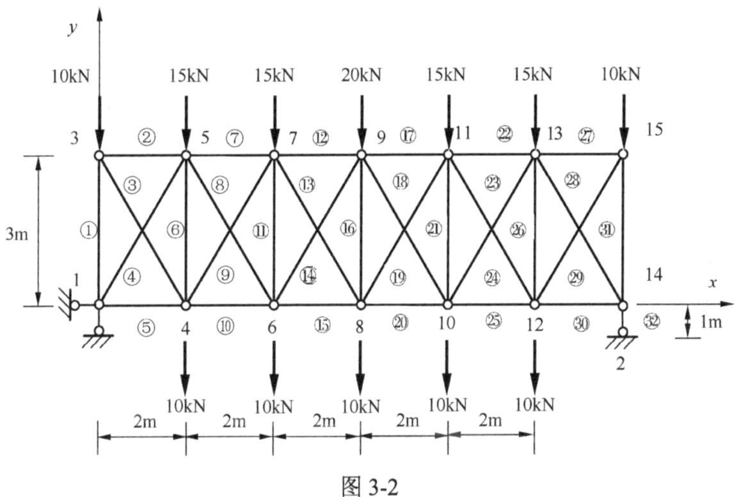

图 3-2

解：其中“右”支承节点 14 只有水平位移，取节点 2 为固定节点，而杆㉜只是个假想的轴向无限刚性杆，于是可使节点 14 的垂直位移基本上不能发生，这可令杆㉜的截面积远比其他杆件大即可实现。

节点编号为 1～15；杆件编号为①～㉜，如图 3-2 所示。

描述这一结构的数据为

$$n = 15, \quad m = 32, \quad nc = 2$$

在总体坐标系中，各节点坐标值数组 x 和 y 见表 3-1，杆件连接及 EA 见表 3-2，平面桁架节点载荷见表 3-3。

表 3-1 节点坐标

节点号	1	2	3	4	5	6	7	8	9	10	11	12	13	14	15
x	0	12	0	2	2	4	4	6	6	8	8	10	10	12	12
y	0	−1	3	0	3	0	3	0	3	0	3	0	3	0	3

表 3-2　杆件连接及 *EA*

杆号	1	2	3	4	5	6	7	8	9	10	11	12	13	14	15	16
ihl	1	3	3	1	1	4	5	5	4	4	6	7	7	6	6	8
ihr	3	5	4	5	4	5	7	6	7	6	7	9	8	9	8	9
EA	0.4	0.6	0.2	0.2	0.6	0.4	0.6	0.2	0.2	0.6	0.4	0.6	0.2	0.2	0.6	0.4
杆号	17	18	19	20	21	22	23	24	25	26	27	28	29	30	31	32
ihl	9	9	8	8	10	11	11	10	10	12	13	13	12	12	14	2
ihr	11	10	11	10	11	13	12	13	12	13	15	14	15	14	15	14
EA	0.6	0.2	0.2	0.6	0.4	0.6	0.2	0.2	0.6	0.4	0.6	0.2	0.2	0.6	0.4	60

表 3-3　平面桁架节点载荷

节点号	3	4	5	6	7	8	9	10	11	12	13	14	15
F_x	0	0	0	0	0	0	0	0	0	0	0	0	0
F_y	−10	−10	−15	−10	−15	−10	−20	−10	−15	−10	−15	0	−15

为尽量使平面桁架程序具有通用性，结构常数 n、m、nc 将在主程序中首先输入，平面桁架结构节点位移总数 nn 由计算程序来计算。其他数组：*x*[n]、*y*[n]、ihl[m]、ihr[m]、*EA*[m]、dp[nn]将在主程序中首先进行维数说明，在常数 nn 计算出来以后再输入。

在原始数据的准备中，要注意数据单位的统一。

3.3　独立未知位移

对于平面桁架结构，每个可位移节点有两个自由度，因此，总的独立未知位移共有 nn 个，已知其计算公式为

$$nn = 2(n-nc) \tag{3-1}$$

通常每个可位移节点总是有两个自由度，但是图 3-3 所示的可移简支节点 *A*，情况就不同了，*A* 点不是固定节点，但也和普通的可动点不同，它只允许在一个方向发生位移。这时，就要利用力学知识对结构计算模型加以改造，改变为图 3-4 所示的结构，其中杆件①认为其 *EA* 值是充分大的。在这个结构中，*A* 点便是一般的可动点，但由于①杆的 *EA* 值很大，致使 *A* 点基本上不能发生垂直位移。

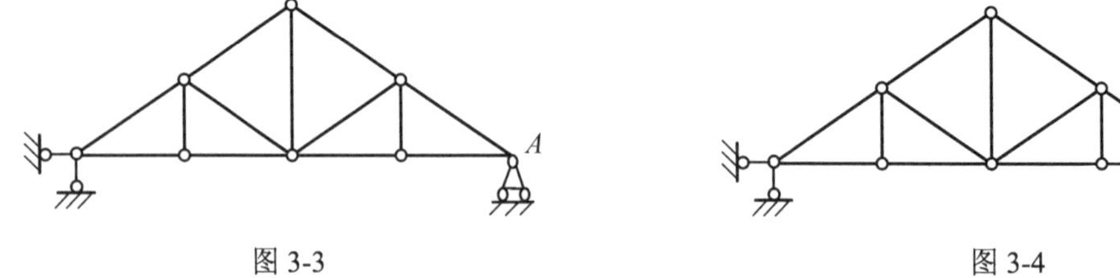

图 3-3　　　　图 3-4

假定某杆件 *i* 端点的位移在总体坐标系中的水平分量和垂直分量分别为 δ_{xi} 和 δ_{yi}，那么满足连续条件，δ_{xi} 和 δ_{yi} 应该分别为结构总的位移向量中第 *i* 个节点的水平位移分量和垂直位移分量。

结构的 nn 个位移分量若以向量{*U*}表示，按一定的次序排列，则应有以下的对应关系：

$$\{U\}=\begin{Bmatrix}U_1\\U_2\\U_3\\\vdots\\U_{nn}\end{Bmatrix}=\begin{Bmatrix}\delta_{xnc+1}\\\delta_{ync+1}\\\delta_{xnc+2}\\\vdots\\\delta_{yn}\end{Bmatrix} \tag{3-2}$$

式(3-2)所表示的连续条件，在程序处理上就是要解决第 k 号杆的两端点(i 端和 j 端)的位移在总位移向量中是第几个元素的问题。

假定第 i 号节点的两个位移在向量$\{U\}$的第 i0+1、i0+2 位置上；第 j 号节点的两个位移在向量$\{U\}$的第 j0+1、j0+2 位置上，因而必有如下关系式：

$$\text{i0+2} = 2(\text{i–nc})$$

$$\text{j0+2} = 2(\text{j–nc})$$

于是可得

$$\text{i0} = 2(\text{i–nc})-2, \quad \text{j0} = 2(\text{j–nc})-2 \tag{3-3}$$

对于第 k 号杆来说，i 端为其“左”端，j 端为其“右”端，也就是说应有下列关系：

$$\text{i} = \text{ihl}(\text{k}), \quad \text{j} = \text{ihr}(\text{k}) \tag{3-4}$$

于是可有

$$\text{i0} = 2(\text{ihl}(\text{k})-\text{nc}-1) \quad \text{j0} = 2(\text{ihr}(\text{k})-\text{nc}-1) \tag{3-5}$$

i0 有可能小于零，如果小于零则表示该杆“左”端为固定端。j0 则是不可能小于零的。

计算 i0 和 j0 这两个号码是很重要的，一方面它体现了位移的连续条件，另一方面在组成总刚度阵时，是按照集合规律进行的，连接 i 和 j 两节点的杆件 m 的单元刚度阵$[K_m]$，应累加到相应于 i、j 节点的主对角分块阵中，非对角分块阵中则应加入该杆的$-[K_m]$，这就是要求确定 i、j 节点在总刚度阵中各占什么位置，即建立平衡方程时，第 i 节点的平衡方程相当于方程组中第 i0+1、第 i0+2 个方程，而第 j 节点的平衡方程相当于方程组中第 j0+1、第 j0+2 个方程。

在程序设计中，编制子函数 i0j0()，用以计算第 k 号杆两端点的“对号”关系，子函数的框图见图 3-5。

```
void i0j0(int k)                     /*计算对号指示数*/
{
    int i,j;                         /*整型量 i 和 j*/
    i=ihl[k-1];                      /*k 号杆左节点号进入 i*/
    j=ihr[k-1];                      /*k 号杆右节点号进入 j*/
    i0=2*(i-nc-1);                   /*δxi 前未知位移个数*/
    j0=2*(j-nc-1);                   /*δxi 前未知位移个数*/
}
```

调用该子程序后，第 k 号杆的“对号”关系计算结果存放在整形量 i0、j0 中，这个“对号”关系在各个程序块中具有相同的值，起同样的作用，因此采用全局量。

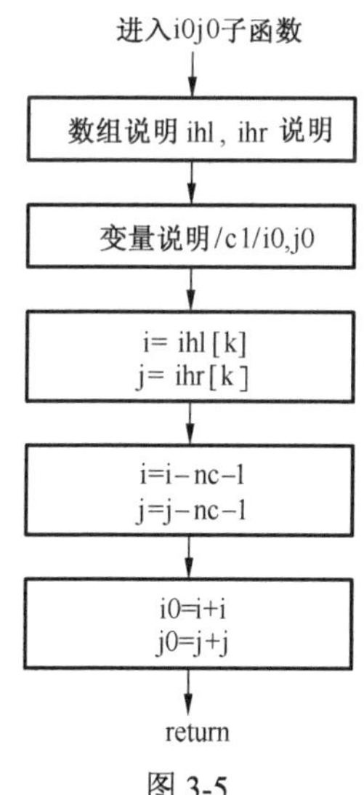

图 3-5

3.4 平面轴力杆单元刚度阵计算及其子函数

由第 2 章可知，平面桁架结构单根杆件在局部坐标中杆端力与杆端位移的关系为

$$\begin{aligned}\{S_1\}&=[k]\{u_1\}-[k]\{u_2\}\\ \{S_2\}&=-[k]\{u_1\}+[k]\{u_2\}\end{aligned}\qquad\text{(参见式(2-20))}$$

或写为

$$\begin{aligned}\{S_1\}&=[k]\{\delta_{x1}\}-[k]\{\delta_{x2}\}\\ \{S_2\}&=-[k]\{\delta_{x1}\}+[k]\{\delta_{x2}\}\end{aligned}\qquad(3\text{-}6)$$

其中

$$[k]=\left[\frac{EA}{l}\right]\qquad\text{(参见式(2-21))}$$

δ_{x1} 和 δ_{x2} 是局部坐标系 x_m 轴方向的位移。

经过坐标转换，在总体坐标中轴力杆的杆端力与杆端位移的关系为

$$\begin{aligned}\{s_1\}&=[K]\{U_1\}-[K]\{U_2\}\\ \{s_2\}&=-[K]\{U_1\}+[K]\{U_2\}\end{aligned}\qquad\text{(参见式(2-24))}$$

式中，总体坐标系平面轴力杆单元刚度阵为

$$[K]=[T]\,[k][T]^{\mathrm{T}}\qquad\text{(参见式(2-25))}$$

坐标转换矩阵为

$$[T]=\begin{bmatrix}\cos\alpha\\ \sin\alpha\end{bmatrix}\qquad\text{(参见式(2-12))}$$

于是就有下列关系表示总体坐标系中的单元杆刚度阵：

$$[K]=\begin{bmatrix}\cos\alpha\\ \sin\alpha\end{bmatrix}\left[\frac{EA}{l}\right]\begin{bmatrix}\cos\alpha & \sin\alpha\end{bmatrix}=\frac{EA}{l}\begin{bmatrix}\cos^2\alpha & \cos\alpha\sin\alpha\\ \cos\alpha\sin\alpha & \sin^2\alpha\end{bmatrix}\qquad(3\text{-}7)$$

由式(3-7)可见，总体坐标系中的单元杆刚度阵必须求得杆长 l 及各杆的方向余弦，这些几何量的计算可采用下列公式：

$$\begin{cases}l=\sqrt{(x_{\mathrm{R}}-x_{\mathrm{L}})^2+(y_{\mathrm{R}}-y_{\mathrm{L}})^2}\\ \cos\alpha=\dfrac{x_{\mathrm{R}}-x_{\mathrm{L}}}{l}\\ \sin\alpha=\dfrac{y_{\mathrm{R}}-y_{\mathrm{L}}}{l}\end{cases}\qquad(3\text{-}8)$$

其中，x_{L}、y_{L} 是 k 号杆“左”端节点的坐标值，x_{R}、y_{R} 是 k 号杆“右”端节点的坐标值。

由于所有杆件均要按式(3-8)计算其几何量，因此，将几何量的计算编成子函数 ch()。其框图见图 3-6(a)，为了使这些几何量在各程序块中都起作用，在各个程序块中具有相同的值，因此采用全局量。又因每次只能存放一根杆的几何量，必须随用随调子函数 ch()。

计算各杆的几何量后，就可计算其单元刚度阵$[K_m]$。由于对结构的所有杆件均要计算，因此，将$[K_m]$的计算编成子函数 stif()，其框图见图 3-6(b)，由式(3-7)可知计算单元杆件的$[K_m]$时，尚需计算杆的轴向刚度 EA/l 及转换矩阵$[T]$。在计算第 k 号杆的单元刚度时，将 EA [k]/cl 存放在简单变量 rd 中，转换矩阵$[T]$存放在数组 t[2]中，计算结果$[K_m]$存放在数组 c[2][2]中。显然 rd、t[2]和 c[2][2]除了在子函数 stif()有用以外，还要在其他一些程序块中使用，所以采用了全局量。于是这些量在各程序块中就具有相同的数值，起同样的作用。

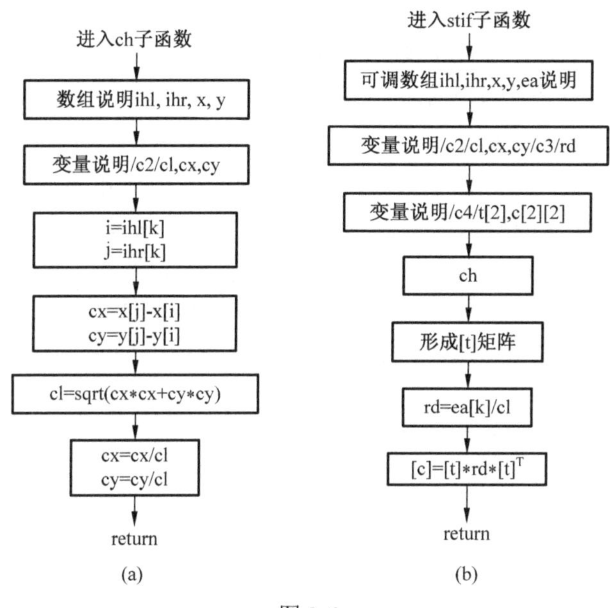

图 3-6

```
void ch(int k)                              /*计算杆长方向余弦*/
{
    int i,j;                                /*整型量 i 和 j*/
    i=ihl[k-1];                             /*k 号杆左节点号进入 i*/
    j=ihr[k-1];                             /*k 号杆右节点号进入 j*/
    clxy[1]=x[j-1]-x[i-1];                  /*左右节点 x 坐标差*/
    clxy[2]=y[j-1]-y[i-1];                  /*左右节点 y 坐标差*/

    clxy[0]=sqrt(clxy[1]*clxy[1]+clxy[2]*clxy[2]);/*求解杆长*/
    clxy[1]=clxy[1]/clxy[0];                /*求解方向余弦*/
    clxy[2]=clxy[2]/clxy[0];                /*求解方向正弦*/
}

void stif(int k)                            /*计算轴力杆总体系中的单刚*/
{
    int i,j;
    ch(k);
    t[0]=clxy[1];                           /*cosα 存入 t[0]*/
    t[1]=clxy[2];                           /*sinα 存入 t[1]*/
    rd=ea[k-1]/clxy[0];                     /*局部系单刚存入 rd*/
    for(i=0;i<2;i++)                        /*对 i 循环，从 0 到 1*/
        for(j=0;j<2;j++)                    /*对 j 循环，从 0 到 1*/
            c[i][j]=t[i]*t[j]*rd;           /*轴力杆单刚*/
}
```

3.5　基本方程建立及总刚度阵累加

调用子函数 stif() 后，各杆的单元刚度阵已算出，即可按下列规律集合组成平面桁架总刚度阵，若某杆 m 连接节点 i 和 j，则：

(1) $[K_m]$累加到 i、j 行的主对角分块位置；

(2) $-[K_m]$累加到 i 行 j 列和 j 行 i 列非对角分块位置。

若无杆件连接节点 i 和 j，则相应的分块阵中为零元素。

为了按照上述规律集合总刚度阵，必须先找到各杆的两端节点号在总刚度阵中的位置，这一点可由调用子函数 i0j0 () 来完成。

在“对号”关系解决之后，若 k 杆的“左”端 i0<0，则表示该端是固定节点，在总刚度阵中没有它的位置。由于平面桁架每一个节点的位移自由度为 2，所以每一个上述的分块阵应有 2×2 个元素，对应 m 杆的左端节点 i 和右端节点 j，在总刚度阵中的位置应是 i0+1、i0+2 和 j0+1、j0+2，所以这个集合规则可由图 3-7 形象地说明。还可通过例 3-2 具体而完整地说明总刚度阵集合的过程。平面桁架结构的总刚度阵$[K]$在程序中存放在数组 r[nn][nn]中。

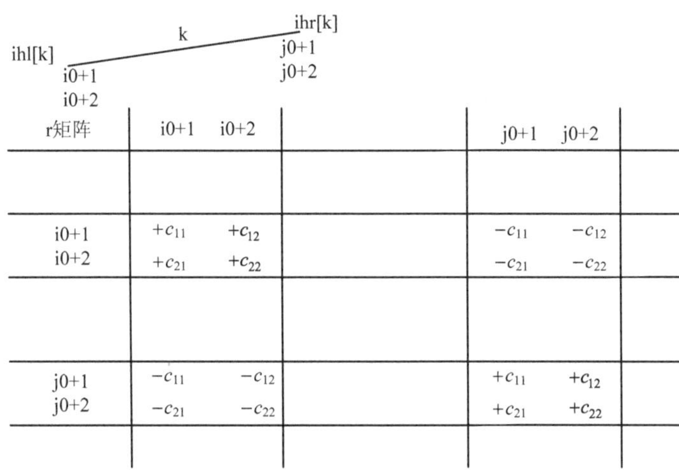

图 3-7

例 3-2　平面桁架如图 3-8 所示，写出各杆的单元刚度阵，并累加形成总刚度阵。

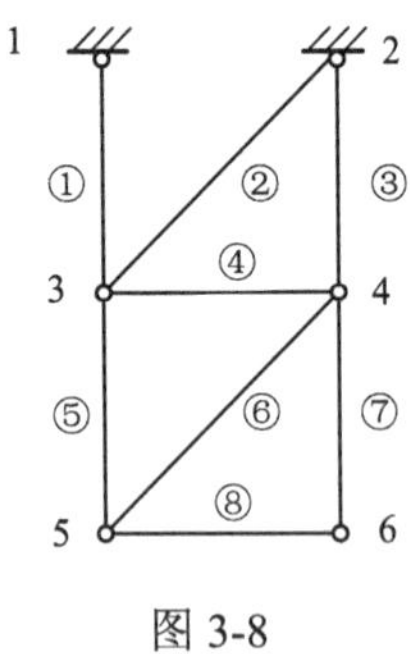

图 3-8

解：由图 3-8 中的节点和杆件编号可知

$$n = 6,\quad m = 8,\quad nc = 2,\quad nn = 8$$

所以总刚度阵应为 8×8 阶的，下面逐杆地进行计算和累加。

杆①：

$$i = 1,\quad i0 = 2\times(1-2)-2 = -4$$

$$j = 3,\quad j0 = 2\times(3-2)-2 = 0$$

i0<0，显然表示该杆“左”端固定节点。总刚度阵中不必有与之相应的平衡方程。

$$j0+1 = 1,\quad j0+2 = 2$$

可见在总刚度阵的第 1、2 两行的主对角分块阵中，杆①的单元刚度阵$[C]^{①}$累加入总刚度阵，如图 3-9 所示。

$$[c]^{①}=\begin{bmatrix} c_{11}^{①} & c_{12}^{①} \\ c_{21}^{①} & c_{22}^{①} \end{bmatrix}$$

杆②：

$$i=2,\quad i0=2\times(2-2)-2=-2$$
$$j=3,\quad j0=2\times(3-2)-2=0$$
$$j0+1=1,\quad j0+2=2$$

i0<0 也表示杆②的“左”端为固定点，总刚度阵中没有它的位置。杆②的单元刚度阵也应累加入总刚度阵的第 1 和第 2 行的主对角分块中，如图 3-9 所示。

杆③：

$$i=2,\quad i0=2\times(2-2)-2=-2$$
$$j=4,\quad j0=2\times(4-2)-2=2$$
$$j0+1=3,\quad j0+2=4$$

i0<0 也表示杆的“左”端为固定端，总刚度阵中没有相应的位置。杆③的单元刚度阵$[C]^{③}$应累加到刚度阵 3、4 行的主对角分块阵中，如图 3-9 所示。

	1	2	3	4	5	6	7	8
1	$+c_{11}^{①}+c_{11}^{②}+c_{11}^{④}+c_{11}^{⑤}$	$+c_{12}^{①}+c_{12}^{②}+c_{12}^{④}+c_{12}^{⑤}$	$-c_{11}^{④}$	$-c_{12}^{④}$	$-c_{11}^{⑤}$	$-c_{12}^{⑤}$		
2	$+c_{21}^{①}+c_{21}^{②}+c_{21}^{④}+c_{21}^{⑤}$	$+c_{22}^{①}+c_{22}^{②}+c_{22}^{④}+c_{22}^{⑤}$	$-c_{21}^{④}$	$-c_{22}^{④}$	$-c_{21}^{⑤}$	$-c_{22}^{⑤}$		
3	$-c_{11}^{④}$	$-c_{12}^{④}$	$+c_{11}^{③}+c_{11}^{④}+c_{11}^{⑥}+c_{11}^{⑦}$	$+c_{12}^{③}+c_{12}^{④}+c_{12}^{⑥}+c_{12}^{⑦}$	$-c_{11}^{⑥}$	$-c_{12}^{⑥}$	$-c_{11}^{⑦}$	$-c_{12}^{⑦}$
4	$-c_{21}^{④}$	$-c_{22}^{④}$	$+c_{21}^{③}+c_{21}^{④}+c_{21}^{⑥}+c_{21}^{⑦}$	$+c_{22}^{③}+c_{22}^{④}+c_{22}^{⑥}+c_{22}^{⑦}$	$-c_{21}^{⑥}$	$-c_{22}^{⑥}$	$-c_{21}^{⑦}$	$-c_{22}^{⑦}$
5	$-c_{11}^{⑤}$	$-c_{12}^{⑤}$	$-c_{11}^{⑥}$	$-c_{12}^{⑥}$	$+c_{11}^{⑤}+c_{11}^{⑥}+c_{11}^{⑧}$	$+c_{12}^{⑤}+c_{12}^{⑥}+c_{12}^{⑧}$	$-c_{11}^{⑧}$	$-c_{12}^{⑧}$
6	$-c_{21}^{⑤}$	$-c_{22}^{⑤}$	$-c_{21}^{⑥}$	$-c_{22}^{⑥}$	$+c_{21}^{⑤}+c_{21}^{⑥}+c_{21}^{⑧}$	$+c_{22}^{⑤}+c_{22}^{⑥}+c_{22}^{⑧}$	$-c_{21}^{⑧}$	$-c_{22}^{⑧}$
7			$-c_{11}^{⑦}$	$-c_{12}^{⑦}$	$-c_{11}^{⑧}$	$-c_{12}^{⑧}$	$+c_{11}^{⑦}+c_{11}^{⑧}$	$+c_{12}^{⑦}+c_{12}^{⑧}$
8			$-c_{21}^{⑦}$	$-c_{22}^{⑦}$	$-c_{21}^{⑧}$	$-c_{22}^{⑧}$	$+c_{21}^{⑦}+c_{21}^{⑧}$	$+c_{22}^{⑦}+c_{22}^{⑧}$

图 3-9

杆④：

$$i=3,\quad i0=2\times(3-2)-2=0$$

$$j = 4,\quad j0 = 2\times(4-2)-2 = 2$$

$$i0+1 = 1,\quad i0+2 = 2,\quad j0+1 = 3,\quad j0+2 = 4$$

在总刚度阵 1、2 行及 3、4 行的主对角分块阵中应累加入杆④的单元刚度阵$[C]^{④}$，在 1、2 行 3、4 列及 3、4 行 1、2 列的非对角分块阵中加入$-[C]^{④}$。如图 3-9 所示。

杆⑤：

$$i = 3,\quad i0 = 2\times(3-2)-2 = 0$$

$$j = 5,\quad j0 = 2\times(5-2)-2 = 4$$

$$i0+1 = 1,\quad i0+2 = 2,\quad j0+1 = 5,\quad j0+2 = 6$$

在总刚度阵 1、2 行及 5、6 行的主对角分块阵中应累加入杆⑤的单元刚度阵$[C]^{⑤}$，在 1、2 行 5、6 列及 5、6 行 1、2 列的非对角分块阵中加入$-[C]^{⑤}$，如图 3-9 所示。

杆⑥：

$$i = 4,\quad i0 = 2\times(4-2)-2 = 2$$

$$j = 5,\quad j0 = 2\times(5-2)-2 = 4$$

$$i0+1 = 3,\quad i0+2 = 4,\quad j0+1 = 5,\quad j0+2 = 6$$

在总刚度阵 3、4 行及 5、6 行的主对角分块阵中应累加入杆⑥的单元刚度阵$[C]^{⑥}$，在 3、4 行 5、6 列及 5、6 行 3、4 列的非对角分块阵中加入$-[C]^{⑥}$，如图 3-9 所示。

杆⑦：

$$i = 4,\quad i0 = 2\times(4-2)-2 = 2$$

$$j = 6,\quad j0 = 2\times(6-2)-2 = 6$$

$$i0+1 = 3,\quad i0+2 = 4,\quad j0+1 = 7,\quad j0+2 = 8$$

在总刚度阵 3、4 行及 7、8 行的主对角分块阵中应累加入杆⑦的单元刚度阵$[C]^{⑦}$，在 3、4 行 7、8 列及 7、8 行 3、4 列的非对角分块阵中加入$-[C]^{⑦}$，如图 3-9 所示。

杆⑧：

$$i = 5,\quad i0 = 2\times(5-2)-2 = 4$$

$$j = 6,\quad j0 = 2\times(6-2)-2 = 6$$

$$i0+1 = 5,\quad i0+2 = 6,\quad j0+1 = 7,\quad j0+2 = 8$$

在总刚度阵 5、6 行及 7、8 行的主对角分块阵中应累加入杆⑧的单元刚度阵$[C]^{⑧}$，在 5、6 行 7、8 列及 7、8 行 5、6 列的非对角分块阵中加入$-[C]^{⑧}$，如图 3-9 所示。

当所有杆件的单元刚度阵都累加完后，就形成了总刚度阵，如图 3-9 所示，图中圆括号中的数字表示杆件号。

由此可见，在程序设计时，首先要解决好“对号”关系，即计算每杆件的 i0 及 j0，其次要准备好每根杆件的单元刚度阵，即计算每根杆件的$[K_m]$。这些工作是调用子函数 i0j0()和 stif()完成的。另外，由于总刚度阵中有很多零元素,即结构的节点之间无杆件连接，并且主对角分块阵中要累加，因此首先要将总刚度阵清零，即图 3-10 的第一框，作这一步可用循环语句将总刚度阵数组的每个元素赋值为零。

在总刚度阵的累加过程中，若某杆的 i0<0，就表示其“左”端为固定节点，在总刚度阵中没有其位置，不必累加。除此之外按照集合规则累加形成总刚度阵。这一程序的框图见

图 3-10。这部分内容的道理比较重要，且对各种结构来说集合总刚度阵的原理基本是相同的，此处直接给出这一程序段以资参考。

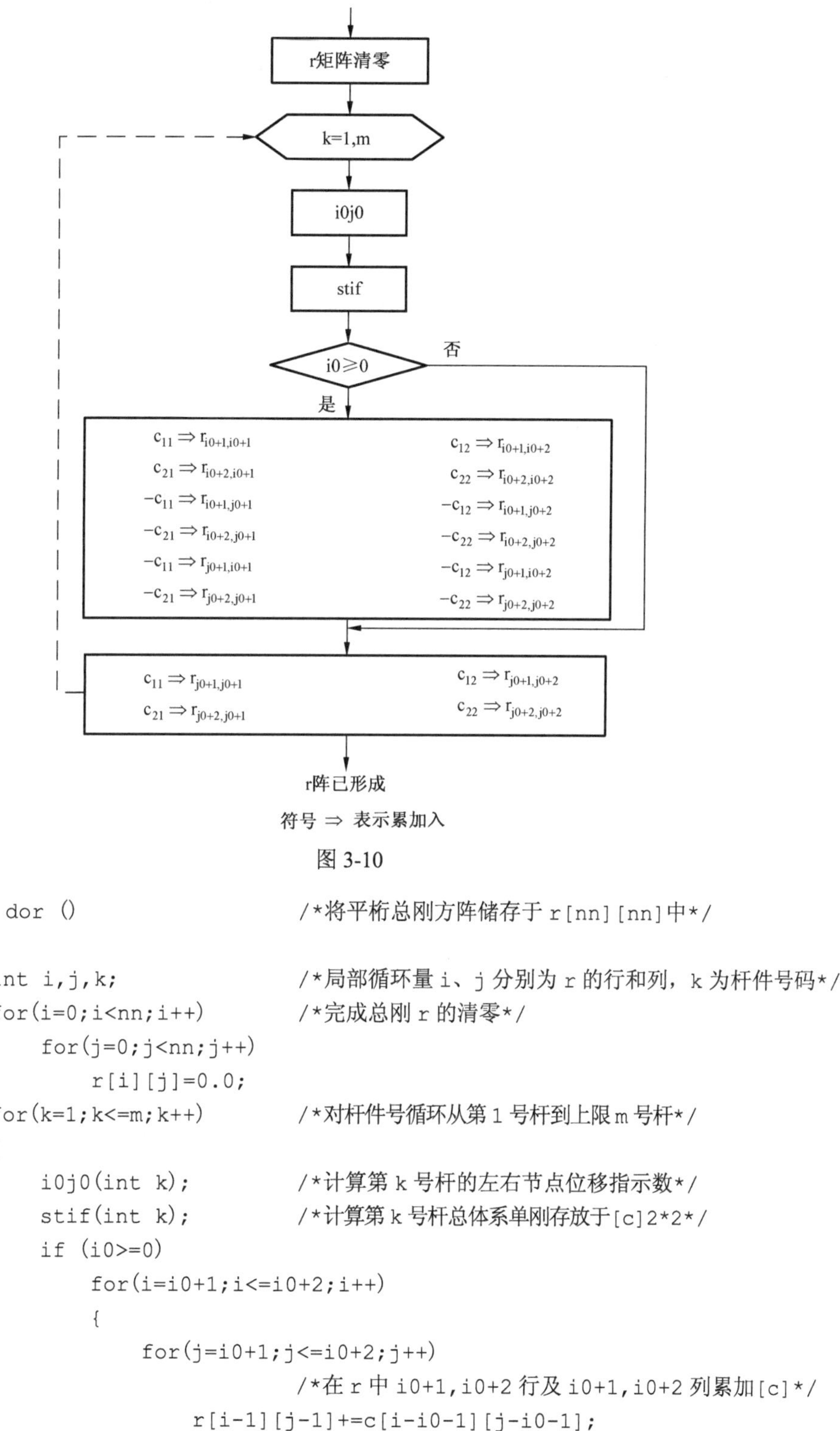

图 3-10

```
void dor ()                     /*将平桁总刚方阵储存于 r[nn][nn]中*/
{
    int i,j,k;                  /*局部循环量 i、j 分别为 r 的行和列，k 为杆件号码*/
    for(i=0;i<nn;i++)           /*完成总刚 r 的清零*/
        for(j=0;j<nn;j++)
            r[i][j]=0.0;
    for(k=1;k<=m;k++)           /*对杆件号循环从第 1 号杆到上限 m 号杆*/
    {
        i0j0(int k);            /*计算第 k 号杆的左右节点位移指示数*/
        stif(int k);            /*计算第 k 号杆总体系单刚存放于[c]2*2*/
        if (i0>=0)
            for(i=i0+1;i<=i0+2;i++)
            {
                for(j=i0+1;j<=i0+2;j++)
                                /*在 r 中 i0+1,i0+2 行及 i0+1,i0+2 列累加[c]*/
                    r[i-1][j-1]+=c[i-i0-1][j-i0-1];
```

```
            for(j=j0+1;j<=j0+2;j++)
                         /*在 r 中 i0+1、i0+2 行，j0+1、j0+2 列非对角分块中
                           累加-[c]同时在对称位置放置-[c]*/
            {
                r[i-1][j-1]-=c[i-i0-1][j-j0-1];
                r[j-1][i-1]=r[i-1][j-1];
            }
        }
        for(i=j0+1;i<=j0+2;i++)
                         /*在总刚 r 中 j0+1、j0+2 行 j0+1、j0+2 列累加[c]*/
        {
            for(j=j0+1;j<=j0+2;j++)
                r[i-1][j-1]+=c[i-j0-1][j-j0-1];
        }
    }
}
```

上述的累加过程，可以形象地称之为“对号入座”，即每根杆的刚度都要求“入座”到总刚度阵中适当的位置上。

3.6 基本方程求解

平面桁架结构的总刚度阵[K]在程序中存放在数组 r[nn][nn]中，其形成后只要输入作用在节点上的载荷{F}，就建立了基本方程

$$\left[K\right]\left\{U\right\}=\left\{F\right\} \qquad \text{（参见式(2-2)）}$$

载荷向量{F}在程序中以数组变量 dp[nn]表示，各分量排列的次序应与总体坐标系中结构节点位移向量{U}的排列次序相一致。

求解方程(2-2)的方法很多，例如高斯-约当消去法、分块求逆阵法、迭代法和修改平方根法等。选择方法的主要原则是：占用存储量少，运算速度快，计算精度比较高等。对于普通常用的高斯-约当消去法，占用内存较多，运算速度较慢，对于同一个结构，即对同一个刚度阵，有多种载荷计算，即多组方程右端项时，则多次解算方程时必须重新组成总刚度阵，因为消去过程中原来的总刚度阵已经破坏，所以会花费较多时间。但是该方法具有计算精度高，运算过程中可同时得到方程系数阵的逆阵等优点，因此在柔度阵法或称矩阵力法的程序设计中使用较多。逆矩阵法求解方程，可以避免上述重新组成总刚度阵的缺点，但是仍然要求较大存储量，所以在大型机上算题可用，一般计算机上采用较少。

修改的平方根法具有占用内存少、运算速度较快、增加右端项所增加的工作量较少等优点。尤其当总刚度阵是对称稀疏矩阵时，这些优点就更为突出。因此，可采用这一方法解算基本方程。

具体的做法是在总刚度阵形成后，调用子函数 choldlt()，把总刚度阵矩阵分解成 LDL^{T} 的形式，然后输入载荷向量，存放在数组 dp[nn]中，再调用子函数 trildlt ()，在子函数结束时解得的结构总体坐标系中节点位移向量。

```
void choldlt ()
{
int i,j,k;
double s;                                          //叠加储存变量
for(i=1;i<nn;i++)
    {
for (j=0;j<i;j++)
        {
            s=0.0;
for (k=0;k<j;k++)
            {
                s+=r[i][k]*r[j][k]*r[k][k];
            }
            r[i][j]=(r[i][j]-s)/r[j][j];          //将 L 阵存在刚度阵下三角位置
        }
        s=0;
for(k=0;k<i;k++)
        {
            s+=r[i][k]*r[i][k]*r[k][k];
        }
        r[i][i]-=s;                               //将 D 阵存在刚度阵对角元位置
    }
}

void trildlt()
{
int i,j;
double s;                                          //叠加储存变量
for(i=1;i<nn;i++)
    {
        s=0.0;
for(j=0;j<i;j++)
        {
            s+=r[i][j]*dp[j];
        }
dp[i]=dp[i]-s;
    }
dp[nn-1]/=r[nn-1][nn-1];
for(i=nn-2;i>=0;i--)
    {
        s=0;
for(j=i+1;j<nn;j++)
        {
            s+=r[j][i]*dp[j];
        }
dp[i]=dp[i]/r[i][i]-s;
    }
}
```

3.7 轴力杆内力计算子程序

求得总体坐标系中结构节点位移向量$\{U\}$之后，就可以计算平面桁架各杆的内力。由第 2 章已知，在局部坐标中杆端力与杆端位移的关系为

$$\begin{aligned}\{S_1\} &= [k]\{u_1\} - [k]\{u_2\} \\ \{S_2\} &= -[k]\{u_1\} + [k]\{u_2\}\end{aligned} \qquad \text{（参见式(2-20)）}$$

式中，$\{u_1\}$和$\{u_2\}$是在局部坐标系中沿杆轴方向的位移，而结构刚度阵法方程解出位移$\{U\}$则为总体坐标系中的，因此必须利用局部坐标系杆端位移$\{u\}$与总体坐标系节点位移$\{U\}$的坐标转换阵关系：

$$\{u\} = [T]^{\mathrm{T}}\{U\} \qquad \text{（参见式(2-14)）}$$

于是，将式(2-14)代入式(2-20)，可得局部坐标系杆端力和总体坐标系节点位移之关系为

$$\begin{aligned}\{S_1\} &= [k][T]^{\mathrm{T}}\{U_1\} - [k][T]^{\mathrm{T}}\{U_2\} \\ \{S_2\} &= -[k][T]^{\mathrm{T}}\{U_1\} + [k][T]^{\mathrm{T}}\{U_2\}\end{aligned} \qquad \text{（参见式(2-29)）}$$

其中

$$[k] = \left[\frac{EA}{l}\right] \qquad \text{（参见式(2-21)）}$$

坐标转换矩阵为

$$[T] = \begin{bmatrix}\cos\alpha \\ \sin\alpha\end{bmatrix} \qquad \text{（参见式(2-12)）}$$

式(2-29)中的$\{U_1\}$和$\{U_2\}$分别总体坐标系中杆件“左”端和“右”端的位移；$\{S_1\}$和$\{S_2\}$分别是局部坐标系杆件“左”端和“右”端的杆端力。对于桁架而言，只要计算$\{S_2\}$就可以了，因为它的符号和内力是一致的，即正的$\{S_2\}$就是拉力，负的$\{S_2\}$就是压力。因此编制程序时只要采用式(2-29)中的第二式即可。

为了计算第 k 号杆的内力，首先要从已算出的总体坐标系节点位移$\{U\}$存于数组 dp[nn]中找到该杆“左”、“右”端的位移，于是又要用到“对号”关系，这可由调用子函数 i0j0()来实现。算出 k 号杆的 i0 和 j0 之后，就可知道 k 号杆“左”端点的位移是数组 dp[nn] 中第 i0+1 和 i0+2 个元素。但要注意，当 i0<0 时，表示“左”端是固定节点，其位移应该是零。k 号杆“右”端点的位移则是数组 dp[nn]中第 j0+1 和 j0+2 个元素。

选出了杆件的“左”、“右”端位移后，用式(3-6)的第二式可计算内力：

$$\begin{aligned}\{S_2\} &= -[k][T]^{\mathrm{T}}\{U_1\} + [k][T]^{\mathrm{T}}\{U_2\} \\ &= [k][T]^{\mathrm{T}}\left(\{U_2\} - \{U_1\}\right) = [k][T]^{\mathrm{T}}\{V\}\end{aligned} \qquad (3\text{-}9)$$

在程序中杆件的轴向刚度是用 rd 表示的，rd 与坐标转换矩阵的转置是调用子程序 stif()得到的。然后按式(3-9)计算而得到 k 杆的内力。各杆内力全部算出后存放在实型数组 h[m]中，最后将 h[m]输出，程序便告结束。

计算内力的程序框图如图 3-11 所示。计算内力的子函数 doh()如下供参考。

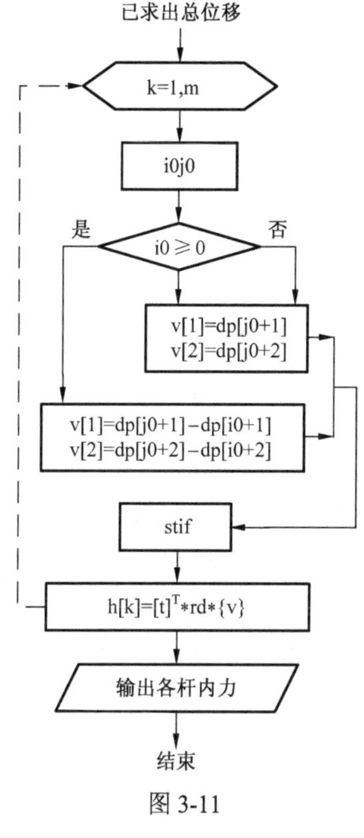

图 3-11

```
void doh()                                /*计算杆轴力*/
{
    int i,k;
    for(k=1;k<=m;k++)                     /*对平桁结构的 m 个杆件循环*/
    {
        i0j0(k);                          /*计算第 k 号杆的左右节点位移指示数*/
        for(i=0;i<2;i++)                  /*对每个节点 2 个自由度循环*/
        {   if(i0<0)                      /*把右节点的 2 个位移存入 v[0]和 v[1]*/
                v[i]=dp[j0+i];
            else                          /*把左右节点的 2 个位移存入 v[0]和 v[1]*/
                v[i]=dp[j0+i]-dp[i0+i];
        }
        stif(k);                          /*计算第 k 号杆总体系单刚存入[c]2*2*/
        h[k-1]=0.0;                       /*数组 h[k-1]清零*/
        for(i=1;i<=2;i++)                 /*对两个位移循环*/
            h[k-1]=h[k-1]+t[i-1]*v[i-1]*rd;
                                          /*轴力存入 h[k-1]*/
    }
}
```

3.8 程序灵活应用及讨论

3.7 节所介绍的平面桁架程序只能计算节点上作用有载荷时的位移和内力。利用结构力学的概念，将计算模型作适当处理，可扩大现有程序的应用范围。

3.8.1 对称性的利用

对称结构，如果受到的载荷具有对称或反对称的特点，即使一般的载荷也总可分解成对称与反对称二组载荷的叠加，于是可以截取结构的一半来进行计算，这样可以扩大算题的规模。

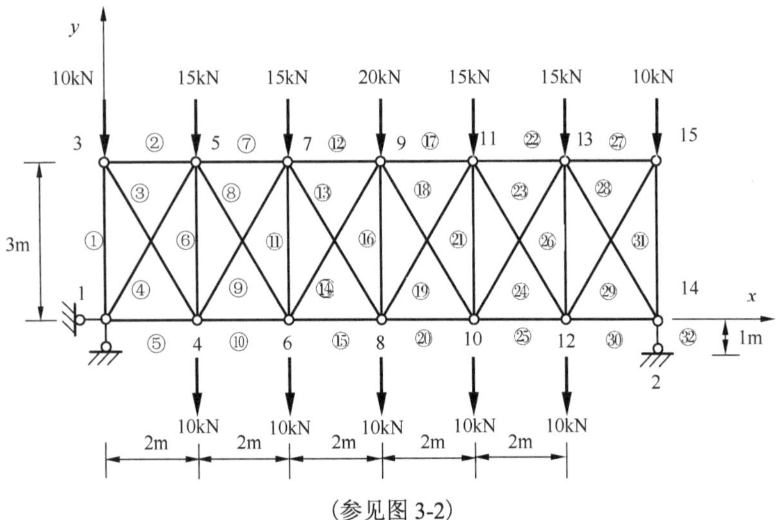

(参见图 3-2)

以图 3-2 所示的结构为例，节点 1 的水平支承连杆实际上是一个零杆，其作用是约束整个结构的水平刚性位移，在图示的载荷作用下，这个水平连杆放在任何地方都不会影响各个杆件的内力，对于节点位移也只是影响到整个结构的一个水平刚性位移。除去这根连杆，使整个结构成为左右对称的，为减少计算工作量可利用这个对称条件。因而可采用图 3-12 所示的计算简图，即对称轴上节点 10 和节点 11 的水平位移分量已知为零。对图 3-12 所示结构的节点及杆件重新编号。必须注意的是：其中杆⑯为对称轴上的杆件，所以实际应是原结构的半根杆，其 *EA* 应减半，同样对称轴上的载荷也应减半。

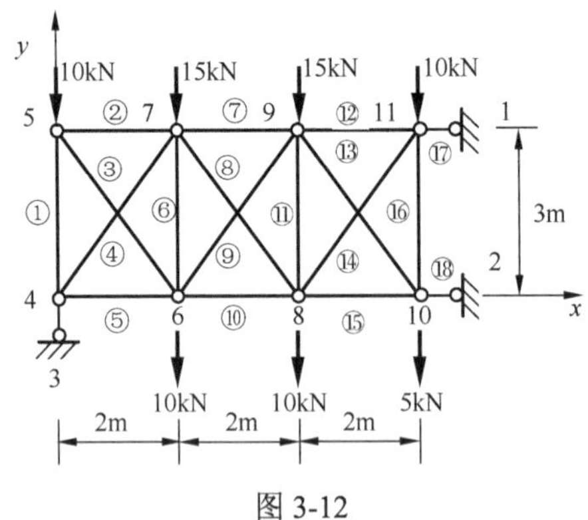

图 3-12

对于图 3-12 所示结构模型数据化，可自行准备输入数据。

有时，利用结构对称性而分出的一半结构，正好使对称轴通过杆件的中点，如图 3-13 所示的情况。此时如果取一半结构，由于对称轴上各点无水平位移，可给以水平连杆约束，如

图 3-14(a)所示，但显然这是一个可动结构，将得到一个奇异的总刚度阵，结构可以产生刚体位移，这是必须予以约束的，在垂直方向增加支承连杆以约束其刚性位移而成为图 3-14(b)所示的结构模型。这样算出的各杆内力将和原结构完全一样，所算出的位移，除了 A、B 两点之外，其他各点则完全一样，而 A、B 两点的位移也只是改变了垂直位移，它们是不会影响杆中的内力的。

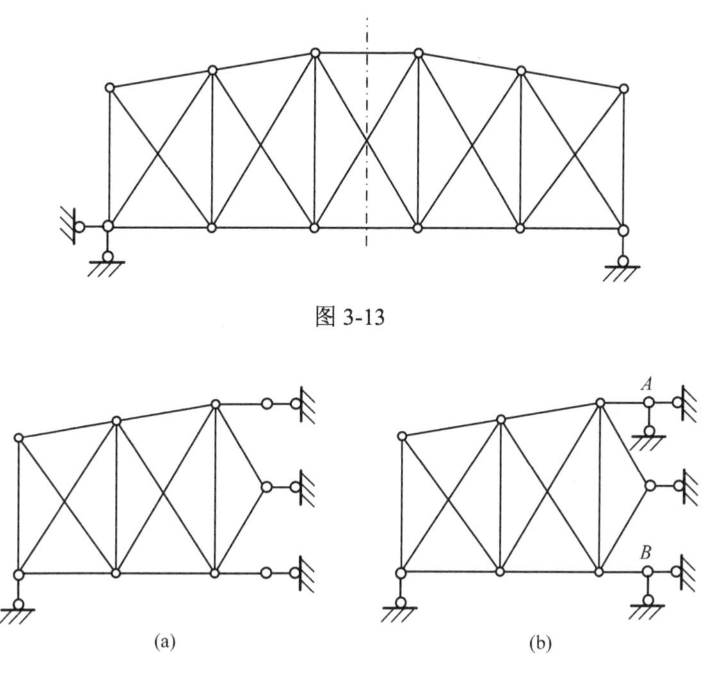

图 3-13

图 3-14

3.8.2 装配内力问题

以下将通过实例分析说明，在上机之前作一定的准备工作就可应用前述的程序计算装配内力问题。

图 3-15(a)所示桁架，在制造时，使连接节点 8 和 10 的杆件比所要求的长度短了 Δl，如要考虑由此产生的装配内力，可以设想将连接节点 8 和 10 的杆件拉长 Δl，使之达到所需要的长度再装配，则相当于图 3-15(b)所示的形式，即连接节点 8 和 10 的杆件预先施加力 F，而此 F 的值应为

$$F = \left(\frac{EA}{l}\right)_{8-10} \times \Delta l$$

装上这根杆后，相当于撤去这一对力 ，则由于结构的弹性，该杆又将收缩，使结构发生内力变化，这种变化相当于在 8 和 10 两个节点上加反向的一对力 F，如图 3-15(c)所示，由这对力 F 作用在结构上引起内力，最终的结构内力状态应为图 3-15(b)和图 3-15(c)所示两种情况的叠加。

因此，装配内力问题可按下列步骤进行：

(1)对长度不准确的杆件，计算使之达到要求的准确长度所需加的一对力 F；对过长的杆件加一对压力，对过短的则加一对拉力。这对力 F 的数值由手算得到。

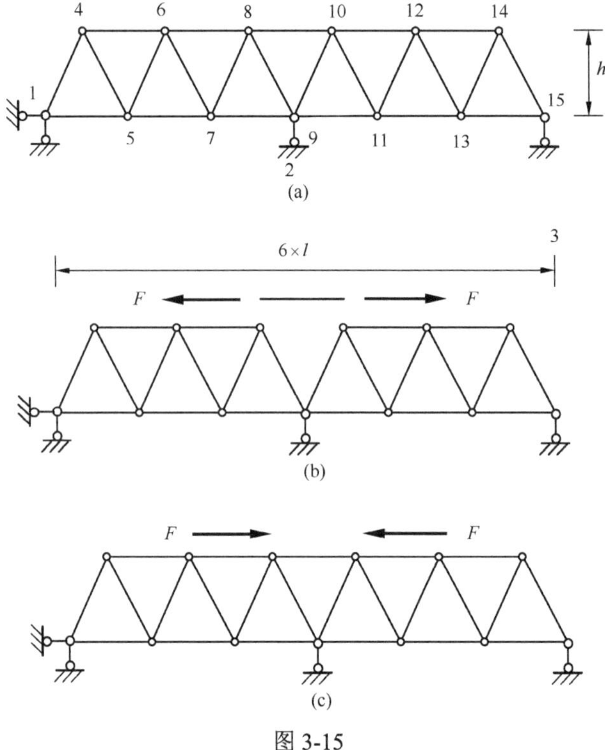

图 3-15

(2) 将上述力按相反方向作用到实际结构相应的节点上去，这是利用前述的程序进行计算的。

(3) 实际结构的内力是上述两种状态的叠加，事实上也只有那些尺寸不对的杆件内力才有叠加的需要。

3.8.3 支座沉陷问题

支座沉陷也可视为一种装配内力问题。仍以图 3-15(a)所示结构为例说明。设该结构的支承节点 2 下沉了 d，则由此将引起结构的内力。

该问题可按如下步骤进行计算：

(1) 设想撤除连接节点 8 和 10 连杆，此时结构成为静定的。

(2) 由于支承下沉 d，必使此静定结构发生刚体位移，但并不产生内力。这个位移将使节点 8 和节点 10 之间相对靠近，这一相对位移量可按下式计算：

$$\Delta l = \frac{2h}{3l} d$$

于是就相当于连接节点 8 和节点 10 的杆件比预先要求的长了 $(2h/3l)d$，问题就转化为求装配内力同样的问题了。

3.8.4 温度应力问题

温度应力问题也可与装配内力问题类同地处理，温度变化使杆件长度发生变化，或伸长或缩短，视温度变化是升温还是降温而定。长度变化量可按下式计算：

$$\Delta l = \alpha \Delta t l$$

其中，α 为热膨胀系数；Δt 为温度变化量；l 为杆件长度。

通过上述几类问题的分析可知，除了应当有一正确的程序之外还应有正确的力学概念，使实际问题得到适当的简化，这样针对问题的具体性质可以拓展程序的使用范围。

如果上述情况在计算中经常出现，或者数量较多，应修改程序使预先手算的部分也编成程序，以便减少计算的时间和工作量。

3.9 等带宽带状矩阵的应用

平面桁架结构的总刚度阵[K]在程序中存放在数组 r[nn][nn]中，r[nn][nn]是一个对称的矩阵，而且对多数结构而言，直接以一个杆相连的节点不可能很多，因而必定是一个稀疏矩阵，非零元素基本上可以集中在主对角线两旁的一个狭窄的带状区域内，在代数中称之为带状矩阵。由于对称的特点，显然只要存储其上三角块或下三角块就可以了，这样可以节省内存储量，又可缩短运算时间。带状区域外的零元素，三角化以后仍然为零，因而如将这些零元素撤去不会影响计算反而可节省三角化过程的计算时间，因而 r[nn][nn]只要作为带状矩阵存储即可。

以图 3-16 所示的结构为例，其位移总数为 nn = 22，刚度阵为图 3-17 所示的形式，其中每个×都代表一个非零的 2×2 的子矩阵，空白处则为零元素。刚度阵上方所注的数字表示该列是相应于所作贡献的节点，刚度阵右方所注的数字为该行所表示的平衡方程的节点号。

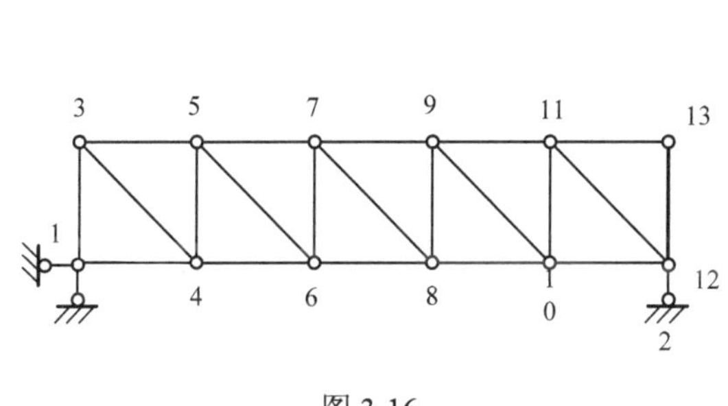

图 3-16

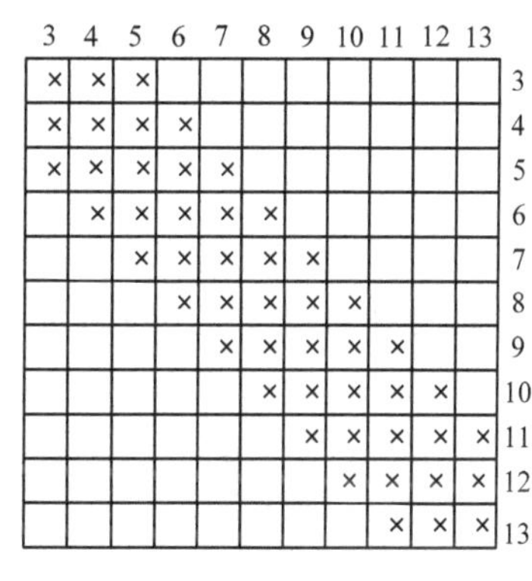

图 3-17

由图 3-17 可知，非零元素集中在主对角线周围，构成一个宽度为 10 的带状区，这种矩阵每行宽度一样，为等带宽矩阵，考虑其对称性，只要存储下半带宽及对角线就可以把该矩阵的全部信息保存下来。图 3-17 所示的情况下，下半带宽为 5，计算机中的二维数组只能存储矩形阵，所以这个带状矩阵存放在数组 r[nn][–ibdw]中，其中 ibdw 为半带宽数。与原来方阵的存储相比，像是一叠斜放的砖平移成直放的形式。

半带宽矩形存储的总刚度阵 r[nn][–ibdw]的形成，在程序中要作相应的修改，主要修改之处是原来总刚度阵的上三角元素 rr [j][i] (i>j) 不必存储了，而下三角元素(包括对角线元素) r [j][i] (i ⩽ j) 应当存放在 r[j][i–j]中，如图 3-18(a)的 r[nn][nn]是方阵存储，而图 3-18(b)的 r[nn][–ibdw]是带状矩阵存储，可见，方阵的 r[4][2]应当存放在带状矩阵的 r[4][2–4] = r[4][–2]中，方阵的 r[3][3]应当存放在带状阵的 r[3][3–3] = r[3][0]中，图 3-18(b)中的下标表示该数在原方阵中的下标。

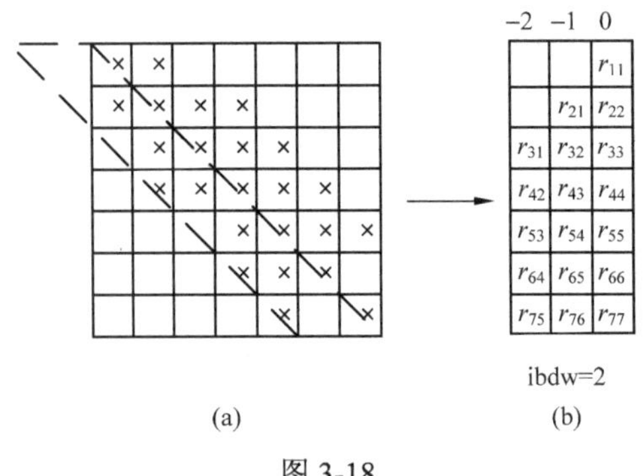

图 3-18

当采用等带宽存储后，r[nn][–ibdw]占用的内存储量为(ibdw+1)×nn，其中 nn 取决于结构可动节点的个数，ibdw 是半带宽数，它与节点编号方式有关。如果编号适当，ibdw 可尽量少，于是花费同样的内存量可以计算更大的结构。因此有必要研究 ibdw 如何计算。

由总刚度阵集合的规律可知，连接 i 和 j 两个节点的杆件，其单元刚度阵应累加到 i 和 j 的主对角分块位置，该杆单元刚度阵的负值应累加到 i 行 j 列或 j 行 i 列的非对角分块位置。可见如果 i 与 j 这两个节点号差太大时就会使带宽增大。节点 i 的位移在总度阵中所对应的位置为 i0+1 和 i0+2，节点 j 的位移在总刚度阵中所对应的位置为 j0+1 和 j0+2，于是最大的差数是：

$$(j0+2)-(i0+1)=j0-i0+1$$

对于第 k 号杆来说，由两端节点 i 和 j 所形成的最大半带宽为

$$i0=2(i-nc-1)=2(ihl(k)-nc-1)$$

$$j0=2(j-nc-1)=2(ihr(k)-nc-1)$$

$$j0-i0+1=2[ihr(k)-ihl(k)]+1$$

对每一个杆件的两端节点号都要计算一下，其中最大的数值就是 r[nn][–ibdw]的半带宽。由于固定端号在总刚度阵中没有位置，因此不必考虑，于是最大半带宽值为

$$ibdw=Max\{2[ihr(k)-ihl(k)]+1\} \qquad (ihl(k)>nc) \qquad (3\text{-}10)$$

由式(3-10)可见，最大的半带宽是由所有杆件中最大的节点号差值[ihr(k)–ihl(k)]决定的。因此，在节点编号时应使每根杆件两端的节点号尽量接近，这样可使 r[nn][–ibdw]的半带宽尽量小，内存量随之减少，同时还可减少计算时间。

例如图 3-19 所示结构，图 3-19(a)与图 3-19(b)是相同的结构，而采用不同的节点编号，两种编号方式就会得到不同的最大半带宽值 ibdw，按式(3-10)计算，图 3-19(a)所得的 ibdw = 15，图 3-19(b)所得的 ibdw = 7，显然图 3-19(b)的编号比图 3-19(a)的编号为好。

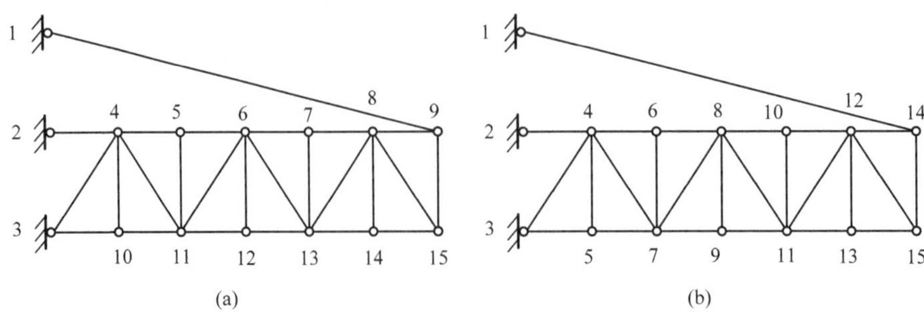

图 3-19

采用了等带宽存储的 r[nn][–ibdw]阵以后，求解方程所用的子程序也要作相应的修改。即应采用等带宽存储的三角化子函数 choldlt( )和回代求解子函数 trildlt( )。

3.10 直接刚度法计算空间桁架

空间桁架结构总体坐标系中直接刚度矩阵法基本方程仍如下式：

$$[K]\{U\}=\{F\} \qquad \text{（参见式(1-6)）}$$

与平面桁架相同，其差别在于空间桁架每个节点的空间弹性位移自由度是三个。基于平面桁架程序编制空间桁架程序，步骤与平面桁架相同：

(1) 建立结构总体坐标系，清楚地描述结构，使结构模型数据化。

(2) 确定独立的未知位移数，同时处理基本体系动定结构的连续条件，建立各单元杆件端位移和结构节点位移的关系。

(3) 计算每个单元杆件在总体坐标系中的刚度矩阵$[K_m]$。

(4) 形成结构的总刚度矩阵$[K]$。

(5) 在已知节点载荷向量后，求解基本方程得到总体坐标系中结构节点位移。

(6) 由总体坐标系中结构节点位移求出杆件局部坐标系杆端位移，计算各杆的内力。

注：上列计算步骤在编制程序时可作为程序设计框图，如图 3-1 所示，此框图亦是空间桁架结构主程序的设计思路。

3.10.1 杆端力的转换关系

由图 3-20 可知，在局部坐标系中，杆件 m 的“左”端和“右”端的杆端力分别为$\{S_1\}$、$\{S_2\}$，若已知杆件 m 的局部坐标为 x_m，在空间的方向余弦为

$$\cos\alpha=l\,,\qquad \cos\beta=m\,,\qquad \cos\gamma=n$$

式中，α、β、γ 分别是局部坐标 x_m 轴与总体坐标 x、y、z 轴的夹角，则局部坐标系中杆端力$\{S_1\}$、$\{S_2\}$在总体坐标系中的表示为

$$\begin{aligned} s_{1x}&=lS_1\,, & s_{2x}&=lS_2\\ s_{1y}&=mS_1\,, & s_{2y}&=mS_2\\ s_{1z}&=nS_1\,, & s_{2z}&=nS_2 \end{aligned}$$

可得总体坐标系中杆端力$\{s\}$与局部坐标系中杆端力$\{S\}$的坐标转换关系，写成矩阵形式为

$$\{s\}=\begin{Bmatrix} s_x\\ s_y\\ s_z \end{Bmatrix}=\begin{Bmatrix} l\\ m\\ n \end{Bmatrix}\{S\}=[T]\{S\} \tag{3-11}$$

其中，$[T]$即为空间桁架的坐标转换矩阵：

$$[T]=\begin{Bmatrix} l\\ m\\ n \end{Bmatrix}=\begin{Bmatrix} \cos\alpha\\ \cos\beta\\ \cos\gamma \end{Bmatrix} \tag{3-12}$$

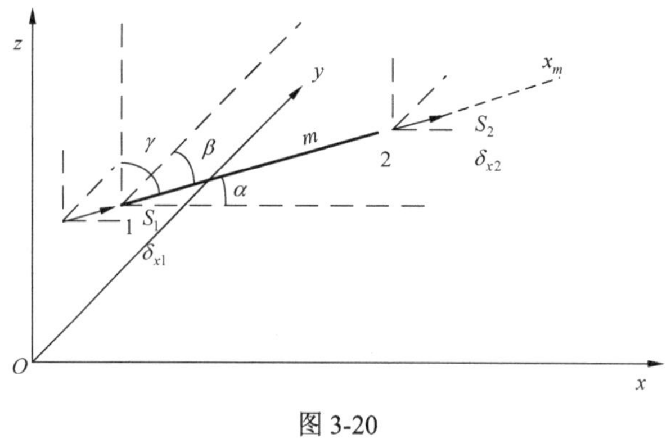

图 3-20

3.10.2 杆端位移的转换关系

第 2 章中已导出局部坐标系中杆端位移$\{u\}$与总体坐标系中节点位移$\{U\}$的坐标转换关系为

$$\{u\}=[T]^{\mathrm{T}}\{U\} \quad \text{（参见式(2-14)）}$$

对于空间桁架，这个关系同样存在，即有

$$\{u\}=[T]^{\mathrm{T}}\{U\}=[l \quad m \quad n]\begin{Bmatrix}\bar{\delta}_x\\ \bar{\delta}_y\\ \bar{\delta}_z\end{Bmatrix} \tag{3-13}$$

3.10.3 杆端力与位移的关系

与平面桁架结构相类似地推导，可得到空间桁架结构局部坐标中杆端力与杆端位移的关系为

$$\begin{aligned}\{S_1\}&=[k]\{u_1\}-[k]\{u_2\}\\ \{S_2\}&=-[k]\{u_1\}+[k]\{u_2\}\end{aligned} \quad \text{（参见式(2-20)）}$$

或写为

$$\begin{aligned}\{S_1\}&=[k]\{\delta_{x1}\}-[k]\{\delta_{x2}\}\\ \{S_2\}&=-[k]\{\delta_{x1}\}+[k]\{\delta_{x2}\}\end{aligned} \tag{3-14}$$

其中，

$$[k]=\left[\frac{EA}{l}\right]$$

δ_{x1}和δ_{x2}是局部坐标系x_m轴方向的位移。

经过坐标转换，在总体坐标系中轴力杆的杆端力与杆端位移的关系为

$$\begin{aligned}\{s_1\}&=[T][k][T]^{\mathrm{T}}\{U_1\}-[T][k][T]^{\mathrm{T}}\{U_2\}\\ \{s_2\}&=-[T][k][T]^{\mathrm{T}}\{U_1\}+[T][k][T]^{\mathrm{T}}\{U_2\}\end{aligned} \tag{3-15}$$

或写为

$$\begin{aligned}\{s_1\}&=[K]\{U_1\}-[K]\{U_2\}\\ \{s_2\}&=-[K]\{U_1\}+[K]\{U_2\}\end{aligned} \tag{3-16}$$

式中，总体坐标系平面轴力杆单元刚度阵为

$$[K]=[T]\,[k][T]^{\mathrm{T}} \tag{3-17}$$

上式即为单元杆件在总体坐标系中的刚度阵。所以公式形式上都与平面桁架的相同，只是各项的具体内容是有所不同的。

单元刚度阵既已导得，结构的总刚度阵即可按前述规律集合而成，空间桁架结构直接刚度阵法基本方程就形成了。

通过上述分析，空间桁架与平面桁架的基本不同点已经阐明，参照平面桁架的程序可以编制空间桁架的程序。

3.10.4 结构图形的数据化

空间桁架节点总数为 n，杆件总数为 m，不可移节点总数为 nc，于是弹性位移自由度总数为

$$\mathrm{nn} = 3\,(\mathrm{n}-\mathrm{nc})$$

节点编号要先编固定节点，再编可动节点，且应注意使每杆两端的节点号差尽量小，以便减小总刚度阵的带宽。杆件编号可以任意，但不可以遗漏和重复。对每个节点要给出坐标位置 x、y、z；对每根杆件要给出其“左”、“右”端号码，约定小号为“左”端号，大号为“右”端号，这同时就规定了杆件局部坐标的正向；还需给出各杆的抗拉(压)刚度 EA；载荷向量对每个节点有三维元素 F_x、F_y、F_z，作为节点载荷直接输入。

由此可知：x[n]、y[n]、z[n]为 n 个元素的一维数组；ihl[m]、ihr[m]、EA[m]为 m 个元素的一维数组；载荷向量在程序中存入一维数组 dp[nn] 。

四个整形数 n、m、nc、nn 和上述一维数组在空间桁架程序中的处理与平面桁架程序中的处理办法完全相同。

3.10.5 独立的未知位移

空间桁架独立的未知位移共有 nn 个，各杆“左”、“右”端的杆端位移符合连续条件，应与总体位移向量中对应的节点位移相等，也即杆端号应与独立的未知位移在总位移向量中的位置有“对号”关系。假定 i 和 j 分别为第 k 号杆的“左”、“右”端号码，第 i 号节点的三个位移在总位移向量$\{U\}$的第 i0+1、i0+2、i0+3 位置上；第 j 号节点的两个位移在总位移向量$\{U\}$的第 j0+1、j0+2、j0+3 位置上。对于第 k 号杆来说，必有如下关系式：

$$\mathrm{i} = \mathrm{ihl}\,(\mathrm{k}), \qquad \mathrm{j} = \mathrm{ihr}\,(\mathrm{k})$$

$$\mathrm{i0}+3 = 3\,(\mathrm{i}-\mathrm{nc})$$

$$\mathrm{j0}+3 = 3\,(\mathrm{j}-\mathrm{nc})$$

可得

$$\mathrm{i0} = 3\,(\mathrm{i}-\mathrm{nc})-3, \qquad \mathrm{j0} = 3\,(\mathrm{j}-\mathrm{nc})-3$$

于是可有

$$\mathrm{i0} = 3[\mathrm{ihl}\,(\mathrm{k})-\mathrm{nc}-1], \qquad \mathrm{j0} = 3[\mathrm{ihr}\,(\mathrm{k})-\mathrm{nc}-1] \tag{3-18}$$

i0 有可能小于零，如果小于零则表示该杆“左”端为固定端。j0 则是不可能小于零的。“对号”关系在程序中要多次用到，所以可按式(3-18)编制子函数 i0j0()来计算。

```
void i0j0(int k)                        /*对号子函数*/
{
    int i,j;                            /*整型量 i 和 j*/
    i=ihl[k-1];                         /*k 号杆左节点号进入 i*/
    j=ihr[k-1];                         /*k 号杆右节点号进入 j*/
    i0=3*(i-nc-1);                      /*δxi 前未知位移个数*/
    j0=3*(j-nc-1);                      /*δxj 前未知位移个数*/
}
```

3.10.6 单元刚度阵的计算

空间桁架总体坐标系中单元刚度阵的计算公式为

$$[K]=[T][k][T]^{\mathrm{T}} \qquad \text{(参见式(3-17))}$$

其中

$$[T]=\begin{bmatrix} l \\ m \\ n \end{bmatrix}=\begin{bmatrix} \cos\alpha \\ \cos\beta \\ \cos\gamma \end{bmatrix}, \qquad [k]=\left[\frac{EA}{l}\right]$$

而方向余弦的计算公式为

$$\begin{aligned} &l=\sqrt{(x_{\mathrm{R}}-x_{\mathrm{L}})^2+(y_{\mathrm{R}}-y_{\mathrm{L}})^2+(z_{\mathrm{R}}-z_{\mathrm{L}})^2} \\ &\cos\alpha=(x_{\mathrm{R}}-x_{\mathrm{L}})/l \\ &\cos\beta=(y_{\mathrm{R}}-y_{\mathrm{L}})/l \\ &\cos\gamma=(z_{\mathrm{R}}-z_{\mathrm{L}})/l \end{aligned} \tag{3-19}$$

式中，x_{R}、y_{R}、z_{R}和x_{L}、y_{L}、z_{L} 分别为杆件“右”端和“左”端节点的三维坐标值。

有上述计算公式，空间桁架总体坐标系中单元刚度阵可按式(3-17)算出，子函数 ch()和stif()可以参照平面桁架程序编制。

```
void ch(int k)                          /*计算杆长和方向余弦子函数*/
{
    int i,j;                            /*整型量 i 和 j*/
    i=ihl[k-1];                         /*k 号杆左节点号进入 i*/
    j=ihr[k-1];                         /*k 号杆右节点号进入 j*/
    clxy[1]=x[j-1]-x[i-1];              /*左右节点 x 坐标差*/
    clxy[2]=y[j-1]-y[i-1];              /*左右节点 y 坐标差*/
    clxy[3]=z[j-1]-z[i-1];
    clxy[0]=sqrt(clxy[1]*clxy[1]+clxy[2]*clxy[2]+clxy[3]*clxy[3]);
                                        /*求解杆长*/
    clxy[1]=clxy[1]/clxy[0];            /*求解方向 x*/
    clxy[2]=clxy[2]/clxy[0];            /*求解方向 y*/
    clxy[3]=clxy[3]/clxy[0];            /*求解方向 z*/
}

void stif(int k)                        /*计算轴力杆总体系中的单刚*/
{
```

```
        int i,j;
        ch(k);
        t[0]=clxy[1];                    /*cosα 存入 t[0]*/
        t[1]=clxy[2];                    /*cosβ 存入 t[1]*/
        t[2]=clxy[3];                    /*cosγ 存入 t[2]*/
        rd=ea[k-1]/clxy[0];              /*局部系单刚存入 rd*/
        for(i=0;i<3;i++)                 /*对 i 循环，从 0 到 2*/
            for(j=0;j<3;j++)             /*对 j 循环，从 0 到 2*/
                c[i][j]=t[i]*t[j]*rd;    /*轴力杆单刚*/
    }
```

3.10.7 总刚度阵的形成

调用子函数 stif()后，各杆的单元刚度阵已算出，总刚度阵的集合规律与平面桁架类同，因此可参照编制，只是要注意节点弹性位移自由度由两个变成三个所带来的相应变化。总刚度阵集合的规律如下所述。

若某杆 m 连接节点 i 和 j，则：

(1) $[K_m]$累加到 i、j 行的主对角分块位置；

(2) $-[K_m]$累加到 i 行 j 列和 j 行 i 列非对角分块位置。

若无杆件连接节点 i 和 j，则相应的分块阵中为零元素。

为了按照上述规律集合总刚度阵，必须先找到各杆的两端节点号在总刚度阵中的位置，可由调用子函数 i0j0()来完成。

在“对号”关系解决之后，若 k 杆的“左”端 i0<0，则表示该端是固定节点，在总刚度阵中没有它的位置。由于空间桁架每一个节点的位移自由度为 3，所以每一个上述的分块阵应有 3×3 个元素，对应 m 杆的左端节点 i 和右端节点 j，在总刚度阵中的位置应是 i0+1、i0+2、i0+3 和 j0+1、j0+2、j0+3。

空间桁架结构的总刚度阵$[K]$在程序中类同平面桁架亦存放在数组 r[nn][nn]中，总刚度阵$[K]$也可采用等带宽存储存放在数组 r[nn][–ibdw]中。

3.10.8 内力计算

求得总体坐标系中结构节点位移向量$\{U\}$之后，就可以计算空间桁架各杆的内力。由第 2 章已知，在局部坐标中轴力杆的杆端力与杆端位移的关系为

$$\begin{aligned}\{S_1\} &= [k]\{u_1\} - [k]\{u_2\} \\ \{S_2\} &= -[k]\{u_1\} + [k]\{u_2\}\end{aligned} \qquad \text{(参见式(2-20))}$$

式中，$\{u_1\}$ 和 $\{u_2\}$ 是在局部坐标系中沿杆轴方向的位移，而结构刚度阵法方程解出位移$\{U\}$则为总体坐标系中的，因此必须利用局部坐标系杆端位移$\{u\}$与总体坐标系节点位移$\{U\}$的坐标转换阵关系：

$$\{u\} = [T]^{\mathrm{T}}\{U\} \qquad \text{(参见式(2-14))}$$

于是，将式(2-14)代入式(2-20)，可得局部坐标系杆端力和总体坐标系节点位移之关系为

$$\begin{aligned}\{S_1\} &= [k][T]^{\mathrm{T}}\{U_1\} - [k][T]^{\mathrm{T}}\{U_2\} \\ \{S_2\} &= -[k][T]^{\mathrm{T}}\{U_1\} + [k][T]^{\mathrm{T}}\{U_2\}\end{aligned} \qquad \text{(参见式(2-29))}$$

其中，

$$[k]=\left[\frac{EA}{l}\right] \quad \text{（参见式(2-21)）}$$

坐标转换矩阵为

$$[T]^{\mathrm{T}}=[\cos\alpha \quad \cos\beta \quad \cos\gamma]$$

式(2-29)中的$\{U_1\}$和$\{U_2\}$分别总体坐标系中杆件“左”端和“右”端的位移；$\{S_1\}$和$\{S_2\}$分别是局部坐标系杆件“左”端和“右”端的杆端力。与平面桁架一样，对于空间桁架而言，只要计算$\{S_2\}$就可以了，因为它的符号和内力是一致的，即正的$\{S_2\}$就是拉力，负的$\{S_2\}$就是压力。因此编制程序时只要采用式(2-29)中的第二式即可。

节点位移在程序中是以数组 dp[nn]表示的，所以“左”端节点位移$\{U_1\}$和“右”端节点位移$\{U_2\}$应如下确定：

$$\mathrm{i0}<0 \qquad \{U_1\}=\{0 \quad 0 \quad 0\}^{\mathrm{T}}$$

$$\mathrm{i0}\geqslant 0 \qquad \{U_1\}=\begin{Bmatrix}\mathrm{dp}(\mathrm{i0}+1)\\ \mathrm{dp}(\mathrm{i0}+2)\\ \mathrm{dp}(\mathrm{i0}+3)\end{Bmatrix}$$

$$\{U_2\}=\begin{Bmatrix}\mathrm{dp}(\mathrm{j0}+1)\\ \mathrm{dp}(\mathrm{j0}+2)\\ \mathrm{dp}(\mathrm{j0}+3)\end{Bmatrix}$$

有了以上各项，即可按式(2-29)的第二式计算各杆内力，可参照平面桁架程序写计算内力子函数 doh()。

```
void doh()                              /*计算杆轴力*/
{
    int i,k;
    for(k=1;k<=m;k++)                   /*对空桁结构的 m 个杆件循环*/
    {
        i0j0(k);                        /*计算第 k 号杆的左右节点位移指示数*/
        for(i=0;i<3;i++)                /*对每个节点 3 个自由度循环*/
        {   if(i0<0)                    /*右节点的 3 个位移存入 v[0]和 v[1]*/
                v[i]=dp[j0+i];
            else                        /*左右节点的 3 个位移存入 v[0]和 v[1]*/
                v[i]=dp[j0+i]-dp[i0+i];
        }
        stif(k);                /*调用 stif(k)计算第 k 号杆总体系单刚存入[c]3*3*/
        h[k-1]=0.0;                     /*数组 h[k-1]清零*/
        for(i=1;i<=3;i++ )              /*对 3 个位移循环*/
            h[k-1]=h[k-1]+t[i-1]*v[i-1]*rd; /*轴力存入 h[]*/
    }
}
```

习　题

3-1　题 3-1 图所示桁架，写出各杆在总坐标系统中的单元刚度阵，并集合成总刚度阵，各杆 EA 为常数。

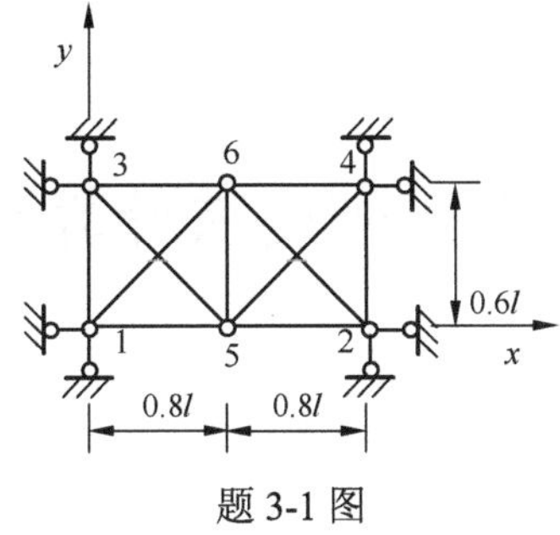

题 3-1 图

3-2　题 3-2 图所示桁架，各杆 $E=2\times10^7\text{kN/m}^2$，$A=0.24\text{m}^2$，填写电算时输入的原始数据。

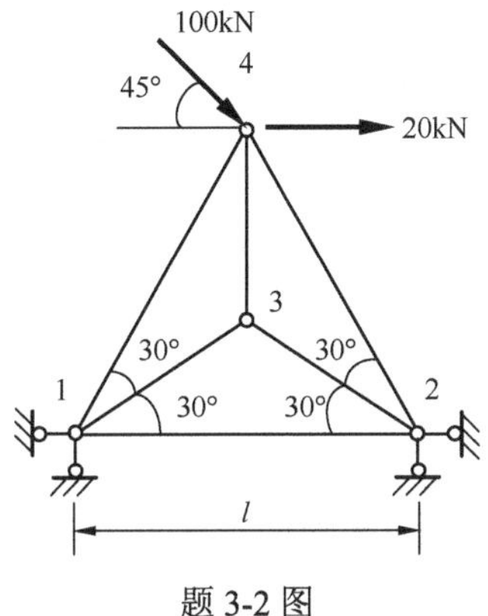

题 3-2 图

3-3　题 3-3 图所示桁架，若杆④制造时比所需尺寸短 $0.01l$，此时若用平面桁架程序计算，原始数据应如何填写？并集合总刚度阵，各杆 EA 为常数。

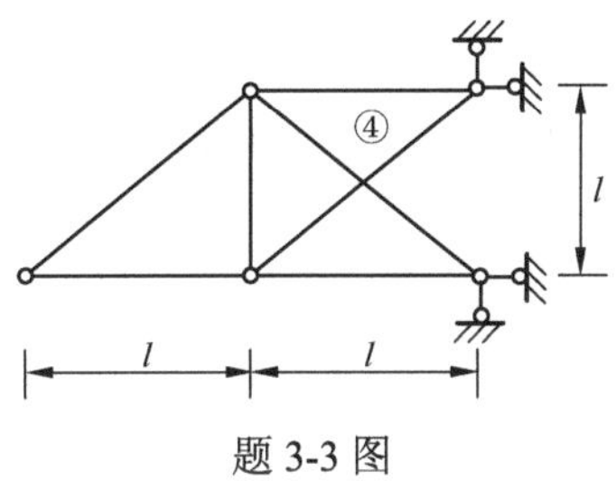

题 3-3 图

3-4　利用对称性，建立题 3-4 图(a)、(b)的计算模型并写出数据文件，各杆 EA 为常数。

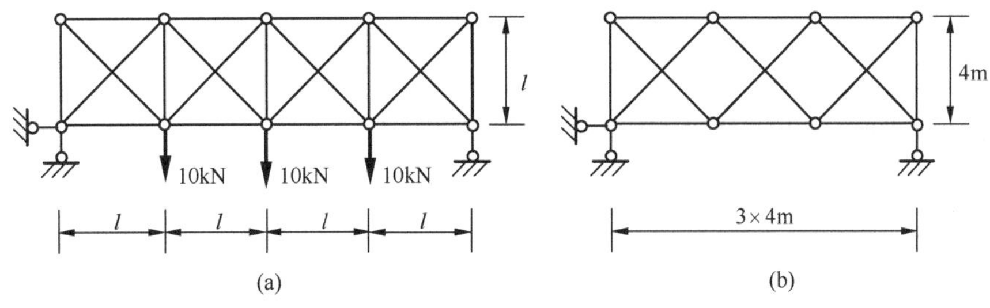

题 3-4 图

第 4 章　直接刚度法计算平面刚架

4.1 概　　述

平面刚架是指所有杆件的轴线都在同一平面内的刚架，而且载荷也在同一平面中。直接刚度阵法计算平面刚架的基本方程式在第 1 章推导得到如下形式：

$$[K]\{U\}=\{F\} \qquad \text{（参见式（1-6））}$$

编制平面刚架程序大致包括以下步骤：

（1）建立总体坐标系，清楚地描述结构，结构模型数字化。

（2）确定独立未知位移数，同时处理基本体系动定结构的连续条件，建立单元杆件端点位移和结构总的节点位移间的关系。

（3）建立每个单元杆件在总体坐标系中的单元刚度阵 $[K_{11}]$、$[K_{12}]$、$[K_{21}]$和$[K_{22}]$。

（4）按总刚度阵集合规律形成总刚度阵。

（5）计算等效节点载荷，桁架结构的载荷都是通过节点的，所以载荷的原始数据已经明确在各节点的位置。而刚架结构则在杆轴上有各种类型的载荷作用，但基本方程（1-6）中$\{F\}$代表节点载荷，因而要将不同类型的载荷算出等效节点载荷作为$\{F\}$的各个分量。

（6）求解基本方程，解出节点未知位移。

（7）解出节点位移以后，根据连续条件，可知杆的杆端位移，由杆端位移可计算各杆的内力。根据上述步骤，下面将具体介绍程序设计。图 4-1 给出了主程序的设计框图。

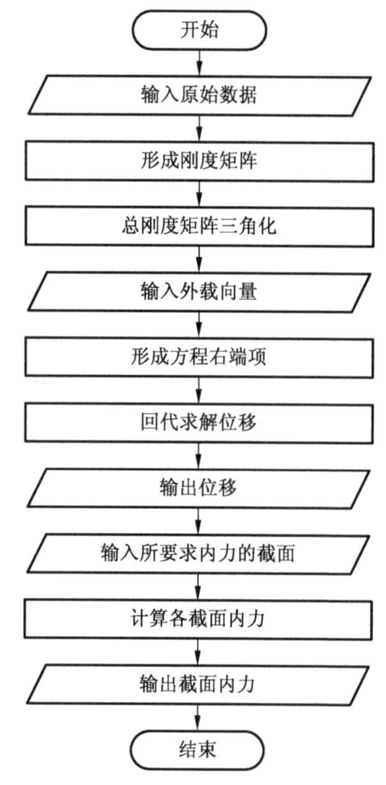

图 4-1　平面刚架主程序设计框图

4.2 平面刚架结构模型数字化

与桁架结构类同，结构总节点数记为 n，固定节点数为 nc，于是全部独立的节点位移为

$$nn=3(n-nc)$$

节点编号时，先编固定节点，再编可位移节点，每杆两端的编号应使其差值尽可能地小，以便缩小总刚度阵的带宽。

杆件总数为 m，编号时次序可以任意，但不可以遗漏和重复。

确定结构总体坐标后，应将每一节点的位置作为输入数据。因此，要准备节点坐标数组 x[n]、y[n]。

为说明杆件的几何和物理性质采用以下数据，因为杆件的局部坐标是以“左”端向“右”端表示其正向，规定小号为“左”端，大号为“右”端，为此要给出每杆的“左”、“右”端号码。以数组 ihl[m]、ihr[m]各表示每杆的“左”、“右”端节点号，于是杆件在总坐标中的几何位置可以确定了。杆的轴向刚度、弯曲刚度分别以 *EA*[m]、*EJ*[m]数组表示。有了以上数据，关于结构本身的几何物理性质就确定了。

结构数据还应包括外载荷以及所需要计算内力的断面位置。对于外载，由于除了节点载荷之外还有杆轴上的载荷需要折算为等效节点载荷。不同类型的杆轴载荷转化的公式是不同的，具体计算公式将在 4.6 节中看到。此处要对载荷数组做好准备，以二维数组 q[nqq][4]表示载荷，其中 nqq 代表载荷的总数，其他各项的意义如下：

q[ild][1]表示第 ild 个载荷作用的杆号；

q[ild][2]表示第 ild 个载荷的大小，即图 4-2 中的 *g* 值，其正负号的规定以图 4-2 为准，图中所给的载荷均为正向；

q[ild][3]表示第 ild 个载荷离“左”端的距离，即图 4-2 中的 *xq* 的值；

q[ild][4]表示第 ild 个载荷的类型，即图 4-2 中的 ind 的值。

当然这只是表示固定的静载荷的方式。在工程实际中静载荷很复杂，要考虑各种不同的活载荷组合，但是不论怎样性质的组合，固定静载荷的计算是基本问题。

对于所需计算内力的截面，用二维数组 sct[npp][2]表示，其中 npp 是需要计算内力的截面总数。其他各项的意义如下：

sct [j][1]表示第 *j* 个截面所在杆号；

sct [j][2]表示第 *j* 个截面离“左”端的距离。

载荷类型 ind	载荷图	载荷类型 ind	载荷图
1	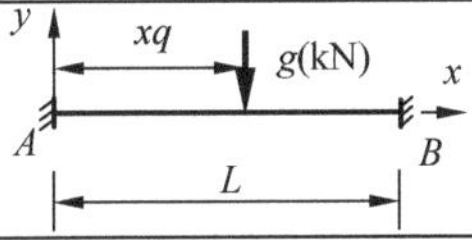 y, xq, g(kN), x, A, B, L	5	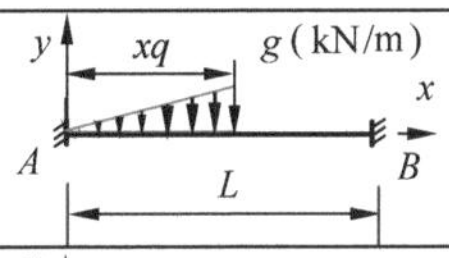 y, xq, g(kN/m), x, A, B, L
2	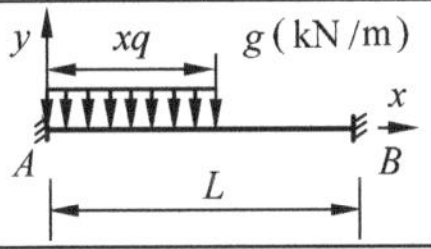 y, xq, g(kN/m), x, A, B, L	6	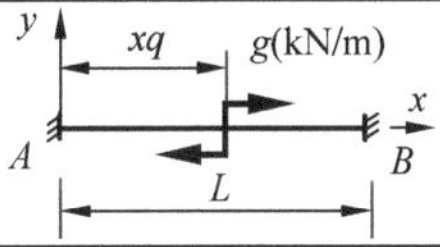 y, xq, g(kN/m), x, A, B, L
3	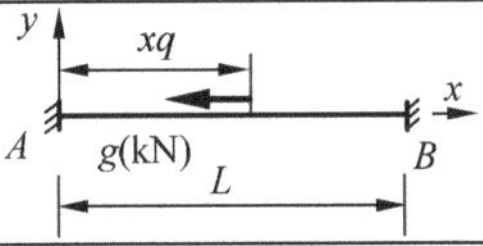 y, xq, x, A, g(kN), B, L	7	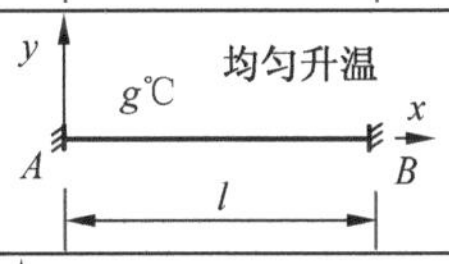 y, g℃, 均匀升温, x, A, B, l
4	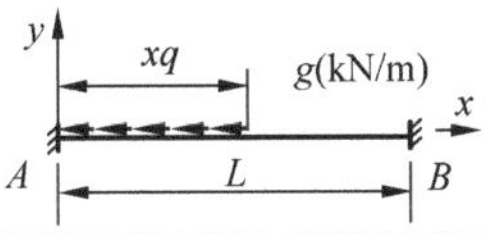 y, xq, g(kN/m), x, A, L, B	8	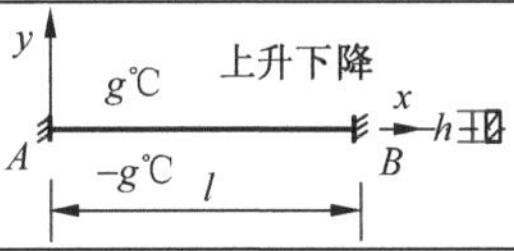 y, g℃, 上升下降, x, A, −g℃, B, h, l

图 4-2　平面刚架载荷类型

例 4-1　以图 4-3 所示的平面刚架结构为例说明结构模型数字化。

解：载荷及各杆的 *EA* 值见图 4-4，若不计轴向变形，可认为各杆 *EA* 为很大的数值，比之 *EJ* 可认为轴向刚度无限大。图中圆括号中的数值为杆件的 *EJ* 的值。

描述这一结构的数据为

n=12，　nc=3，　m=15

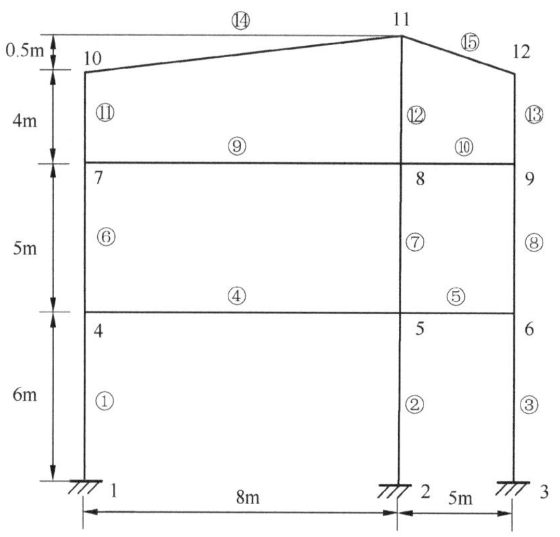

图 4-3　平面刚架计算模型

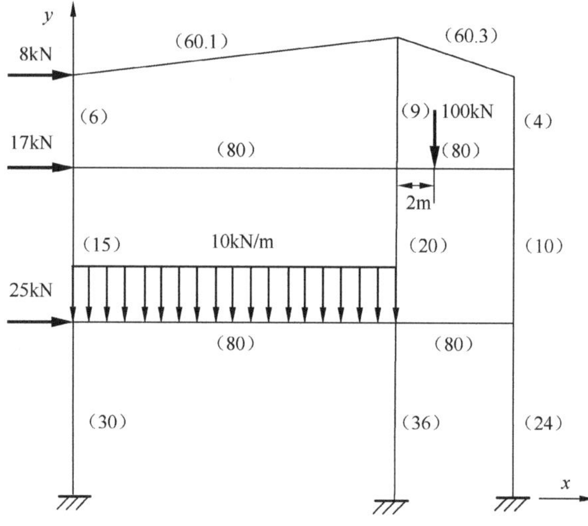

图 4-4　平面刚架载荷及 *EJ* 值

在总体坐标系中，各节点坐标值数组 x 和 y 见表 4-1，杆件 EA 及 EJ 值见表 4-2。

表 4-1　节点坐标

节点号	1	2	3	4	5	6	7	8	9	10	11	12
x	0	8.0	13.0	0	8.0	13.0	0	8.0	13.0	0	8.0	13.0
y	0	0	0	6.0	6.0	6.0	11.0	11.0	11.0	15.0	15.5	15.0

表 4-2　杆件 *EA* 及 *EJ* 值

杆号	1	2	3	4	5	6	7	8	9	10	11	12	13	14	15
ihl	1	2	3	4	5	4	5	6	7	8	7	8	9	10	11
ihr	4	5	6	5	6	7	8	9	8	9	10	11	12	11	12
EA	10^4	10^4	10^4	10^4	10^4	10^4	10^4	10^4	10^4	10^4	10^4	10^4	10^4	10^4	10^4
EJ	30.0	36.0	24.0	80.0	80.0	15.0	20.0	10.0	80.0	80.0	6.0	9.0	4.0	60.1	60.3

计算内力的截面总数及载荷的总数分别为

npp=30， nqq=5

每杆计算 2 个杆端内力，杆件号及截面位置见表 4-3，平面刚架载荷数组见表 4-4。

表 4-3 杆件号及截面位置

sct[j][1]	1	1	2	2	3	3	4	4	5	5	6	6	7	7	8
sct[j][2]	0	6.0	0	6.0	0	6.0	0	8.0	0	5.0	0	5.0	0	5.0	0
sct[j][1]	8	9	9	10	10	11	11	12	12	13	13	14	14	15	15
sct[j][2]	5.0	0	8.0	0	5.0	0	4.0	0	4.5	0	4.0	0	8.015	0	5.02

表 4-4 载荷数组

q[ild][0]	q[ild][1]	q[ild][2]	q[ild][3]
1.0	25.0	6.0	1.0
6.0	17.0	5.0	1.0
11.0	8.0	4.0	1.0
4.0	10.0	8.0	2.0
10.0	100.0	2.0	1.0

为了使程序尽量具有通用性，且易于修改和使用，常数 n、m、nc、nqq、npp 在主程序的开始输入，nn 值则自动算出。还要注意以下几点：

(1) 在填写数据表时，要严格区分全局量和局部量。

(2) 要注意输入数组数据的顺序。一维数组自然是从第一个元素排列到最后一个元素，如表中的 ihl[m]、ihr[m]、*EA*[m]、*EJ*[m]、*x*[n]、*y*[n]数组均是如此。二维数组要按列输入，如表中的 q[nqq][4]和 sct[npp][2]数组。

(3) 要注意数据表中数值单位的统一。

4.3 平面刚架独立的未知位移

平面刚架每节点有三个弹性位移自由度，因此总的独立未知位移共有 nn 个，nn=3×(n−nc)。每个单元杆端 i 的位移在总体坐标中的 x 方向分量为 δ_{xi}，y 方向分量为 δ_{yi}，角位移分量为 θ_i。由连续条件应分别等于总位移向量中第 i 节点的 x 方向分量、y 方向分量和角位移分量，即有如下关系：

$$\{U\}=\begin{Bmatrix} U_1 \\ U_2 \\ U_3 \\ U_4 \\ \vdots \\ U_{nn} \end{Bmatrix}=\begin{Bmatrix} \delta_{xnc+1} \\ \delta_{ync+1} \\ \theta_{nc+1} \\ \delta_{xnc+2} \\ \vdots \\ \theta_n \end{Bmatrix} \tag{4-1}$$

式(4-1)是位移连续条件，在程序处理上就是要解决第 k 号杆的两端 i 和 j 的位移在总的位移向量中应是第几个元素。

第 i 个节点应有三个位移分量，设定在向量$\{U\}$的第 i0+1、i0+2、i0+3 的位置上，j 号节点的三个位移分量则在$\{U\}$的第 j0+1、j0+2、j0+3 的位置上，由此可知：

i0+3=3(i−nc)， j0+3=3(j−nc)

因而可有对号关系如下：

i0=3(i−nc)−3， j0=3(j−nc)−3

对于 k 号杆而言，“左”端为 i，“右”端为 j，也就是说以 ihl、ihr 数组表示为

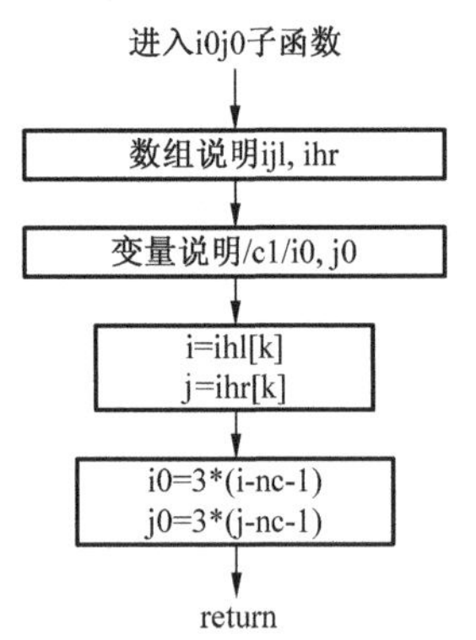

图 4-5　平面刚架子函数 i0j0 框图

i=ihl(k)，　j=ihr(k)

于是，对号数码 i0、j0 与“左”、“右”端的关系为

i0=3(ihl(k)−nc−1)，　j0=3(ihr (k)−nc−1)　　(4-2)

i0、j0 这两个“对号”关系是很重要的，一方面体现了位移连续条件；另一方面在组成总刚度阵时，单元刚度可按此“对号入座”。因此，编制一个专门的子函数 i0j0()计算时可以调用。这个子函数的编写完全类同于平面桁架，只是计算公式改用式(4-2)，子函数 i0j0()的框图见图 4-5。

调用子函数 i0j0()后，算得第 k 号杆的“对号”关系 i0 和 j0，要在主程序及其他一些程序块中应用，因此，类同于平面桁架，在主程序中说明。

4.4　平面刚架单元刚度矩阵计算

平面刚架中，单元杆件的杆端力与杆端位移之间的刚度关系，在局部坐标中有如下形式：

$$\begin{aligned}\{S_1\}&=[k_{11}]\{u_1\}+[k_{12}]\{u_2\}\\ \{S_2\}&=[k_{21}]\{u_1\}+[k_{22}]\{u_2\}\end{aligned}\qquad\text{(参见式(2-15))}$$

在总体坐标中则为

$$\begin{aligned}\{s_1\}&=[K_{11}]\{U_1\}+[K_{12}]\{U_2\}\\ \{s_2\}&=[K_{21}]\{U_1\}+[K_{22}]\{U_2\}\end{aligned}\qquad\text{(参见式(2-22))}$$

其中，

$$[k_{11}]=\begin{bmatrix}\dfrac{EA}{l} & 0 & 0\\ 0 & \dfrac{12EJ}{l^3} & -\dfrac{6EJ}{l^2}\\ 0 & -\dfrac{6EJ}{l^2} & \dfrac{4EJ}{l}\end{bmatrix}$$

$$[k_{12}]=[k_{21}]^{\mathrm{T}}=\begin{bmatrix}-\dfrac{EA}{l} & 0 & 0\\ 0 & -\dfrac{12EJ}{l^3} & -\dfrac{6EJ}{l^2}\\ 0 & \dfrac{6EJ}{l^2} & \dfrac{2EJ}{l}\end{bmatrix}$$

$$[k_{22}]=\begin{bmatrix}\dfrac{EA}{l} & 0 & 0\\ 0 & \dfrac{12EJ}{l^3} & \dfrac{6EJ}{l^2}\\ 0 & \dfrac{6EJ}{l^2} & \dfrac{4EJ}{l}\end{bmatrix}$$

$$
\begin{aligned}
&[K_{11}]=[T][k_{11}][T]^{\mathrm{T}}\\
&[K_{12}]=[T][k_{12}][T]^{\mathrm{T}}\\
&[K_{12}]=[K_{21}]^{\mathrm{T}}\\
&[K_{22}]=[T][k_{22}][T]^{\mathrm{T}}
\end{aligned}
\qquad \text{（参见式(2-23)）}
$$

而其中的转换矩阵为

$$
[T]=\begin{bmatrix}\cos\alpha & -\sin\alpha & 0\\ \sin\alpha & \cos\alpha & 0\\ 0 & 0 & 1\end{bmatrix}
$$

上述各项计算公式，在程序设计中应按如下的步骤去实现。

首先要计算各杆的杆长和方向余弦，这可以用子函数 ch()计算，子函数 ch()的编写与平面桁架中完全相同。

在计算单元杆件的[k]之前，除子函数 ch()所提供的几何量之外，还需要部分矩阵运算步骤。为了使用方便，以下直接给出矩阵转置和矩阵相乘的子程序。

矩阵转置子函数 trnsps()，其功能是将矩阵 b[3][3]的转置阵送存 bt[3][3]，而 b[3][3]本身不破坏。

```
void trnsps()
{
    int i,j;
    for(i=0;i<m;i++)
    for(j=0;j<n;j++)
    bt[j][i]=b[i][j];
}
```

矩阵相乘子函数 mtmult()，其功能是将矩阵 a[3][3]前乘矩阵 b[3][3]，所得结果存矩阵 c[3][3]中。

```
void mtmult( )
{
    int i,j,k;
        for(i=0;i<m;i++)
            for(k=0;k<n;k++)
                {
                    c[i][k]=0.0;
                      for(j=0;j<m;j++)
                        c[i][k]+=a[i][j]*b[j][k];
                 }
}
```

有了上述准备，就可计算各杆的单元刚度阵了。因为每根杆均需计算，所以也应编制一个子函数 stif()来计算。局部坐标中的单元刚度阵[k_{11}]、[k_{12}]、[k_{21}]、[k_{22}]算出后存放在子函数 stif()的局部量 rda[3][3]、rdb[3][3]、rdd[3][3]、rde[3][3]中；中间结果[k_{11}][T]^{T}、[k_{12}][T]^{T}、[k_{21}][T]^{T}、[k_{22}][T]^{T} 算得后存于 aa[3][3]、ab[3][3]、ad[3][3]、ae[3][3]中，以后计算内力时还要应用；总体坐标中的单元刚度阵[K_{11}]、[K_{12}]、[K_{21}]、[K_{22}]算出后存于 ca[3][3]、cb[3][3]、cd[3][3]、ce[3][3]

中；转换矩阵形成后存于 t[3][3]中。除了局部坐标中的单元刚度阵之外，其余计算结果在主程序和其他一些子函数中都将用到。

若采用等带宽矩阵存储总刚度阵，那么单元刚度只要计算 ca[3][3]、cb[3][3]、ce[3][3]就足够了，与之相应，rdd[3][3]、ad[3][3]也可不必计算。

子函数 stif()的框图见图 4-6。

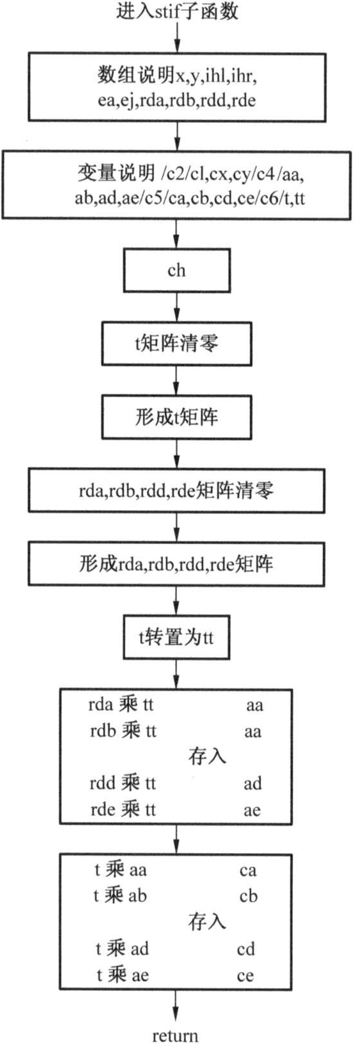

图 4-6　平面刚架子函数 stif()框图

```
void stif(int k)
{
    int i,j;
    double r1,r2,r3,r4,r5;
    double rda[3][3],rdb[3][3],rdd[3][3],rde[3][3];
    ch(k);
    {
        for(i=0;i<3;i++)
```

```
            for(j=0;j<3;j++)
            {
                rda[i][j]=0.0;
                rdb[i][j]=0.0;
                rdd[i][j]=0.0;
                rde[i][j]=0.0;
            }
            r1=ea[k-1]/clxy[0];
            r2=12*ej[k-1]/(clxy[0]*clxy[0]*clxy[0]);
            r3=6*ej[k-1]/(clxy[0]*clxy[0]);
            r4=4*ej[k-1]/clxy[0];
            r5=2*ej[k-1]/clxy[0];
            rda[0][0]+=r1; rda[1][1]+=r2; rda[1][2]+=-r3;
            rda[2][1]+=-r3; rda[2][2]+=r4;
            rdb[0][0]+=-r1; rdb[1][1]+=-r2; rdb[1][2]+=-r3;
            rdb[2][1]+=r3; rdb[2][2]+=r5;
            rdd[0][0]+=-r1; rdd[1][1]+=-r2; rdd[1][2]+=r3;
            rdd[2][1]+=-r3; rdd[2][2]+=r5;
            rde[0][0]+=r1; rde[1][1]+=r2; rde[1][2]+=r3;
            rde[2][1]+=r3; rde[2][2]+=r4;
        }
        t[0][0]=clxy[1]; t[0][1]=-clxy[2]; t[1][0]=clxy[2];
        t[1][1]=clxy[1]; t[2][2]=1; t[0][2]=0;
        t[1][2]=0; t[2][0]=0; t[2][1]=0;

        trnsps(3,3,t,tt);
        mtmult(3,3,3,rda,tt,aa);
        mtmult(3,3,3,rdb,tt,ab);
        mtmult(3,3,3,rdd,tt,ad);
        mtmult(3,3,3,rde,tt,ae);
        mtmult(3,3,3,t,aa,ca);
        mtmult(3,3,3,t,ab,cb);
        mtmult(3,3,3,t,ad,cd);
        mtmult(3,3,3,t,ae,ce);
    }
```

4.5 平面刚架总刚度阵集合

调用子函数 stif()后，各杆的单元刚度阵已算出，即可按下列规律集合组成平面刚架总刚度阵[K]，若某杆连接节点 i 和 j，则

(1) [K_{11}]累加到 i 行主对角元素的分块位置；

(2) [K_{22}]累加到 j 行主对角元素的分块位置；

(3) [K_{12}]累加到 i 行 j 列非对角分块位置；

(4) [K_{21}]累加到 j 行 i 列非对角分块位置。

为了按照上述规律集合总刚度阵，必须先找到各杆的两端节点号在总刚度阵中的位置，这一点可由调用子函数 i0j0 ()来完成。

在“对号”关系解决之后，若 k 杆的“左”端 i0<0，则表示该端是固定节点，在总刚度阵中没有它的位置。若 k 杆的“左”端 i0≥0，则在相应的主对角分块中累加入该杆的$[K_{11}]$。与 k 杆的“右”端号相应的主对角分块中累加入该杆的$[K_{22}]$。在相应的上三角区域中，对应“左”端行和“右”端列的分块中应加入该杆的$[K_{12}]$。与之对应的下三角分块中则加入该杆的$[K_{21}]$。单元刚度阵$[K_{11}]$、$[K_{12}]$、$[K_{21}]$、$[K_{22}]$由子程序算出，在程序中分别用数组 ca[3][3]、cb[3][3]、cd[3][3]、ce[3][3]表示。集合总刚度阵的“对号入座”处理可形象地由图 4-7 表示，k 杆的单元刚度阵在总刚度阵的位置形象的显示在表 4-5 中。

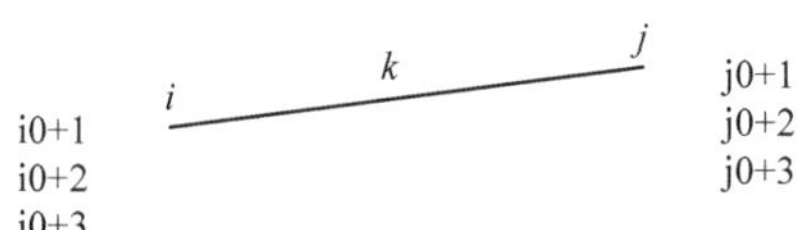

图 4-7　k 杆单元刚度阵对号入座总刚度阵

表 4-5　k 杆单元刚度阵在总刚度阵 r 的位置

r	i0+1	i0+2	i0+3	j0+1	j0+2	j0+3
i0+1	ca[1][1]	ca[1][2]	ca[1][3]	cb[1][1]	cb[1][2]	cb[1][3]
i0+2	ca[2][1]	ca[2][2]	ca[2][3]	cb[2][1]	cb[2][2]	cb[2][3]
i0+3	ca[3][1]	ca[3][2]	ca[3][3]	cb[3][1]	cb[3][2]	cb[3][3]
j0+1	cd[1][1]	cd[1][2]	cd[1][3]	ce[1][1]	ce[1][2]	ce[1][3]
j0+2	cd[2][1]	cd[2][2]	cd[2][3]	ce[2][1]	ce[2][2]	ce[2][3]
j0+3	cd[3][1]	cd[3][2]	cd[3][3]	ce[3][1]	ce[3][2]	ce[3][3]

集合总刚度阵$[K]$在程序中是存放在二维数组 r[nn][nn]中的，图 4-8 给出了存放 r[nn][nn]程序框图。图 4-8 的第五个框图以下是将各杆的单元刚度阵“对号入座”到总刚度阵 r[nn][nn]中去。

为了节省存储，对于这类对称稀疏矩阵，显然可以采用带状存储，即总刚度阵$[K]$存放在二维数组 r[nn][–ibdw]中。为此，必须先弄清楚带宽 ibdw 是多少，根据总刚度阵 r[nn][–ibdw]形成的规律，显然带宽是各杆的下列差值中的最大值：

$$j0+3-(i0+1)$$

用各杆的“左”、“右”端编号来表示，即将下列二式代入：

$$i0=3(ihl[k]-nc)-3$$

$$j0=3(ihr[k]-nc)-3$$

于是，可得最大带宽为

$$ibdw=\max_{ihl[k]>nc}(3\times ihr[k]-3\times ihl[k]+2) \tag{4-3}$$

由式(4-3)可知，每个杆件两端的编号差值应尽量小，才能保证有较小的带宽 ibdw。如图 4-9 中所示的刚架，图 4-9(a)中的 ibdw=3×10+2=32，图 4-9(b)中的 ibdw =3×2+2=8，就减小带宽 ibdw 而言，显然图 4-9(a)的编号不如图 4-9(b)中所示的好。

与平面桁架的程序一样，把方阵存储变为带状存储，其中各元素的对应关系是：原先的 r[j][i](i≤j)应当存放在 r[j][i–j]中。于是原先形成总刚度阵 r[nn][nn]的子函数应相应地修改。

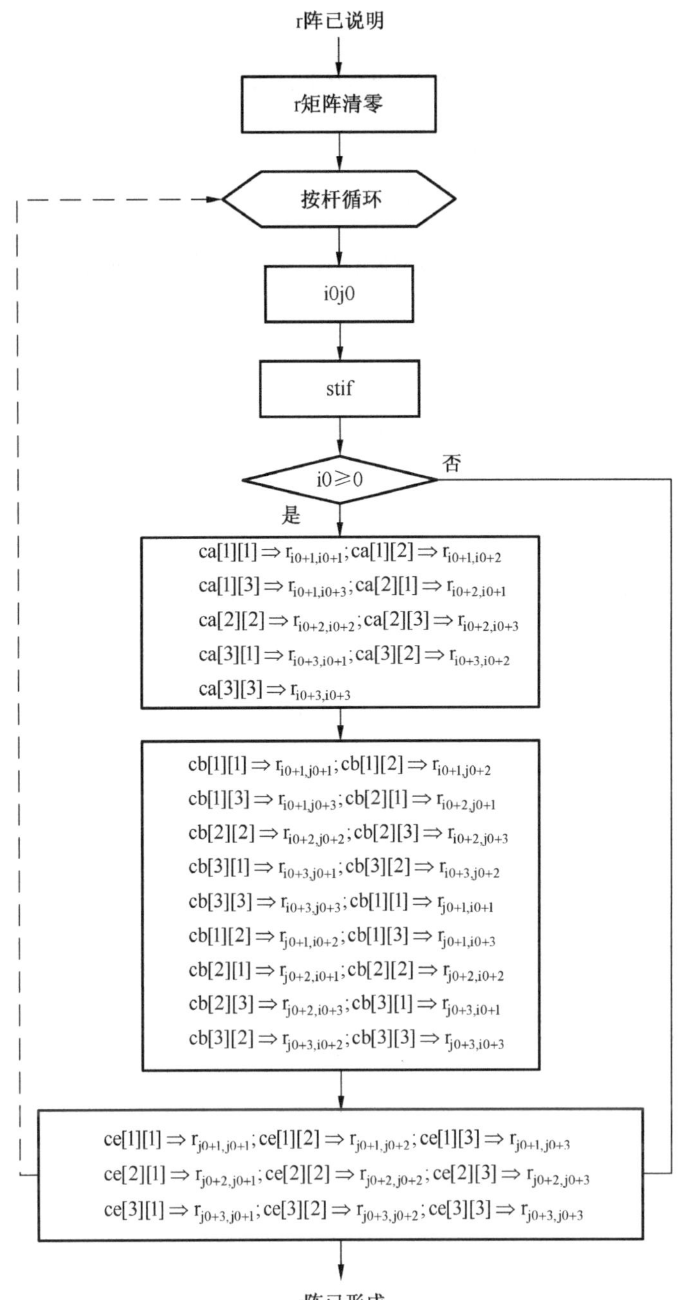

图 4-8　总刚度阵 r 的程序框图

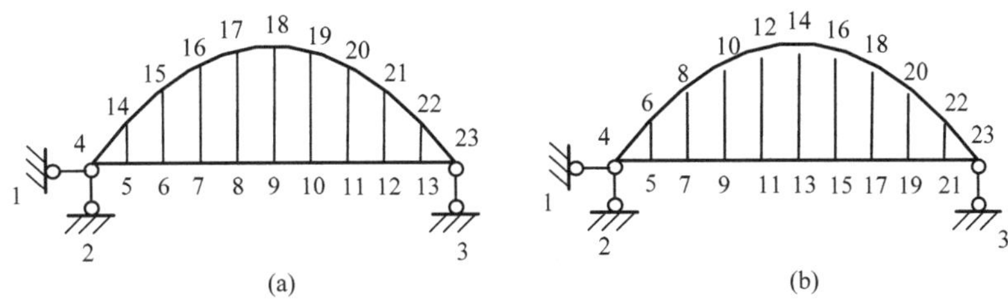

图 4-9　刚架节点编号

4.6 平面刚架载荷列阵的形成

平面刚架的直接刚度阵法方程为

$$[K]\{U\}=\{F\} \qquad \text{(参见式(1-6))}$$

根据前几节所述，已经形成了方程总刚度阵$[K]$，接下来的问题就是形成方程的右端载荷项$\{F\}$。$\{F\}$为各个节点的载荷向量：

$$\{F\}=\left\{F_{x,\,\mathrm{nc}+1} \quad F_{y,\,\mathrm{nc}+1} \quad M_{\mathrm{nc}+1} \quad F_{x,\,\mathrm{nc}+2} \quad \cdots \quad F_{x,\,n} \quad F_{y,\,n} \quad M_{n}\right\}^{\mathrm{T}}$$

$\{F\}$的各分量之正负号规定已在第 2 章讨论过，力与总体坐标轴的正向一致为正，弯矩则以顺时针方向为正。

如果载荷不完全是作用在节点上时，则应将之转化为等效节点载荷。这种转化关系是基于叠加原理的作用，因此只能适用于线性弹性结构的范围。

例如图 4-10(a)所示的载荷形式，可视为图 4-10(b)和图 4-10(c)的叠加。当然各杆的内力也是这两种情况的叠加。

图 4-10(b)中表示的是两端固定约束的 AB 杆所有的支承反力，图 4-10(c)所示是这些支承反力的反作用力，是作用在节点上的，对于节点位移而言，它们就是等效的节点载荷。

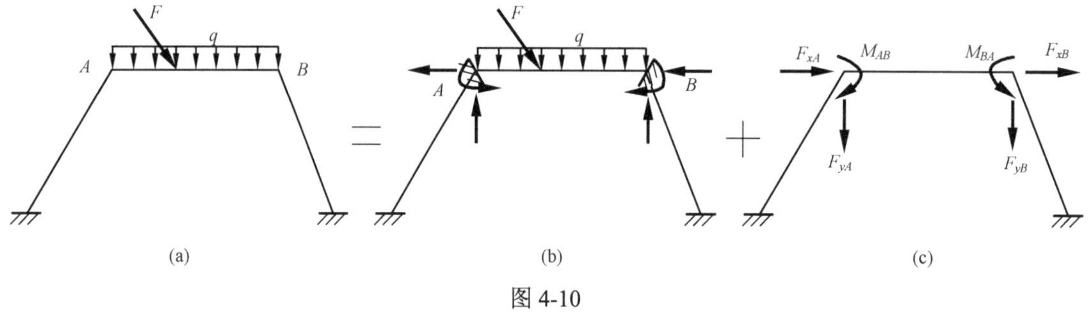

图 4-10

由此可见，计算等效节点载荷实际上是计算各个单杆件在两端固定约束时的支承反力，所得支承反力的反作用力就是节点载荷。

由于单根杆的支承反力是在杆件的局部坐标系中计算的，而结构系统的刚度阵法基本方程是在总坐标系中建立的，因此从单根杆局部坐标中算得的反力应作坐标转换而在总坐标中表达。

根据上述分析，基本方程中的右端项$\{F\}$之计算应分成两步进行。

(1)单根杆两端固定约束，受各种载荷作用，计算局部坐标系中各自的支承反力。

(2)相应于局部坐标系中杆端支承反力的反作用力作用在节点上，然后向总体坐标系作坐标转换，对号入座到基本方程的右端载荷项$\{F\}$。

4.6.1 单根杆两端固定约束载荷作用下局部坐标系支承反力

第一个问题实际上是计算一个静不定梁在载荷作用时的支承反力，这个分析可以应用力法进行。表 4-6 给出曾在图 4-2 中所列八种载荷作用下的支反力计算公式，分析是在杆件的局部坐标中进行的。A 端是杆件的“左”端，B 端是杆件的“右”端，端部力的正负号与前述规定杆端力的符号是一致的。表 4-6 第三栏的公式是为了计算距杆件“左”端 x_p 处截面的内力时的需要而列出的。

从表 4-6 可看到，一根梁决定一种载荷要有两个参数：g 和 x_q，对于不同类型的载荷，这两个参数有不同的含义。如第一种荷载，g 代表集中力的大小，单位 kN，x_q 代表集中力作用点距离杆件“左”端的距离，单位为 m。其他各种类型的载荷，参数 g 和 x_q 的意义在表 4-6 中都已标注。在程序中这两个参数也以标识符 g 和 x_q 来表示。

由此可见，程序中必须有一个指示参数表示载荷的类型，用标识符 ind 表示这一参数。ind 取 1、2、3、…、8，对应于表 4-6 中的八种载荷。如果还要处理另外类型的载荷，可以再补充进去。

计算单根杆载荷作用下的杆端支承反力，可根据表 4-6 的公式编制子函数 force() 来实现，子函数 force() 的框图如图 4-11 所示。为使子函数 force() 计算的支承反力能在各子函数中通用而采用了全局量。载荷参数 k、g、xq、ind 也采用全局量。

表 4-6

载荷种类 ind	载荷图	反力计算公式	切开 B 端成悬臂梁后 x_p 处内力
1		$r_{ax}=r_{bx}=0$ $r_{ay}=g(1+2x_q/l)(1-x_q/l)^2$ $r_{by}=g-r_{ay}$ $m_a=-gx_q(1-x_q/l)^2$ $m_b=gx_{q^2}(l-x_q)/l^2$	$x_p>x_q \quad n=m=q=0$ $x_p\leqslant x_q \quad n=0$ $m=-g(x_q-x_p)$ $q=g$
2		$r_{ax}=r_{bx}=0$ $r_{ay}=gx_q(1-x_q^2/l^2+x_q^3/(2l^3))$ $r_{by}=gx_q-r_{ay}$ $m_a=-gx_q^2(6-8x_q/l+3x_q^2/l^2)/12$ $m_b=gx_q^3(4-3x_q/l)/(12l)$	$x_p>x_q \quad n=m=q=0$ $x_p\leqslant x_q \quad n=0$ $m=-g(x_q-x_p)^2/2$ $q=g(x_q-x_p)$
3		$r_{ay}=r_{by}=m_a=m_b=0$ $r_{ax}=g(1-x_q/l)$ $r_{bx}=g-r_{ax}$	$x_p>x_q \quad n=m=q=0$ $x_p\leqslant x_q \quad m=q=0$ $n=-g$
4		$r_{ay}=r_{by}=m_a=m_b=0$ $r_{bx}=gx_q^2/(2l)$ $r_{ax}=gx_q-r_{bx}$	$x_p>x_q \quad n=m=q=0$ $x_p\leqslant x_q \quad m=q=0$ $n=-g(x_q-x_p)$
5		$r_{ax}=r_{bx}=0$ $r_{ay}=gx_q(2-3x_q^2/l^2+1.6x_q^3/l^3)/4$ $r_{by}=gx_q/2-r_{ay}$ $m_a=-gx_q^2(2-3x_q/l+1.2x_q^2/l^2)/6$ $m_b=gx_q^3(1-0.8x_q/l)/(4l)$	$x_p>x_q \quad n=m=q=0$ $x_p\leqslant x_q$ $n=0$ $m=-g(x_q-x_p)^2(2+x_p/x_q)/6$ $q=g(1+x_p/x_q)(x_q-x_p)/2$

续表

载荷种类 ind	载荷图	反力计算公式	切开 B 端成悬臂梁后 x_p 处内力
6	y A g(kN·m) x_q x_p l B x	$r_{ax}=r_{bx}=0$ $r_{ay}=-6g(1-x_q/l)x_q/l^2$ $r_{by}=-r_{ay}$ $m_a=g(1-x_q/l)[2-3(1-x_q/l)]$ $m_b=gx_q/l(2-3x_q/l)$	$x_p>x_q\quad n=m=q=0$ $x_p\leqslant x_q\quad n=q=0$ $m=-g$
7	y A 均匀升温g℃ x_p l B x	$r_{ax}=gx_q$ $r_{bx}=-r_{ax}$ $r_{by}=r_{ay}=m_a=m_b=0$ 注：此处 x_q 代表 $\alpha\times ea\alpha$ 是线膨胀系数(1/℃)	$n=m=q=0$
8	y A 上升温、下降温g℃ -g℃ x_p l B x h	$r_{ax}=r_{bx}=r_{ay}=r_{by}=0$ $m_a=gx_q$ $m_b=-m_a$ 注：此处x_q代表$2ej\alpha/h$	$n=m=q=0$

为了使用方便，以下给出单根杆载荷作用下的杆端支承反力计算子函数 force(int k)。

```
void force(int k)
{
    double i,j,h,z;
    rax=0.0; ray=0.0; ma=0.0;
    rbx=0.0; rby=0.0; mb=0.0;
    ch(k);
    z=xq/clxy[0];
    h=1-z;
    switch(ind)
    {
    case 1:
        i=h*h;
        ray=g*i*(1+z+z);
        rby=g-ray;
        ma=-g*xq*i;
        mb=g*h*clxy[0]*z*z;
        break;
    case 2:
        i=z*z;
        j=g*xq;
        ray=j*(1-i+i*z/2);
        ma=-j*xq*(6-8*z+3*i)/12;
        rby=j-ray;
        mb=j*xq*z*(4-3*z)/12;
        break;
    case 3:
        rax=g*h;
```

```
        rbx=g-rax;
        break;
    case 4:
        rbx=z*xq*g/2;
        rax=g*xq-rbx;
        break;
    case 5:
        i=z*z;
        j=g*xq;
        ray=j*(2-3*i+1.6*i*z)/4;
        rby=j/2-ray;
        ma=-j*xq*(2-3*z+1.2*i)/6;
        mb=j*z*xq*(1-0.8*z)/4;
        break;
    case 6:
        ray=-6*g*z*h/clxy[0];
        rby=-ray;
        ma=g*h*(2-3*h);
        mb=g*z*(2-3*z);
        break;
    case 7:
        rax=g*xq;
        rbx=rax;
        break;
    case 8:
        ma=g*xq;
        mb=-ma;
        break;
    default:
        break;
    }
}
```

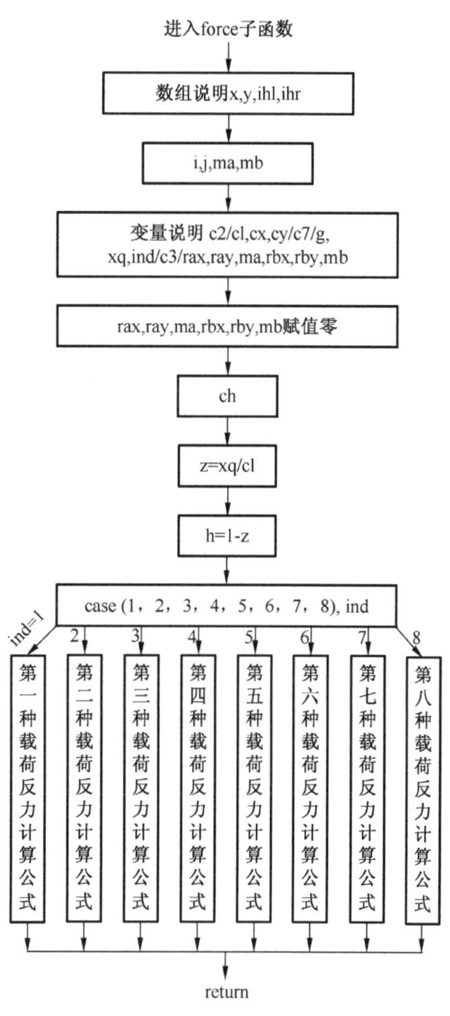

图 4-11　单根杆载荷作用下的杆端支承反力计算框图

有了子函数 force()，很容易算出杆端反力，杆的“左”端支反力向量为

$$\{R_i\}=\begin{Bmatrix} r_{ax} \\ r_{ay} \\ m_a \end{Bmatrix} \tag{4-4}$$

杆的“右”端支反力向量为

$$\{R_j\}=\begin{Bmatrix} r_{bx} \\ r_{by} \\ m_b \end{Bmatrix} \tag{4-5}$$

4.6.2　支承反力的反作用力转换到总体坐标系形成节点等效载荷

解决第二个问题，即将支承反力的反作用力转换到总体坐标中去，从而成为节点等效载荷。节点等效载荷的符号规定：力以与总体坐标轴的正向同向者为正，力矩以顺时针方向为正。由图 4-12 可见这种转换关系为

$$
\begin{aligned}
p_{ix} &= -r_{ax}\cos\alpha + r_{ay}\sin\alpha \\
p_{iy} &= -r_{ax}\sin\alpha - r_{ay}\cos\alpha \\
m_i &= -m_a \\
p_{jx} &= -r_{bx}\cos\alpha + r_{by}\sin\alpha \\
p_{jy} &= -r_{bx}\sin\alpha - r_{by}\cos\alpha \\
m_j &= -m_b
\end{aligned}
$$

以矩阵表示，则有

$$
\begin{aligned}
\{p_i\} &= -\begin{bmatrix} \cos\alpha & -\sin\alpha & 0 \\ \sin\alpha & \cos\alpha & 0 \\ 0 & 0 & 1 \end{bmatrix}\begin{Bmatrix} r_{ax} \\ r_{ay} \\ m_a \end{Bmatrix} = -[T]\{R_i\} \\
\{p_j\} &= -\begin{bmatrix} \cos\alpha & -\sin\alpha & 0 \\ \sin\alpha & \cos\alpha & 0 \\ 0 & 0 & 1 \end{bmatrix}\begin{Bmatrix} r_{bx} \\ r_{by} \\ m_b \end{Bmatrix} = -[T]\{R_j\}
\end{aligned} \tag{4-6}
$$

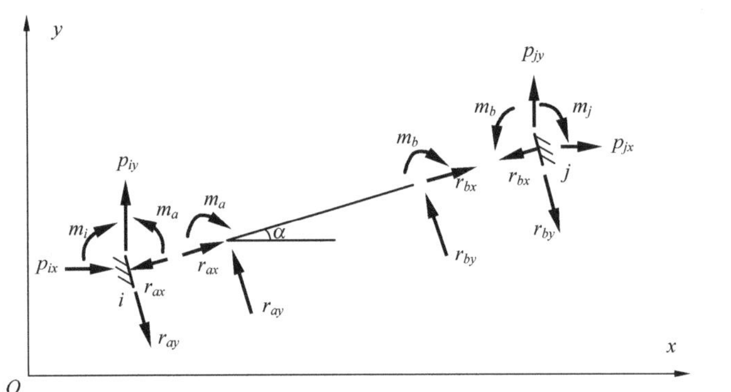

图 4-12　支承反力的反作用力转换到总体坐标

到此每个杆件上的一种载荷已经可以转换为节点载荷了，现在的问题是要把$\{p_i\}$及$\{p_j\}$放到基本方程的右端载荷向量$\{F\}$中去，而且每一个杆件上的全部载荷都要放到$\{F\}$，因此也有一个叠加的过程。因为是叠加，所以首先要将存放$\{F\}$的数组 dp[nn]清零。

对于每一种载荷所在杆件的“左”、“右”端，要找到在数组 dp[nn]中相应的位置，因此要调用对号子函数 i0j0()。如果“左”端是固定端，则基本方程中没有其位置，载荷也不必加到数组 dp[nn]中。如果不是固定端，则$\{p_i\}$加到 dp[i0]，dp[i0+1]和 dp[i0+2]中，由于固定节点首先编号，所以“右”端一定不会是固定节点，因此$\{p_j\}$应无条件地累加到 dp[j0+1]，dp[j0+2]和 dp[j0+3]中。

上述工作可用如下程序段表示。

```
i0j0(int k);
if(i0>=0)
    for(i=i0;i<i0+3;i++)
        dp[i]+=pi[i-i0];
for(j=j0;j<j0+3;j++)
    dp[j]+=pj[j-j0];
```

这只是对一个载荷的计算，结构上有 nqq 个载荷，则必须对每一个载荷都逐一进行上述计算，并累加到数组 dp[nn]之中，才能完成基本方程右端载荷项的计算。所以应对一个载荷的计算编成子函数 cudp()，框图见图 4-13(a)。

一个载荷的计算解决了，对整个结构上的 nqq 个载荷的计算就可以解决了；其计算过程的框图见图 4-13(b)。注意这段程序编好以后，应放在主程序中。

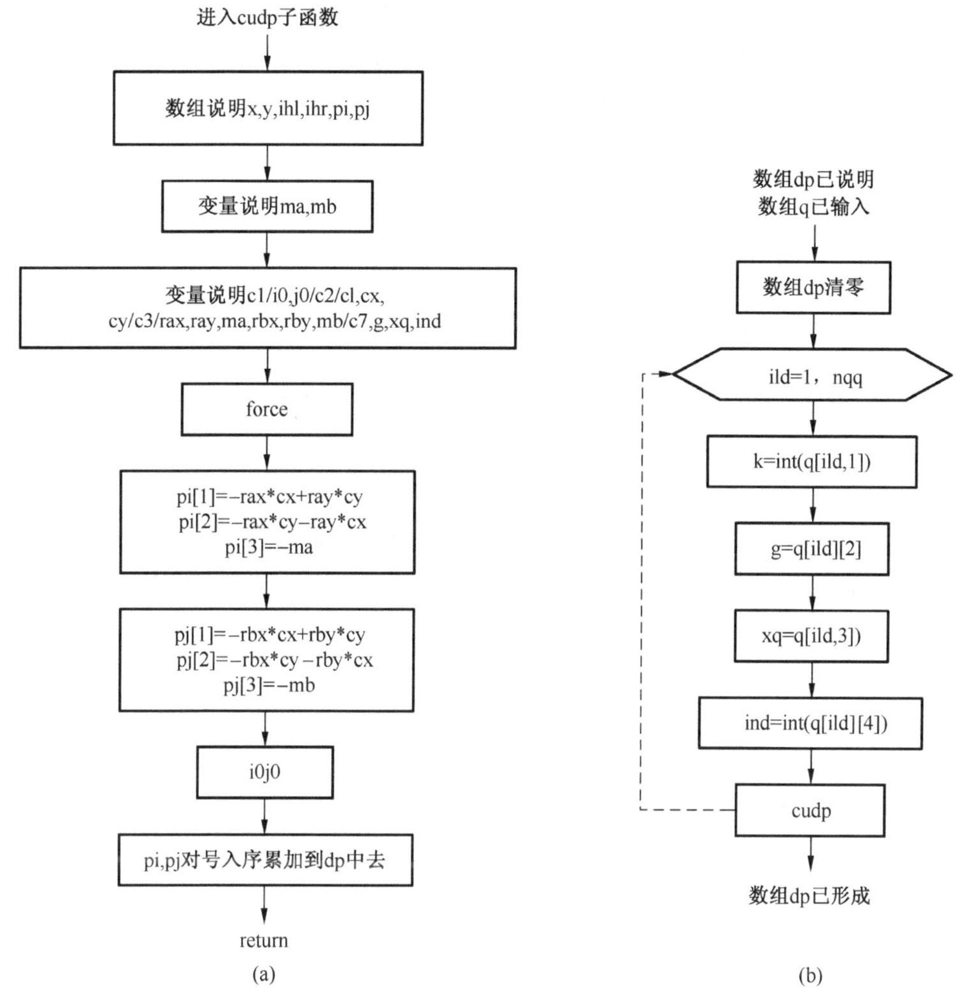

图 4-13　平面刚架结构载荷形成框图

4.7　平面刚架直接刚度法方程的求解

平面刚架直接刚度法方程为

$$[K]\{U\}=\{F\} \qquad \text{(参见式(1-6))}$$

根据前几节所述，已经形成了方程总刚度阵$[K]$及右端载荷项$\{F\}$。与平面桁架的基本方程求解一样，此处也采用修改的平方根法。即将$[K]$矩阵三角化后回代求解，数组 dp[nn]中存放的已经是解出的总体坐标系中结构节点位移向量了。

4.8 平面刚架求杆件截面内力

平面刚架结构实际受载荷情况相当于两种问题的叠加，在 4.7 节中已经讨论，计算某一截面的内力也是分为两个问题来计算的：

第一个问题是两端固定的单根杆由于载荷而引起的内力；

第二个问题是受节点载荷作用后，各节点发生位移而引起的内力。

分别计算两种内力，叠加起来即为实际内力。

截面内力正负符号规定及程序设计使用的标识符为：

n——轴力，拉力为正；

m——弯矩，局部坐标 y 轴负方向一侧受拉为正；

q——剪力，使截面顺时针方向旋转为正。

4.8.1 节点位移引起的距“左”端 x_p 处截面内力

第 2 章给出了局部坐标系中平面弯曲单元杆件的两端杆端力与杆端位移之间关系为

$$\begin{aligned}\{S_1\}&=[k_{11}]\{u_1\}+[k_{12}]\{u_2\}\\\{S_2\}&=[k_{21}]\{u_1\}+[k_{22}]\{u_2\}\end{aligned}\qquad\text{（参见式(2-15)）}$$

式中，$\{u_1\}$ 和 $\{u_2\}$ 是在局部坐标系中沿杆轴方向的位移，而结构刚度阵法方程解出位移$\{U\}$则为总体坐标系中的，因此必须利用局部坐标系杆端位移$\{u\}$与总体坐标系节点位移$\{U\}$的坐标转换关系

$$\{u\}=[T]^{\mathrm{T}}\{U\}\qquad\text{（参见式(2-14)）}$$

于是，将式(2-14)代入式(2-20)，可得局部坐标系杆端力和总体坐标系节点位移之关系为

$$\begin{aligned}\{S_1\}&=[k_{11}][T]^{\mathrm{T}}\{U_1\}-[k_{12}][T]^{\mathrm{T}}\{U_2\}\\\{S_2\}&=-[k_{21}][T]^{\mathrm{T}}\{U_1\}+[k_{22}][T]^{\mathrm{T}}\{U_2\}\end{aligned}\qquad\text{（参见式(2-29)）}$$

式中，$[k_{11}][T]^{\mathrm{T}}$、$[k_{12}][T]^{\mathrm{T}}$、$[k_{21}][T]^{\mathrm{T}}$、$[k_{22}][T]^{\mathrm{T}}$ 在计算单元刚度阵时都已应用过，可以调用子函数 stif() 来计算，计算结果分别存放在 aa[3][3]、ab[3][3]、ad[3][3]、ae[3][3]中。

计算距“左”端 x_p 处截面内力只要用式(2-29)第一式即可。应用此式时，先要从已算得的位移向量 dp[nn]中取出第 i0+1、i0+2、i0+3 个元素，它们就是$\{U_1\}$，若 i0<0，则表示$\{U_1\}$为零。再从 dp[nn]中取出 j0+1、j0+2、j0+3 个元素，它们是$\{U_2\}$，再应用式(2-29)第一式就可算出“左”端杆端力，于是距“左”端 x_p 处截面内力也可算出。

由图 4-14 可知“左”端杆端力为

$$\{S_1\}=\{S_{x1}\quad S_{y1}\quad m_1\}^{\mathrm{T}}$$

于是，距“左”端 x_p 处截面内力为

$$\begin{cases}n=-S_{x1}\\m=m_1+S_{y1}\times x_p\\q=S_{y1}\end{cases}\qquad(4\text{-}7)$$

由式(4-7)给出的内力，在程序中将其赋值给数组 qmn[3]，即有

$$\text{qmn}[0]=-S_{x1}$$
$$\text{qmn}[1]=m_1+S_{y1}\times x_p$$
$$\text{qmn}[2]=S_{y1}$$

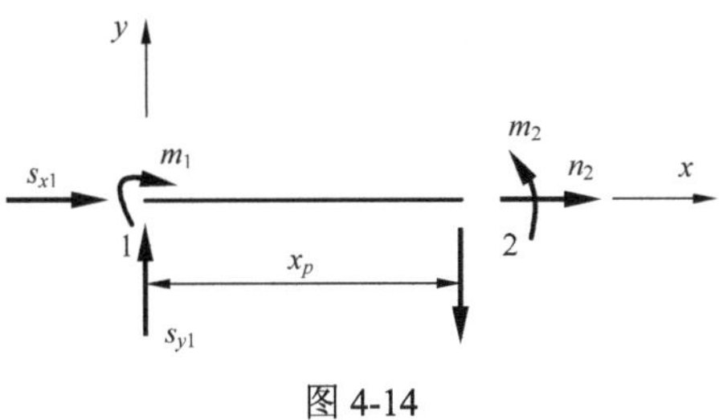

图 4-14

由节点位移引起的距“左”端 x_p 处截面的内力计算，可以编成一个子函数 dmnq()来完成，其框图见图 4-16(a)，dp[nn]为实型数组，存放总体坐标系结构节点表位移向量；qmn[3]为实型数组，存放由节点位移引起的轴力 n、弯矩 m、剪力 q。

4.8.2 两端固定杆件距“左”端 x_p 处截面内力

图 4-15(a)所示一两端固定的杆件，由于载荷作用的支反力已经求出，所以可化为图 4-15(b)所示悬臂梁，将“右”端支反力代替固端约束，则所求内力与图 4-15(a)所示的情况是一样的。

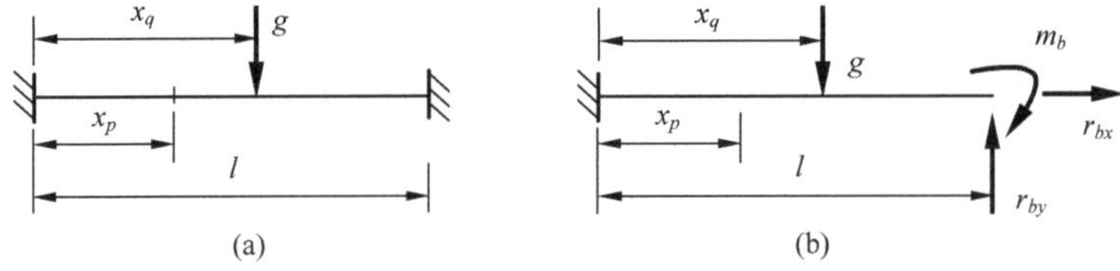

图 4-15 两端固定杆件 x_p 处截面内力

于是，距“左”端 x_p 处截面上由“右”端支反力引起的内力为

$$\begin{cases} n=r_{bx} \\ m=-m_b+r_{by}(l-x_p) \\ q=-r_{by} \end{cases} \tag{4-8}$$

原来的载荷也在 x_p 截面上产生内力，这个内力取决于载荷的形式；按八种载荷形式分别计算，已在表 4-6 第三栏中列出。如图 4-15 所示的情况为

$$\begin{cases} n=0 \\ m=-g(x_q-x_p) \\ q=g \end{cases} \tag{4-9}$$

显然(4-9)代表悬臂梁在载荷作用下上产生的内力。

可见式(4-8)与式(4-9)叠加起来就是第一个问题所述的内力。但要注意，上述只是一个载荷作用的结果，如果杆上还有多种载荷作用则也应一并叠加。

这部分计算可以编成一个子函数 imnq()来完成，但是要特别注意，数组 qmn[3]在该子函数中是累加了载荷引起的 x_p 处截面上的内力的，因为在此之前，数组 qmn[3]已经存放了由节点位移引起的 x_p 处截面上的内力的。所以此处的数组 qmn[3]存放的就是问题一和问题二的叠加，即为某杆距“左”端 x_p 处截面上的最后内力。

在编写子函数 imnq()时，用子函数的局部量 n2、b2、q2 存放式(4-9)的计算结果，即由载荷作用于悬臂梁上而在 x_p 处截面上引起的内力；子函数的局部量 n1、b1、q1 在子函数开始时存放由式(4-8)计算的结果，即由“右”端支反力作用于悬臂梁上而在 x_p 处截面上引起的内力。在子函数结束时，存放的是由式(4-8)和式(4-9)叠加的结果，也即第一个问题的内力。至于杆件上若有多种载荷作用时，其叠加是通过数组 qmn[3]的累加运算来实现的。

为了使用的方便，以下给出子函数 imnq()以供参考。

```
void imnq()
{
    double n1,n2=0.0,b2=0.0,q1,q2=0.0,qp,bm;
    qp=xq-xp;
    force(k);
    n1=rbx;
    bm=-mb+rby*(clxy[0]-xp);
    q1=-rby;
    if(qp>=0.0)
        switch(ind)
    {
        case 1:
            q2=g;
            b2=-g*qp;
            break;
        case 2:
            q2=g*qp;
            b2=-q2*qp/2;
            break;
        case 3:
            n2=-g;
            break;
        case 4:
            n2=-g*qp;
            break;
        case 5:
            q2=g*(1+xp/xq)*qp/2;
            b2=-g*qp*qp*(2+xp/xq)/6;
            break;
        case 6:
            b2=-g;
            break;
        case 7:
            break;
        case 8:
            break;
        default:
            break;
```

```
        }
        n1+=n2;
        bm+=b2;
        q1+=q2;
        qmn[0]+=n1;
        qmn[1]+=bm;
        qmn[2]+=q1;
    }
```

以上所述是第 k 号杆距“左”端 x_p 处截面上，由节点位移及一个载荷所引起的内力之求法。整个结构需求内力的截面有 npp 个，因此，要按截面来循环。在求一个截面内力时，截面所在杆上又可能不止一个载荷，所以在其中又要按载荷数来循环。将所有作用于该截面所在杆上的载荷引起的内力一并叠加。这一段程序可按图 4-16(b)所示框图编制。但要注意，按此框图设计的程序段要放在主程序中。内力算出之后，主程序便可结束。

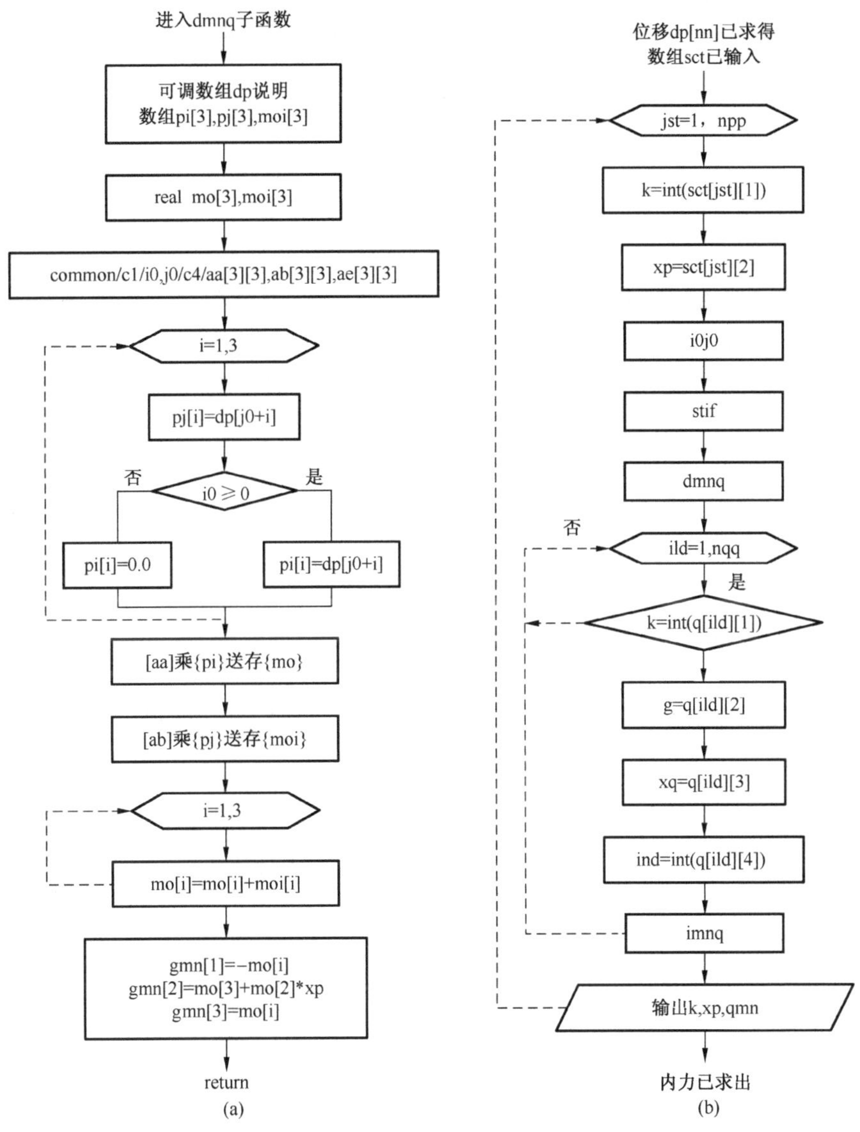

图 4-16　求平面刚架内力程序框图

4.9 平面刚架程序的灵活应用

根据前几节的分析，已可编制出平面刚架的计算程序。一般的平面刚架可按照程序要求填写原始数据，准备好输入数据上机计算。工程中的部分结构，可能与前述程序处理的结构形式并不一样，于是就不能直接应用这个程序；但可以针对具体问题作一些补充的准备工作，使计算模型与前述形式一致，不必修改程序而扩大其应用范围，只修正原始数据文件。

以下通过工程实例分析说明这类扩大应用的方法。

例 4-1 平面刚架如图 4-17(a)所示，支承都是连杆，若用前述程序应如何处理。

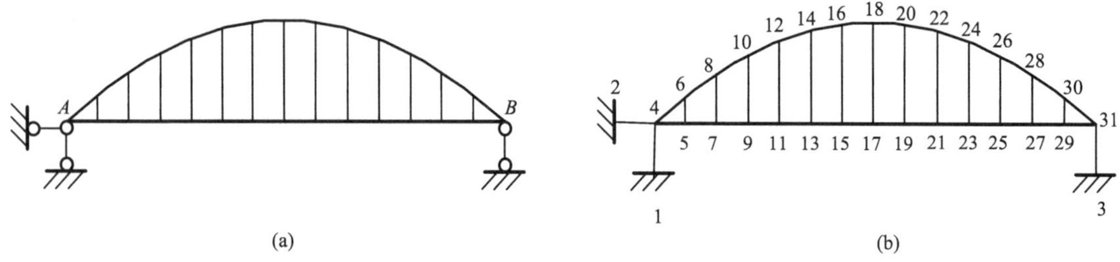

图 4-17 连杆支承的平面刚架

解：支承情况与前述程序所处理不可位移节点是不同的。

但是注意到，支承连杆只能承受轴向力而不能承受弯矩和剪力，因而若将连杆都换成刚节点而又令其抗弯刚度为零，即 $EJ=0$ 或取很小的数，表示抗弯刚度极差而不能传递弯矩。于是计算简图就成为图 4-17(b)所示的形式，这样就和前述程序所处理的情况相同了。

又因节点 4 的水平位移、垂直位移以及节点 31 的垂直位移都是受约束的，因而这三个支承连杆的轴向刚度应视为无限大，或取它们的 EA 为一个大数，以便达到节点 4 和节点 31 基本上无水平及垂直线位移发生。

至于拱形的上弦杆则可近似地以多个折线代替。

例 4-2 图 4-18(a)所示连续梁，如果利用前述程序应如何处理。

解：可与上例中处理支承连杆一样，按图 4-18(b)所示简图计算。

支承连杆的 EJ 取小数或零，EA 取一个很大的数，例如 $EA=10^6$ kN，这样就可直接应用程序了。

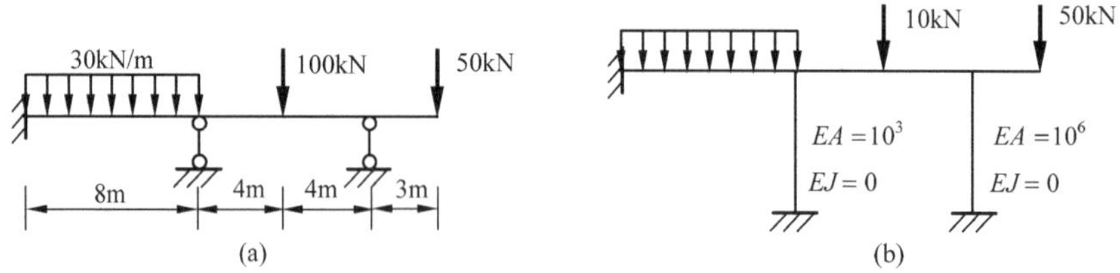

图 4-18 连杆支承的连续梁

例 4-3 弹性基础连续梁的计算，如图 4-19(a)所示浮桥，设桥面弯曲刚度为 EJ，支承船的吃水线面积为 a，当桥面承载后，支承船沉陷 Δ，船的浮力就要增加 $\gamma a\Delta$，γ 为水的容重 (kN/m³)。

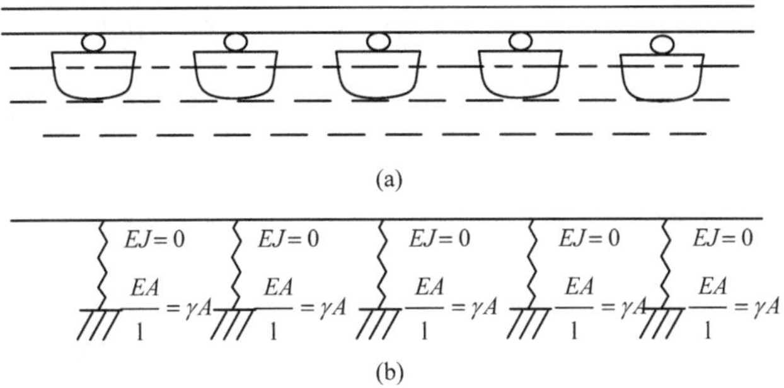

图 4-19　弹性基础连续梁

解：如果把支承船视作轴向弹簧，刚度为 k，则支承反力为 $k\Delta$。

于是可取为 $k=\gamma a$，而用图 4-19(b)所示的计算简图代替浮桥，各支承不传递弯矩，其 EJ 可取很小的数或取零也可以。

这样处理以后的计算简图就完全可以用前面所述的刚架程序来计算。

例 4-4　图 4-20(a)是排架结构，在单层工业厂房中应用广泛。复杂的屋架体系与柱顶的连接是铰支的。

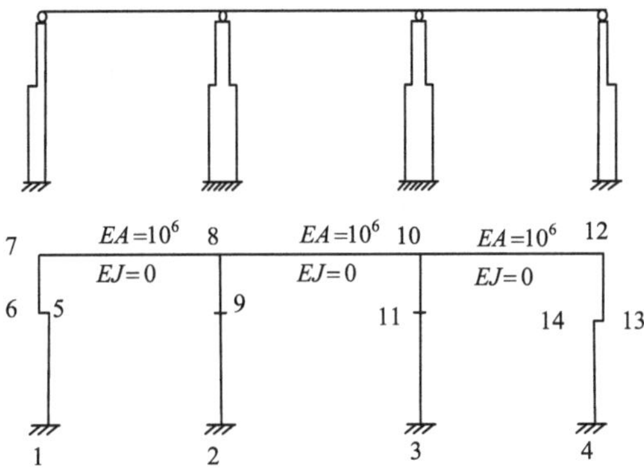

图 4-20　单层工业厂房排架

解：由于屋架体系轴向刚性很大，所以可把屋架体系简化为无轴向变形的连杆。这种连杆可与前述几例中的支承连杆同样处理，即认为抗弯刚度接近零而轴向刚度则是无限大。

柱的变断面可以用增加节点的办法处理，每一段杆件可作为常截面杆件处理。柱的上下轴心有偏心，可以在断面转折处视作有杆件存在，即节点 5、节点 6 之间及节点 13、节点 14 之间的杆件，可将其 EJ 与 EA 都取大数而当作无限刚性杆件，相当于是刚性节点的作用。

图 4-20(b)的计算简图就可直接应用前述程序了。

4.10　平面刚架节点有指定位移问题

除了固定支承处的节点之处，工程结构部分节点的位移是已知的，如图 4-17 中支承 A 和 B 处有 $\delta_{xA}=0$、$\delta_{yA}=0$、$\delta_{yB}=0$。又如图 4-21 中所示的平面刚架，按刚性框架计算，则 $\delta_{x13}=0$、$\delta_{y9}=0$、$\delta_{y5}=0$。

又如工程结构中经常应用对称形式，而在计算中，充分利用对称性，可以减少工作量，减少输入数据，结构可以只计算一半，在对称轴上的位移预先可知有的是零，如图 4-22(a)所示的平面刚架，对称轴上的水平位移和转角均为零，即 $\delta_{x5}=\delta_{x8}=\delta_{x11}=0$，$\theta_5=\theta_8=\theta_{11}=0$，如图 4-22(b)所示。

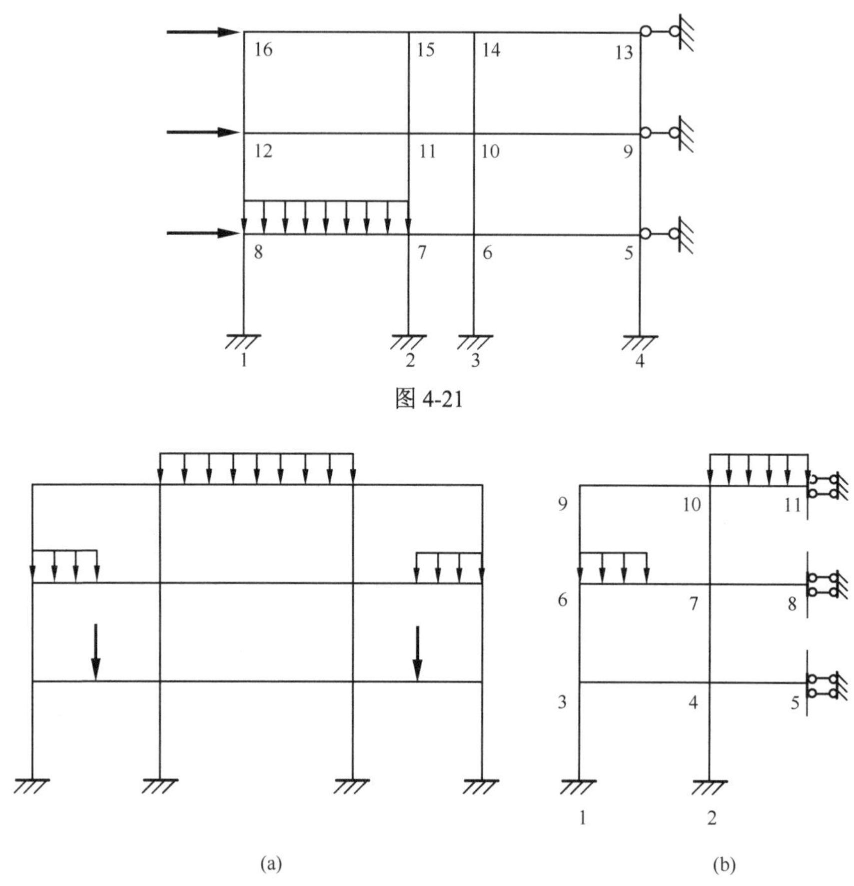

图 4-21

图 4-22 平面刚架对称性处理

按照 4.9 节处理支承连杆的办法，如连杆方向的位移为零，可令这一连杆的 EA 具有很大的值，使其刚度足以阻止这个方向的位移，不过这种处理方法是采取增加杆件和节点的办法，这样输入数据就会增多。此处将不用增加连杆的办法，而是对程序作适当的修改，在已经集合的总刚度阵中直接把大数累加进去，以此表示这一刚性很大的连杆的作用。

4.10.1 指定位移为零

图 4-17(a)所示的对称的平面刚架，按图 4-23 所示，取原结构的一半进行计算，节点 1 的垂直位移为零，对称轴上的节点 14 和节点 15 的水平位移及转角位移为零。显然，处理图 4-23 中节点 1 的垂直位移为零，相当于此处有垂直方向的轴向刚度很大而弯曲刚度很小的连杆存在。现在分析一下如有这个杆件存在总刚度有何变化。

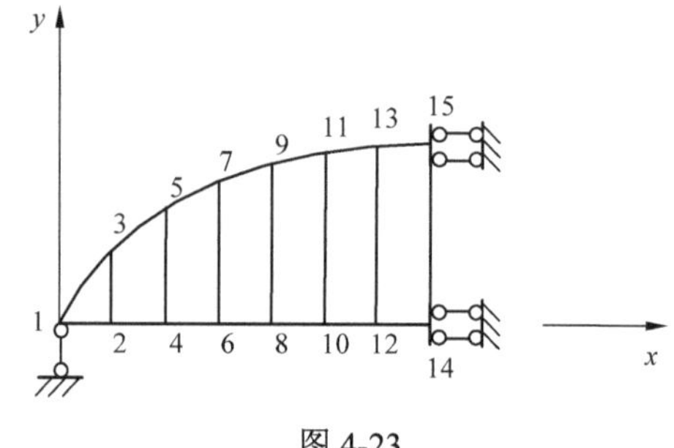

图 4-23

这个垂直杆件与总坐标 x 轴的夹角为 $\alpha=90^\circ$，

所以其坐标转换矩阵为

$$[t]=\begin{bmatrix}0 & -1 & 0\\ 1 & 0 & 0\\ 0 & 0 & 1\end{bmatrix}$$

这个杆件在局部坐标系中的单元刚度阵为

$$[k_{11}]=\begin{bmatrix}\dfrac{EA}{l} & 0 & 0\\ 0 & \dfrac{12EJ}{l^3} & -\dfrac{6EJ}{l^2}\\ 0 & -\dfrac{6EJ}{l^2} & \dfrac{4EJ}{l}\end{bmatrix}=\begin{bmatrix}10^7 & 0 & 0\\ 0 & 0 & 0\\ 0 & 0 & 0\end{bmatrix}$$

$$[k_{12}]=[k_{21}]^{\mathrm{T}}=\begin{bmatrix}-\dfrac{EA}{l} & 0 & 0\\ 0 & -\dfrac{12EJ}{l^3} & -\dfrac{6EJ}{l^2}\\ 0 & \dfrac{6EJ}{l^2} & \dfrac{2EJ}{l}\end{bmatrix}=\begin{bmatrix}-10^7 & 0 & 0\\ 0 & 0 & 0\\ 0 & 0 & 0\end{bmatrix}$$

$$[k_{22}]=\begin{bmatrix}\dfrac{EA}{l} & 0 & 0\\ 0 & \dfrac{12EJ}{l^3} & \dfrac{6EJ}{l^2}\\ 0 & \dfrac{6EJ}{l^2} & \dfrac{4EJ}{l}\end{bmatrix}=\begin{bmatrix}10^7 & 0 & 0\\ 0 & 0 & 0\\ 0 & 0 & 0\end{bmatrix}$$

因此这个杆件在总坐标系中的单元刚度阵为

$$[K_{11}]=[T][k_{11}][T]^{\mathrm{T}}=\begin{bmatrix}0 & 0 & 0\\ 0 & 10^7 & 0\\ 0 & 0 & 0\end{bmatrix}$$

$$[K_{22}]=[T][k_{22}][T]^{\mathrm{T}}=\begin{bmatrix}0 & 0 & 0\\ 0 & 10^7 & 0\\ 0 & 0 & 0\end{bmatrix}$$

$$[K_{12}]=[K_{21}]^{\mathrm{T}}=[T][k_{12}][T]^{\mathrm{T}}=\begin{bmatrix}0 & 0 & 0\\ 0 & -10^7 & 0\\ 0 & 0 & 0\end{bmatrix}$$

这样的杆件“左”端一定是固定端，在总刚度阵中没有其相应的位置。其“右”端对号之后应将$[K_{22}]$累加到 j0+1、j0+2、j0＋3 的主对角元素位置，因为$[K_{22}]$中只有第二行对角元素有非零值 10^7，也即在总刚度阵的 j0+2 行的主对角元素中添加 10^7。这个“右”端点即节点 1，“对号”的 j0 应按下式计算：

$$\text{j0}=3\times(\text{ihr(k)}-\text{nc})-3$$

此处 ihr(k)=1，nc=0，因而 j0=3–3=0，于是在 j0+2=2 的主对角线元素中加入 10^7。

又如图 4-23 中节点 14、15 的指定位移是水平方向和转角方向的位移均为零，相当于在这两个方向加刚度大的弹簧，按照上述原理，应在总刚度阵相应位置的主对角元素中加入大数，节点 14 的“对号”为

$$j0=3\times(ihr(k)-nc)-3=3\times(14-0)-3=39$$

于是应在水平方向 j0+1=40 以及旋转方向 j0+3=42 这两个主对角元素中加入大数。

节点 15 的“对号”为

$$j0=3\times(ihr(k)-nc)-3=3\times(15-0)-3=42$$

因此，应在 j0+1=43 和 j0+3=45 这两个主对角元素中加入大数。

图 4-23 中节点 14、15 的水平位移和转角为零，相当于此处有水平方向的轴向刚度及扭转刚度很大而弯曲刚度很小的连杆存在。连接节点 14、15 水平杆件与总坐标 x 轴的夹角为 $\alpha=0°$，所以其坐标转换矩阵为

$$[T]=\begin{bmatrix}\cos 0 & -\sin 0 & 0\\ \sin 0 & \cos 0 & 0\\ 0 & 0 & 1\end{bmatrix}=\begin{bmatrix}1 & 0 & 0\\ 0 & 1 & 0\\ 0 & 0 & 1\end{bmatrix}$$

水平刚度大时

$$[T][K_{22}]=\begin{bmatrix}10^7 & 0 & 0\\ 0 & 0 & 0\\ 0 & 0 & 0\end{bmatrix}$$

转动刚度大时

$$[T][K_{22}]=\begin{bmatrix}0 & 0 & 0\\ 0 & 0 & 0\\ 0 & 0 & 10^7\end{bmatrix}$$

为实现上述对总刚度阵的修改，在程序的原始数据、说明及语句等方面都要作相应的修改。

1. *修改原始数据及说明*

指定位移为零的情况并不同时在一个节点的三个自由方向兼有，因而首先要给出标志，这可以用整型数组 id 来区别，其意义为：

$id[1]=0$ 表示有约束 $\delta_x=0$；$id[1]\neq 0$ 则表示没有约束 δ_x；

$id[2]=0$ 表示有约束 $\delta_y=0$；$id[2]\neq 0$ 则表示没有约束 δ_y；

$id[3]=0$ 表示有约束 $\theta=0$；$id[3]\neq 0$ 则表示没有约束 θ。

有了上述标志，进一步再作以下相应的说明，id [3]应在程序开始时输入。

对整型量 ue0、ve0、the0 说明，在需要时输入原始数据。它们的含义为：

ue0表示共有ue0节点 $\delta_x=0$；

ve0表示共有ve0个节点 $\delta_y=0$；

the0表示共有the0个节点 $\theta=0$。

还必须相应说明上述位移为零属于哪些节点，即应说明下列整型数组：

u0[ue0]为$\delta_x = 0$的节点号；

v0[ve0]为$\delta_y = 0$的节点号；

th0[the0]为$\theta = 0$的节点号。

2. 修改程序

半带宽存储总刚度阵 r[nn][–ibdw]还如前述一样形成，r[nn][–ibdw]组成之后，对指定位移为零的相应主对角元素上加入大数。可将这种处理编制一个子函数 unmov()。请读者自行编制子函数 unmov()。

为完成指定位移为零的处理，在总刚度阵 r[nn][–ibdw]形成以后，在主程序中需要增加调用子程序的语句。程序的执行过程，可参阅图 4-24 所示的框图，其中是以 v0 数组处理为例的。

r阵已形成

i=1，veo

k=v0[i]

j=k–nc–1

j0=j+j+j

j0 ≥ 0

否

是

r[j0+p][0]=10^7

v0已处理

图 4-24 指定 y 向位移为零的处理框图

例 4-5 图 4-25(a)所示平面刚架，计算时若利用对称性，需要哪些原始数据。

解： 由于结构、载荷均对称，因而可以取结构的一半计算，如图 4-25(b)所示，而对称轴上各点的位移具有指定的值，即节点 7、11、15、19 的$\delta_x = 0$和$\theta = 0$，但没有指定δ_y的节点。

相应的总刚度阵 r 要作修改时，说明以及数据要增加以下内容：

id [1]=0， id [2]=1， id [3]=0， ue0=4， the0=4

图 4-25(b)所示平面刚架位移具有指定值的节点号见表 4-7。

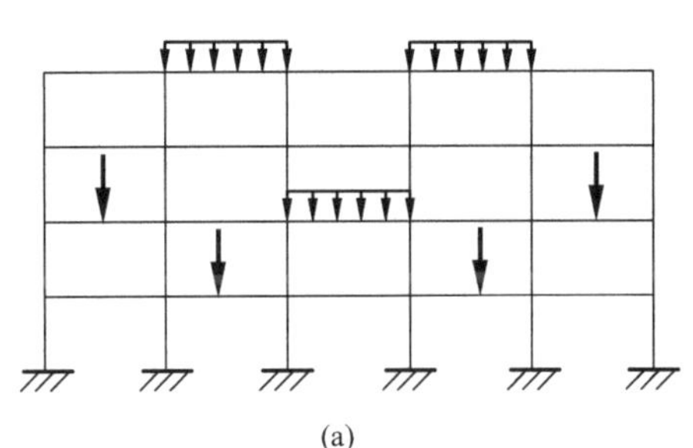

(a)

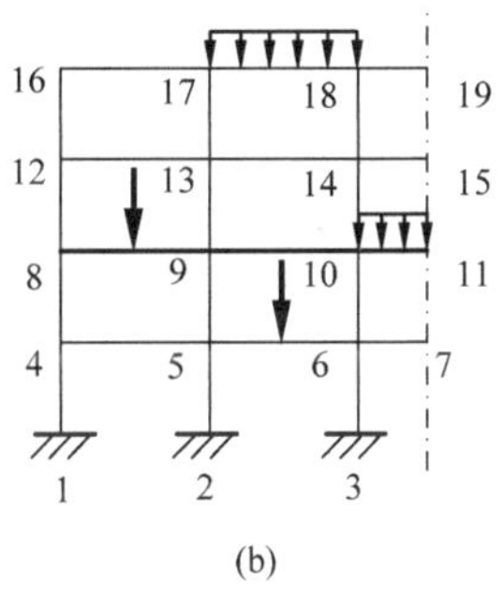

(b)

图 4-25 利用对称性计算平面刚架模型

表 4-7 平面刚架位移具有指定值的节点号

u0	7	11	15	19
th0	7	11	15	19

例 4-6 房屋刚架有时按刚性方案计算，其简图如图 4-26 所示，对修改总刚度阵的计算，原始数据要增加哪些？

解： 具有指定水平位移为零的节点号见表 4-8。对垂直位移及角位移则无约束。

输入数据应增加：

id [1]=0， id [2]=1， id [3]=1， ue0=4

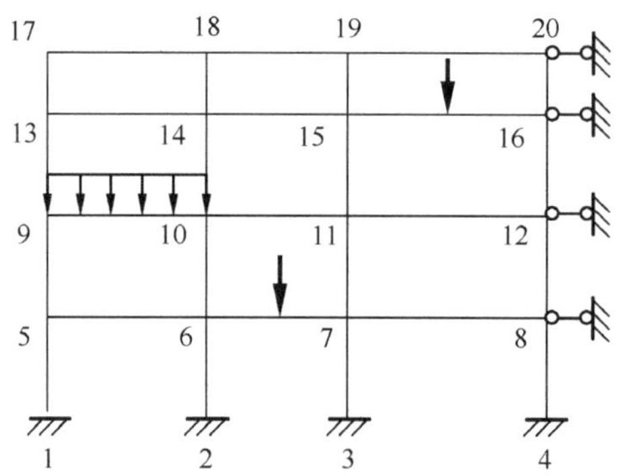

图 4-26　平面刚架具有指定位移节点

表 4-8　位移具有指定值的节点号

u0	8	12	16	20

4.10.2　指定位移为某一定值

前面所处理的都是指定位移为零的情况，如果是指定位移为某一个定值时，应如何处理呢？这种情况实际结构中是存在的，是支座沉陷或已知某些节点的位移。

首先，不考虑这些指定位移条件，按一般的情况建立结构刚度阵法的基本方程：

$$\begin{bmatrix} r_{11} & r_{12} & \cdots & r_{1i} & \cdots & r_{1nn} \\ r_{21} & r_{22} & \cdots & r_{2i} & \cdots & r_{2nn} \\ \vdots & \vdots & \ddots & \vdots & \vdots & \vdots \\ r_{i1} & r_{i2} & \cdots & r_{ii} & \cdots & r_{inn} \\ \vdots & \vdots & \vdots & \vdots & \ddots & \vdots \\ r_{nn1} & r_{nn2} & \cdots & r_{nni} & \cdots & r_{nnnn} \end{bmatrix} \begin{Bmatrix} U_1 \\ U_2 \\ \vdots \\ U_i \\ \vdots \\ U_{nn} \end{Bmatrix} = \begin{Bmatrix} F_1 \\ F_2 \\ \vdots \\ F_i \\ \vdots \\ F_{nn} \end{Bmatrix} \tag{4-10}$$

如果已知$U_i=\alpha$，这相当于在方程中U_i不是未知数而是已知值，可从向量$\{U\}$中除去，因而刚度阵的第 i 行和第 i 列可以除去，而所有的右端项则应作如下修改：

$$\overline{F}_k = F_k - r_{ki}\alpha \quad (k=1, 2, 3, \cdots, i-1, i+1, \cdots, nn)$$

也可将刚度阵中第 i 行及第 i 列的元素除 r_{ii} 外都同赋值为零，而 r_{ii} 则取值为 1，右端项则作如下修改：

$$\overline{F}_k = F_k - r_{ki}\alpha \quad (k=1, 2, 3, \cdots, i-1, i+1, \cdots, nn)$$

$$\overline{F}_i = \alpha$$

但是以上两种修改方法在程序处理上较为不便，最方便的是使$r_{ii} = \text{mag}, F_i = \text{mag}\times\alpha$，其中 mag 为一充分大的数。而其余各项都不变。实际上刚度阵中第 i 行的各元素与 mag 相比几乎就是零了，也就达到了由此式可直接解出$U_i=\alpha$的目的，其他各行中的U_i必然也会以此值代入的。

1. *修改原始数据及说明*

在程序中是这样来实现的：用简单变量 uel、vel、thel 表示有指定δ_x、δ_y、θ的节点个数，这三个量要在主程序中进行整型说明并输入原始数值。其次要指出是哪些节点有多大的指定位移值，于是在主程序中要说明六个数组：即 ul、vl、thl 要以整型说明，ulv、vlv、thlv 则用数组说明，它们的具体内容为：

ul[1][uel]表示有指定δ_x的节点号；

vl[1][vel]表示有指定δ_y的节点号；

thl[1][thel]表示有指定θ的节点号；

ulv[1][uel]表示所指定的δ_x值；

vlv[1][vel]表示所指定的δ_y值；

thlv[1][thel]表示所指定的θ值。

以上六个数组都是要输入的原始数据。与指定节点位移为零的情况一样，并不一定同时三个自由度方向兼有指定位移的，因而也要有一个标志以示区别，可在程序开始时即输入整型数组 idd[3]，其意义如下：

idd[1]=0表示δ_x有指定位移值；idd[1]$\neq$0表示没有指定δ_x值；

idd[2]=0表示δ_y有指定位移值；idd[2]$\neq$0表示没有指定δ_y值；

idd[3]=0表示θ有指定位移值；idd[3]$\neq$0表示没有指定θ值；

2. 修改程序

原始数据准备好之后，程序还应有相应的修改，存放总刚度阵的二维数组 r[nn][nn]还如前一样形成，组成 r[nn][nn]之后，还应形成方程的右端项数组 dp[nn]。然后对指定位移值的节点进行处理。可用子函数 unmovl()来实现上述处理。请读者自行编制子函数 unmovl()。

在主程序中还应增加调用子函数的语句，以便完成对节点有指定位移的处理。显然，调用子函数的语句应放在总刚度阵和载荷向量数组形成之后，总刚度阵三角化之前。

子函数的执行过程，可参阅图 4-27 所示的框图，该图给出了 x 向有指定位移值的流程。

例 4-7　图 4-28 所示平面框架，A 支承有垂直方向的沉陷 1cm。试给出相应的原始数据。

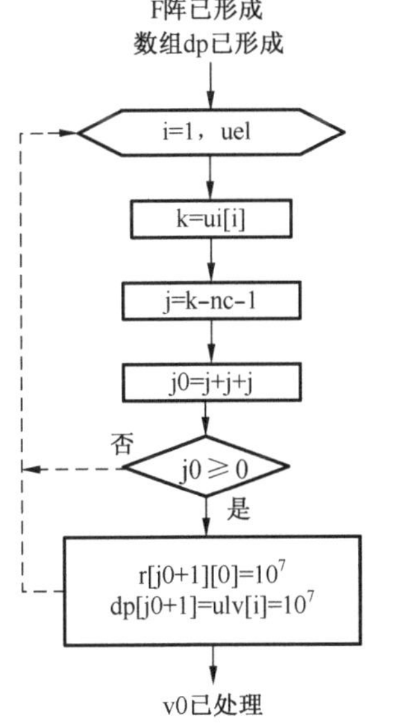

图 4-27　子函数 unmovl()处理有 x 向指定位移值的流程

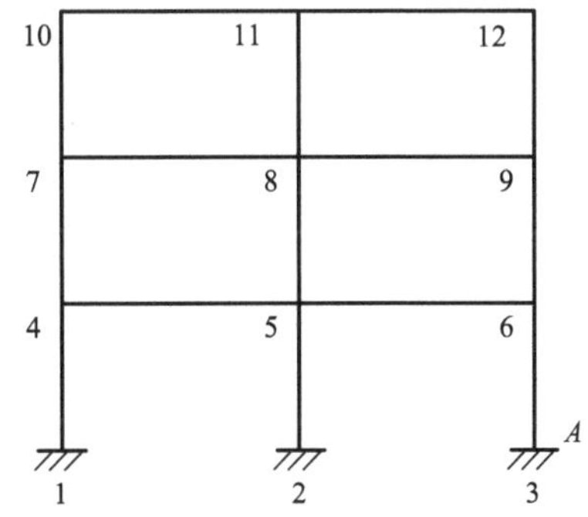

图 4-28

解：在主程序中应输入以下原始数据：

idd [1]=1， idd [2]=0， idd [3]=1

vel=1， vl[1]=3， vlv[1]= –0.01

4.11 平面刚架半铰问题

工程结构中应用的刚架，节点并非全部是刚节点，常有铰节点存在，如图 4-29(a)、(b)所示的结构即是这种情况。

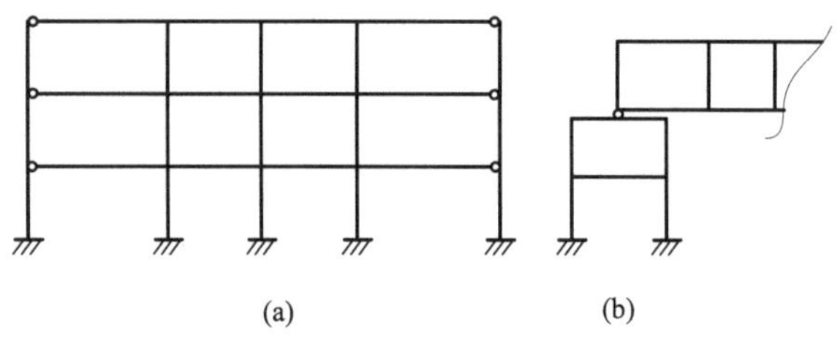

图 4-29 刚架具有半铰节点

对于这种结构，程序必须做适当的修改，现在所讨论的铰节点是指两根杆相交成的节点包括半铰。

以图 4-30 所示结构为例说明一种最简单的处理方法。这一刚架有两个半铰，对于有半铰的节点，应当将其看成两个节点，如图 4-30 的节点 6、7 及节点 10、11，因为它们有各自的转动自由度，即$\theta_6 \neq \theta_7$，$\theta_{10} \neq \theta_{11}$，但是节点 6、7 两点及节点 10、11 两点的线位移却是连续的，即有以下约束要求

$$\begin{aligned} \delta_{x6} = \delta_{x7}, \quad \delta_{y6} = \delta_{y7} \\ \delta_{x10} = \delta_{x11}, \quad \delta_{y10} = \delta_{y11} \end{aligned} \tag{4-11}$$

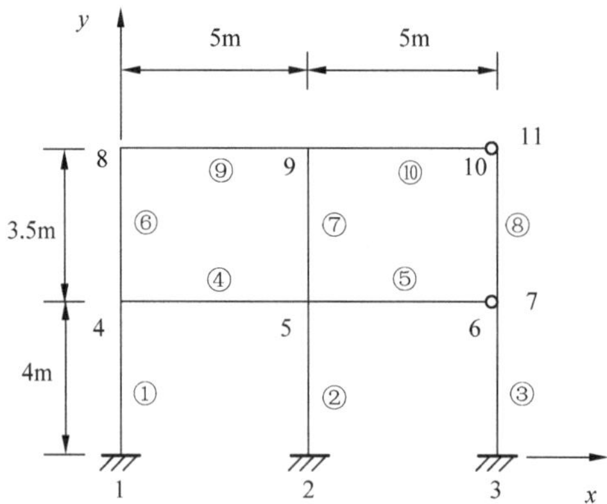

图 4-30 具有半铰节点的两跨两层平面刚架

线位移相同的约束条件，可以理解为 6、7 两节点之间，10、11 两节点之间，各在水平和垂直方向有轴向刚度很大的杆件联系着，这些杆件没有弯曲刚度，因而 6、7 两节点和 10、11 两节点都有各自的转动自由度，只要确定了这些假想的杆件的单元刚度阵，然后分别将它们累加入总刚度阵，就可以实现式(4-11)所标示的约束条件，以下就讨论此类杆件的单元刚度阵。

垂直方向的杆件，在局部坐标中的单元刚度阵为

$$[K_{11}]=[K_{22}]=\begin{bmatrix}10^7 & 0 & 0\\ 0 & 0 & 0\\ 0 & 0 & 0\end{bmatrix},\qquad [K_{12}]=[K_{21}]^{\mathrm{T}}=\begin{bmatrix}-10^7 & 0 & 0\\ 0 & 0 & 0\\ 0 & 0 & 0\end{bmatrix}$$

坐标转换矩阵为

$$[T]=\begin{bmatrix}0 & -1 & 0\\ 1 & 0 & 0\\ 0 & 0 & 1\end{bmatrix}$$

于是在总坐标系中垂直杆件的单元刚度矩阵为

$$\begin{aligned}&[K_{11}]=[K_{22}]=[T][K_{11}][T]^{\mathrm{T}}=[T][K_{22}][T]^{\mathrm{T}}=\begin{bmatrix}0 & 0 & 0\\ 0 & 10^7 & 0\\ 0 & 0 & 0\end{bmatrix}\\ &[K_{12}]=[K_{21}]^{\mathrm{T}}=[T][K_{12}][T]^{\mathrm{T}}=\begin{bmatrix}0 & 0 & 0\\ 0 & -10^7 & 0\\ 0 & 0 & 0\end{bmatrix}\end{aligned} \tag{4-12}$$

水平方向的杆件，在局部坐标中的单元刚度阵为

$$[K_{11}]=[K_{22}]=\begin{bmatrix}10^7 & 0 & 0\\ 0 & 0 & 0\\ 0 & 0 & 0\end{bmatrix},\qquad [K_{12}]=[K_{21}]^{\mathrm{T}}=\begin{bmatrix}-10^7 & 0 & 0\\ 0 & 0 & 0\\ 0 & 0 & 0\end{bmatrix}$$

坐标转换矩阵为

$$[T]=\begin{bmatrix}1 & 0 & 0\\ 0 & 1 & 0\\ 0 & 0 & 1\end{bmatrix}$$

于是在总坐标系中水平杆件的单元刚度矩阵为

$$\begin{aligned}&[K_{11}]=[K_{22}]=[T][K_{11}][T]^{\mathrm{T}}=[T][K_{22}][T]^{\mathrm{T}}=\begin{bmatrix}10^7 & 0 & 0\\ 0 & 0 & 0\\ 0 & 0 & 0\end{bmatrix}\\ &[K_{12}]=[K_{21}]^{\mathrm{T}}=[T][K_{12}][T]^{\mathrm{T}}=\begin{bmatrix}-10^7 & 0 & 0\\ 0 & 0 & 0\\ 0 & 0 & 0\end{bmatrix}\end{aligned} \tag{4-13}$$

由于节点 6、7 和节点 10、11 都有这样的杆件联系着，只要分别将两点之间的水平联系和垂直联系的单元刚度累加到总刚度矩阵中就可以实现式(4-11)的约束条件了。

上述是平面刚架半铰处理原则，但是在程序中具体应用还必须解决以下两个问题：

(1) 如何确定刚架结构何处存在半铰。

(2) 如何将增加约束的杆件刚度阵加入总刚度阵。

对半铰点已经编了两个节点号，所以凡是半铰的条件，必有

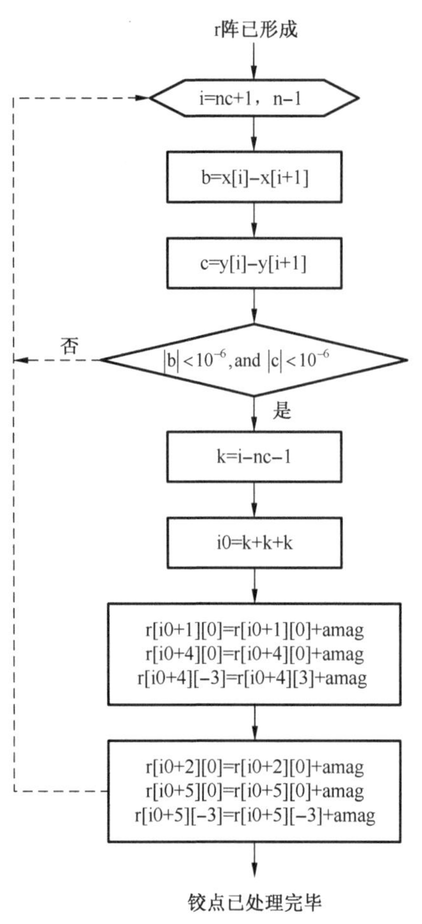

图 4-31 刚架半铰节点总刚处理框图

$$x(i)=x(j),\quad y(i)=y(j)$$

如果这两个逻辑式是真，则 i 和 j 两点自然是重合的。但是这种检查方法必然要把全部节点相互之间都比较一遍，花时间较多，因而可以这样处理，即半铰节点的编号必须是连着编的两个号，这样就只要对前后两个点作比较即可，如此节省不少时间。

至于单元刚度阵的累加，由式(4-11)可见，垂直杆件的刚度阵是以大数累加到总刚度矩阵 i0+2 和 i0+5 行的主对角元素中，因为半铰节点连着编号，因此这类杆件的“左”、“右”两端号是连着的。在 i0+2 行和 i0+5 列以及与之对称的位置上则加上负的大数。当 r[nn][−ibdw]阵是以带状阵存储时，则在 r[i0+2][0]、r[i0+5][0]的位置上累加入大数，在 r[i0+2][−3]的位置上加上负的大数。

这个子程序的框图见图 4-31。刚架具有半铰节点需要处理时，可以根据图 4-31 编制子程序，置放在平面刚架计算程序总刚度阵形成之后，三角化之前。

框图中所用的大数 amag，实际上只要足够大就可以了，例如取所有杆中最大 EA/l 的 10 倍以上，不能过分大，因为大数不但放在对角线元素上，而且还要放在非对角元素上，过分大会造成计算精度问题。除精度问题外，这个方法的另一缺点是由于增加了节点，使结构的自由度增加了，总刚度阵 r[nn][−ibdw]占用的存储量增加了。

例 4-8 以图 4-30 所示框架结构为例，说明有半铰存在时有关原始数据的准备。

解： 在主程序中应输入以下原始数据：n=11，m=10，nc=3。

本例框架结构节点坐标见表 4-9，单元连接见表 4-10。

表 4-9 本例框架结构节点坐标

节点	1	2	3	4	5	6	7	8	9	10	11
x	0	5	10	0	5	10	10	0	5	10	10
y	0	0	0	4	4	4	4	7.5	7.5	7.5	7.5

表 4-10 本例框架结构单元连接

杆号	1	2	3	4	5	6	7	8	9	10
ihl	1	2	3	4	5	4	5	7	8	9
ihr	4	5	7	5	6	8	9	11	9	10

必须注意的是，3 号杆和 8 号杆是通过 7 节点的，因此其“左”、“右”端节点号分别为 3、7 两点和 7、11 两点，而 5 号杆“左”、“右”端节点号分别为 5、6 两点，这是不可弄错的。

在 4.9～4.11 各节中都有在总刚度阵中相应元素累加以大数的方法去处理特殊的节点和杆件，这在实际应用中常常会出现计算精度问题，一般应取双精度进行计算，但也可能即使采用双精度仍不能保证精度，则此时应将有铰节点的杆件修改其单元刚度矩阵，对于铰节点在节点编号时不妨编成负号，如某 k 杆之左节点为负数，即 ihl<0，则这类杆件可以采用下列各式所示的单元刚度矩阵：

$$[k_{11}]=\begin{bmatrix}-\frac{EA}{l} & 0 & 0\\ 0 & \frac{3EJ}{l^3} & 0\\ 0 & 0 & 0\end{bmatrix} \tag{4-14}$$

$$[k_{12}]=[k_{21}]^{\mathrm{T}}=\begin{bmatrix}-\frac{EA}{l} & 0 & 0\\ 0 & -\frac{3EJ}{l^3} & -\frac{3EJ}{l^2}\\ 0 & 0 & 0\end{bmatrix} \tag{4-15}$$

$$[k_{22}]=\begin{bmatrix}\frac{EA}{l} & 0 & 0\\ 0 & \frac{3EJ}{l^3} & \frac{3EJ}{l^2}\\ 0 & \frac{3EJ}{l^2} & \frac{3EJ}{l}\end{bmatrix} \tag{4-16}$$

若 k 杆之右节点为负数，即 ihr<0，则这类杆件可以采用下列各式所示的单元刚度矩阵：

$$[k_{11}]=\begin{bmatrix}\frac{EA}{l} & 0 & 0\\ 0 & \frac{3EJ}{l^3} & -\frac{3EJ}{l^2}\\ 0 & -\frac{3EJ}{l^2} & \frac{3EJ}{l}\end{bmatrix} \tag{4-17}$$

$$[k_{12}]=[k_{21}]^{\mathrm{T}}=\begin{bmatrix}-\frac{EA}{l} & 0 & 0\\ 0 & -\frac{3EJ}{l^3} & 0\\ 0 & -\frac{3EJ}{l^2} & 0\end{bmatrix} \tag{4-18}$$

$$[k_{22}]=\begin{bmatrix}\frac{EA}{l} & 0 & 0\\ 0 & \frac{3EJ}{l^3} & 0\\ 0 & 0 & 0\end{bmatrix} \tag{4-19}$$

与之相应，子函数 i0i0() 中所用的算式(4-2)应修改为

$$\begin{aligned}&\mathrm{i0}=3(\mathrm{abs}(\mathrm{ihl}(\mathrm{k})-\mathrm{nc}-1))\\&\mathrm{j0}=3(\mathrm{abs}(\mathrm{ihr}(\mathrm{k})-\mathrm{nc}-1))\end{aligned} \tag{4-20}$$

同时，应该有计算这类杆件单元刚度矩阵的子程序，例如可命名为子函数 stif1 (),可仿照子函数 stif() 写出，只是将式(4-14)～式(4-19)相应地替代式(2-16)～式(2-19)即可。

4.12 平面刚架剪切变形影响问题

对于细长梁而言，剪切应变能远小于弯曲应变能，但是当梁高度 h 和梁长度 l 之比 $h/l > 1/5$，就不可以忽略剪切应变能，很多建筑工程结构，如动力基础刚架、剪力墙等都有“深梁”构件，因而必须考虑剪切变形的影响。

对于不能忽略剪切变形的杆件必须重新计算其单元刚度阵，对于两端固定约束单元杆的支承反力也应另作推导，子函数 stif() 和子函数 forse() 都要作相应的修改。

对于图 4-32 所示的静不定梁用力法计算，计算时要计及剪切变形的影响：

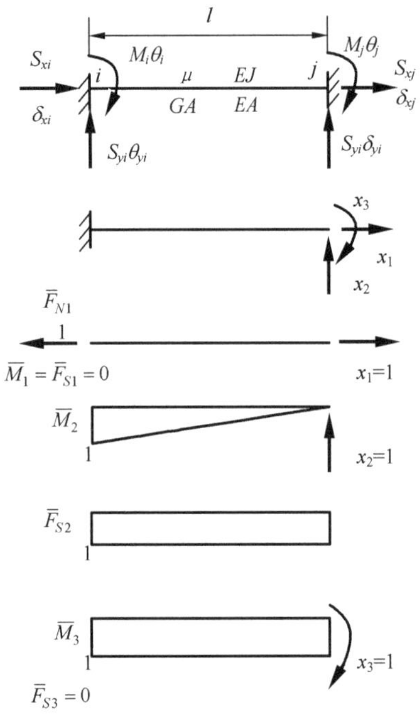

图 4-32 两端固定约束静不定梁考虑剪切变形影响

$$\delta_{11} = \frac{l}{EA}$$

$$\delta_{12} = \delta_{21} = \delta_{13} = \delta_{31} = 0$$

$$\delta_{22} = \frac{l^3}{3EJ} + \frac{\mu l}{GA}$$

$$\delta_{23} = \delta_{32} = -\frac{l^2}{2EJ}$$

$$\delta_{33} = \frac{l}{EJ}$$

$$\Delta_{1u} = -\delta_{xj} + \delta_{xi}$$

$$\Delta_{2u} = \delta_{yi} - \delta_{yj} + l\theta_i$$

$$\Delta_{3u} = \theta_i - \theta_j$$

其中，μ 为剪应力不均匀系数：矩形截面 $\mu = 1.2$；圆形截面 $\mu = 10/9$；工字形截面 $\mu = A/(Aw)$，Aw 为腹板截面积。$G = \dfrac{E}{2(1+\upsilon)}$ 为剪切模数，υ 为泊松比。

力法基本方程式为

$$\begin{cases} \dfrac{l}{EA}x_i + \delta_{xi} - \delta_{xj} = 0 \\ \left(\dfrac{l^3}{3EJ} + \dfrac{\mu l}{GA}\right)x_2 - \dfrac{l^2}{2EJ}x_3 + \delta_{yi} - \delta_{yj} - l\theta_i = 0 \\ -\dfrac{l^2}{2EJ}x_2 + \dfrac{l}{EJ}x_3 + \theta_i - \theta_j = 0 \end{cases}$$

由此可以解出 x_1、x_2、x_3：

$$x_1 = -\frac{EA}{l}(\delta_{xi} - \delta_{xj})$$

$$x_2 = \frac{l}{\dfrac{l^2}{12EJ} + \dfrac{\mu}{GA}}\left[\frac{1}{l}(\delta_{yj} - \delta_{yi}) + \frac{1}{2}(\theta_i + \theta_j)\right]$$

$$x_3 = \frac{l}{\dfrac{l^2}{12EJ} + \dfrac{\mu}{GA}} \left[\frac{1}{2}(\delta_{yj} - \delta_{yi}) + \frac{1}{6}(\theta_i + 2\theta_j) + \frac{\mu EJ}{GAl}(\theta_j - \theta_i) \right]$$

于是可知杆端力与杆端位移之间的关系式为

$$S_{xi} = \frac{EA}{l}(\delta_{xi} - \delta_{xj})$$

$$S_{yi} = \frac{-1}{\dfrac{l^2}{6EJ} + \dfrac{2\mu}{GA}}(\theta_i + \theta_j) + \frac{1}{\dfrac{l^3}{12EJ} + \dfrac{\mu l}{GA}}(\delta_{yi} - \delta_{yj})$$

$$M_i = \frac{1}{\dfrac{l^2}{12EJ} + \dfrac{\mu}{GA}} \left[\frac{1}{2}(\delta_{yj} - \delta_{yi}) + \frac{1}{6}(2\theta_i + \theta_j) - \frac{\mu EJ}{GAl}(\theta_j - \theta_i) \right]$$

$$S_{xj} = -\frac{EA}{l}(\delta_{xi} - \delta_{xj})$$

$$S_{yj} = \frac{-1}{\dfrac{l^2}{6EJ} + \dfrac{2\mu}{GA}}(\theta_i + \theta_j) + \frac{1}{\dfrac{l^3}{12EJ} + \dfrac{\mu l}{GA}}(\delta_{yj} - \delta_{yi})$$

$$M_j = \frac{1}{\dfrac{l^2}{12EJ} + \dfrac{\mu}{GA}} \left[\frac{1}{2}(\delta_{yj} - \delta_{yi}) + \frac{1}{6}(2\theta_j + \theta_i) + \frac{\mu EJ}{GAl}(\theta_j - \theta_i) \right]$$

用矩阵表示，“左”端以 1 表示，“右”端以 2 表示，并令

$$B = \frac{l^3}{6EJ} + \frac{2\mu l}{GA}, \quad C = \frac{2l^2}{3} + \frac{2\mu EJ}{GA}, \quad H = \frac{l^2}{3} - \frac{2\mu EJ}{GA}$$

于是可有

$$\{S_1\} = \begin{Bmatrix} S_{x1} \\ S_{y1} \\ M_1 \end{Bmatrix} = \begin{bmatrix} \dfrac{EA}{l} & 0 & 0 \\ 0 & \dfrac{2}{B} & -\dfrac{1}{B} \\ 0 & -\dfrac{1}{B} & \dfrac{C}{B} \end{bmatrix} \begin{Bmatrix} \delta_{x1} \\ \delta_{y1} \\ \theta_1 \end{Bmatrix} + \begin{bmatrix} -\dfrac{EA}{l} & 0 & 0 \\ 0 & -\dfrac{2}{B} & -\dfrac{1}{B} \\ 0 & \dfrac{1}{B} & \dfrac{H}{B} \end{bmatrix} \begin{Bmatrix} \delta_{x2} \\ \delta_{y2} \\ \theta_2 \end{Bmatrix}$$

$$\{S_2\} = \begin{Bmatrix} S_{x2} \\ S_{y2} \\ M_2 \end{Bmatrix} = \begin{bmatrix} -\dfrac{EA}{l} & 0 & 0 \\ 0 & -\dfrac{2}{B} & \dfrac{1}{B} \\ 0 & -\dfrac{1}{B} & \dfrac{H}{B} \end{bmatrix} \begin{Bmatrix} \delta_{x1} \\ \delta_{y1} \\ \theta_1 \end{Bmatrix} + \begin{bmatrix} \dfrac{EA}{l} & 0 & 0 \\ 0 & \dfrac{2}{B} & \dfrac{1}{B} \\ 0 & \dfrac{1}{B} & \dfrac{C}{B} \end{bmatrix} \begin{Bmatrix} \delta_{x2} \\ \delta_{y2} \\ \theta_2 \end{Bmatrix}$$

因而在局部坐标系中，单元杆的刚度阵由原来的式(2-16)～式(2-19)变成如下形式：

$$[k_{11}] = \begin{bmatrix} \dfrac{EA}{l} & 0 & 0 \\ 0 & \dfrac{2}{B} & -\dfrac{1}{B} \\ 0 & -\dfrac{1}{B} & \dfrac{C}{B} \end{bmatrix} \tag{4-21}$$

$$[k_{12}]=[k_{21}]^{\mathrm{T}}=\begin{bmatrix}-\dfrac{EA}{l} & 0 & 0\\ 0 & -\dfrac{2}{B} & -\dfrac{1}{B}\\ 0 & \dfrac{1}{B} & \dfrac{H}{B}\end{bmatrix} \tag{4-22}$$

$$[k_{22}]=\begin{bmatrix}\dfrac{EA}{l} & 0 & 0\\ 0 & \dfrac{2}{B} & \dfrac{1}{B}\\ 0 & \dfrac{1}{B} & \dfrac{C}{B}\end{bmatrix} \tag{4-23}$$

固端反力的修改，由原来的表 4-6 所给的公式改为表 4-11 所示公式，表中各公式的推导从略，由于考虑剪切变形，程序的原始数据要输入数组 GA[m]。

表 4-11

载荷种类 ind	载荷图像	反力计算公式
1	y, x_q, q, A, B, x, l	$r_{ax}=r_{bx}=0$, $r_{ay}=\frac{q}{H}\left[d(1-3z^2+2z^3)+\frac{2\mu}{GA}(1-z)\right]$ $r_{by}=q-r_{ay}$, $m_a=-\frac{qlz}{H}\left[d(1-2z+z^2)+\frac{\mu}{GA}(1-z)\right]$ $m_b=-m_a-r_{ay}l+ql(1-z)$
2	y, x_q, q, A, B, x, l	$r_{ax}=r_{bx}=0$, $r_{ay}=\frac{qx_q}{H}\left[\frac{d}{2}(2-2z^2+z^3)+\frac{2\mu}{GA}\left(1-\frac{z}{2}\right)\right]$ $r_{by}=qx_q-r_{ay}$, $m_a=-\frac{qx_q^2}{H}\left[-\frac{d}{12}(6+3z^2-8z)+\frac{\mu}{6GA}(2z-3)\right]$ $m_b=-m_a-r_{ay}l+ql^2z\left(1-\frac{z}{2}\right)$
3	y, x_q, q, A, B, x, l	$r_{ay}=r_{by}=m_a=m_b=0$ $r_{ax}=q(1-z)$ $r_{bx}=q-r_{ax}$
4	y, x_q, q, A, B, x, l	$r_{ay}=r_{by}=m_a=m_b=0$ $r_{bx}=\frac{ql}{2}z^2$ $r_{ax}=qx_q-r_{bx}$
5	y, x_q, q, A, B, x, l	$r_{ax}=r_{bx}=0$, $r_{ay}=\frac{2q}{H}\left[dl\left(\frac{z^4}{5}-\frac{3z^3}{8}+\frac{z}{4}\right)+\frac{\mu l}{6GA}(3z-2z^2)\right]$ $r_{by}=\frac{qx_q}{2}-r_{ay}$, $m_a=\frac{ql^2}{H}-\left[dz\left(-\frac{z^2}{5}+\frac{z}{2}-\frac{1}{3}\right)+\frac{\mu}{12GA}(3z^3-4z^2)\right]$ $m_b=-m_a-r_{ay}l+\frac{qx_q}{6}(3l-2x_q)$
6	y, x_q, q, A, B, x, l	$r_{ax}=r_{bx}=0$, $r_{ay}=-\frac{qlz}{HEJ}(1-z)$ $r_{by}=-r_{ay}$, $m_a=-\frac{2q}{H}(1-z)\left[\frac{d}{2}(1-3z)+\frac{\mu}{GA}\right]$ $m_b=-m_a-r_{ay}l-q$

注：$H=\frac{l^2}{6EJ}+\frac{2\mu}{GA}, d=\frac{l^2}{6EJ}, z=\frac{x_q}{l}$。

4.13　平面刚架刚性域影响问题

工程中的刚架结构，为了保证节点处的刚性，经常在节点处设置加强板和斜肋，如图 4-33(a)所示钢结构、图 4-33(b)所示钢筋混凝土结构、图 4-33(c)所示高层建筑中的壁式框架等。在分析时如果不考虑单元杆的刚性域的影响显然是不合适的。因此，必须考虑刚性域的影响，将单元杆的刚度阵作相应的修改。同时，在计算转化的等效节点载荷时，刚性域也会对之发生影响。

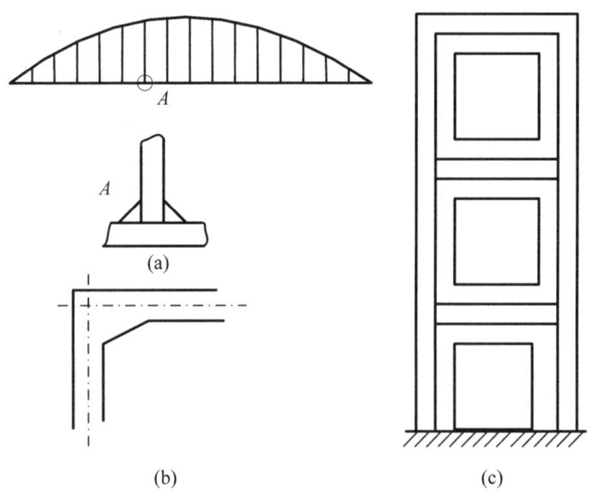

图 4-33　刚架结构设置加强版和斜肋

子程序 stif()和 forse()都要将刚性域的影响添加进去，现在分别讨论这两个问题。

4.13.1　两端刚性域的单元刚度阵

图 4-34 所示杆件，两端有刚性域，长度各为 l_1 和 l_2。由于 AC 段是刚性的，因此 C 点与 A 点的位移之间有如下关系：

$$\delta_{xA} = \delta_{xC} + l_1\theta_C \sin\alpha$$
$$\delta_{yA} = \delta_{yC} - l_1\theta_C \cos\alpha$$
$$\theta_A = \theta_C$$

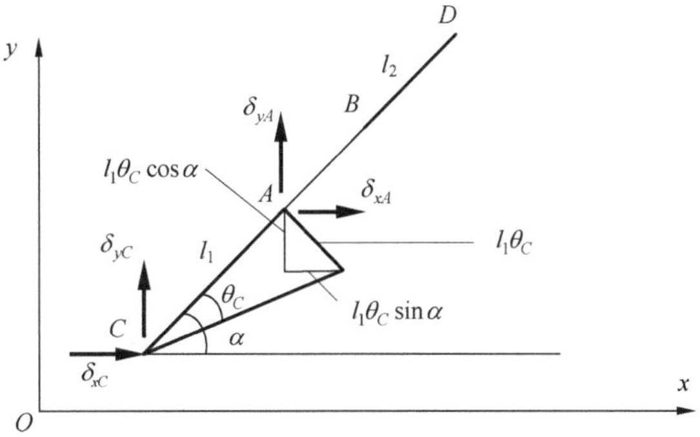

图 4-34　两端刚性域位移之关系

同理，*BD* 段也是刚性域，因此 *B* 点与 *D* 点的位移之间的关系为

$$\delta_{xB} = \delta_{xD} - l_2\theta_D \sin\alpha$$
$$\delta_{yB} = \delta_{yD} + l_2\theta_D \cos\alpha$$
$$\theta_B = \theta_D$$

用矩阵表示则为

$$\{u_A\} = \begin{Bmatrix} \delta_{xA} \\ \delta_{yA} \\ \theta_A \end{Bmatrix} = \begin{bmatrix} 1 & 0 & l_1 \sin\alpha \\ 0 & 1 & -l_1 \cos\alpha \\ 0 & 0 & 1 \end{bmatrix} \begin{Bmatrix} \delta_{xC} \\ \delta_{yC} \\ \theta_C \end{Bmatrix}$$

$$\{u_B\} = \begin{Bmatrix} \delta_{xB} \\ \delta_{yB} \\ \theta_B \end{Bmatrix} = \begin{bmatrix} 1 & 0 & -l_2 \sin\alpha \\ 0 & 1 & l_2 \cos\alpha \\ 0 & 0 & 1 \end{bmatrix} \begin{Bmatrix} \delta_{xD} \\ \delta_{yD} \\ \theta_D \end{Bmatrix}$$

或缩写为

$$\{u_A\} = [D_1]\{u_C\}$$
$$\{u_B\} = [D_2]\{u_D\} \tag{4-24}$$

式中转换矩阵为

$$[D_1] = \begin{bmatrix} 1 & 0 & l_1 \sin\alpha \\ 0 & 1 & -l_1 \cos\alpha \\ 0 & 0 & 1 \end{bmatrix}, \qquad [D_2] = \begin{bmatrix} 1 & 0 & -l_2 \sin\alpha \\ 0 & 1 & l_2 \cos\alpha \\ 0 & 0 & 1 \end{bmatrix} \tag{4-25}$$

AC 刚性域上杆端力之间的关系如图 4-35 所示。

AC 刚性域上杆端力之间的关系具有如下形式：

$$\begin{cases} S_{xC} = S_{xA} \\ S_{yC} = S_{yA} \\ M_C = M_A + S_{xA} l_1 \sin\alpha - S_{yA} l_1 \cos\alpha \end{cases}$$

同理，*BD* 刚性域上杆端力之间的关系式如下：

$$\begin{cases} S_{xD} = S_{xB} \\ S_{yD} = S_{yB} \\ M_D = M_B - S_{xB} l_2 \sin\alpha + S_{yB} l_2 \cos\alpha \end{cases}$$

用矩阵表示有如下形式：

$$\{S_C\} = \begin{Bmatrix} S_{xC} \\ S_{yC} \\ M_C \end{Bmatrix} = \begin{bmatrix} 1 & 0 & 0 \\ 0 & 1 & 0 \\ l_1 \sin\alpha & -l_1 \cos\alpha & 1 \end{bmatrix} \begin{Bmatrix} S_{xA} \\ S_{yA} \\ M_A \end{Bmatrix}$$

$$\{S_D\} = \begin{Bmatrix} S_{xD} \\ S_{yD} \\ M_D \end{Bmatrix} = \begin{bmatrix} 1 & 0 & 0 \\ 0 & 1 & 0 \\ -l_2 \sin\alpha & l_2 \cos\alpha & 1 \end{bmatrix} \begin{Bmatrix} S_{xB} \\ S_{yB} \\ M_B \end{Bmatrix}$$

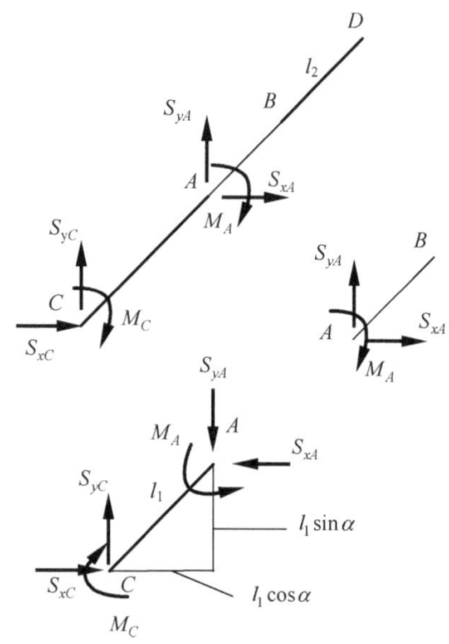

图 4-35　*AC* 刚性域上杆端力之关系

或可缩写为

$$\begin{aligned}\{S_C\} &= [D_1]^{\mathrm{T}}\{S_A\}\\ \{S_D\} &= [D_2]^{\mathrm{T}}\{S_B\}\end{aligned} \tag{4-26}$$

在 2.4 节中推导单元杆的刚度矩阵时，已知局部坐标系中杆 AB 的杆端力可由式(2-15)表示如下：

$$\begin{aligned}\{S_A\} &= [k_{11}]\{u_A\}+[k_{12}]\{u_B\}\\ \{S_B\} &= [k_{21}]\{u_A\}+[k_{22}]\{u_B\}\end{aligned} \quad \text{(参见式(2-15))}$$

应用此式时必须注意，凡是用到杆件长度时，应为 $l-l_1-l_2$，因为 l 是包括刚性域的全长，而杆 AB 的长度应去掉刚性域的长度。

将式(2-15)、式(4-25)代入式(4-27)可有如下关系：

$$\begin{aligned}\{S_C\} &= [D_1]^{\mathrm{T}}\{S_A\}\\ &= [D_1]^{\mathrm{T}}[k_{11}]\{u_A\}+[D_1]^{\mathrm{T}}[k_{12}]\{u_B\}\\ &= [D_1]^{\mathrm{T}}[k_{11}][d_1]\{u_C\}+[D_1]^{\mathrm{T}}[k_{12}][D_1]\{u_D\}\\ \{S_D\} &= [D_2]^{\mathrm{T}}\{S_B\}\\ &= [D_2]^{\mathrm{T}}[k_{21}]\{u_A\}+[D_2]^{\mathrm{T}}[k_{22}]\{u_B\}\\ &= [D_2]^{\mathrm{T}}[k_{21}][d_2]\{u_C\}+[D_2]^{\mathrm{T}}[k_{22}][D_2]\{u_D\}\end{aligned} \tag{4-27}$$

程序中计算单元刚度阵的子函数 stif()就应按式(4-27)作相应的修改。

主程序中作为原始数据，还应增加用以表示两端刚性域长度的两个一维数组 l_1[m]、l_2[m]；增加用以表示转换矩阵的两个二维数组 D_1[3][3]、D_2[3][3]。这个转换矩阵类同于坐标转换矩阵，所用到角度 α 与坐标转换矩阵是一致的。

4.13.2 两端刚性域单元杆的固端反力计算

图 4-36(a)为两端有刚性域的单元杆件，其上可有各种载荷作用，如表 4-6 所示的八种类型，都可按静不定梁计算其支承反力，其反作用力就是等效的节点载荷，按此修改子函数 forse()，于是就可用来计算考虑刚性域影响的刚架结构了。

此处以图 4-36(a)所示的集中载荷为例来说明固端反力的计算，其他类型的载荷，均可按此方法自行计算。

图 4-36(b)为静不定梁的基本体系及相应的单位内力图，通过以下的计算可以求出固端支承反力：

$$\begin{cases}\delta_{22}x_2+\delta_{23}x_3+\Delta_{2p}=0\\ \delta_{32}x_2+\delta_{33}x_3+\Delta_{3p}=0\end{cases}$$

式中，$\delta_{22}=\dfrac{l-l_1-l_2}{3EJ}(l^2+l_1^2+l_2^2-2ll_2+ll_1-l_1l_2)$

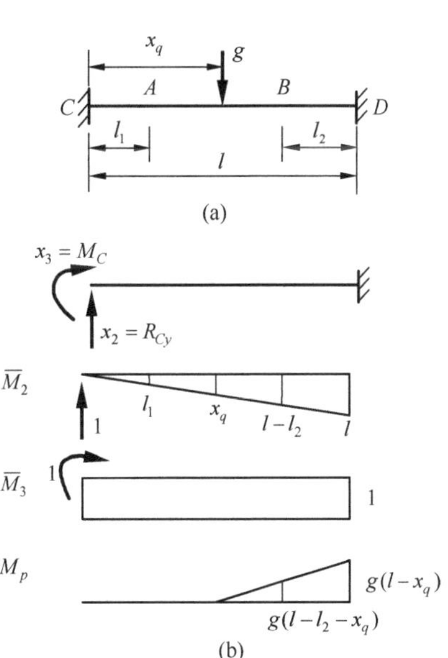

图 4-36　两端有刚性域的单元杆件

$$\delta_{33}=\frac{l-l_1-l_2}{EJ}$$

$$\delta_{23}=\delta_{32}=\frac{1}{2EJ}(l-l_1-l_2)(l+l_1-l_2)$$

$$\varDelta_{2p}=-\frac{g}{6EJ}(l-l_2-x_q)^2(2l-2l_2+x_q)$$

$$\varDelta_{3p}=-\frac{g}{2EJ}(l-l_2-x_q)^2$$

解得各支承反力为

$$R_{Cr}=\frac{g}{|D|}\left\{\begin{aligned}&-2x_{q^3}(l_1+l_2)+3x_{q^2}(l_1^2-l_2^2-l^2+2l_2l)\\&+6x_q(l^2l_1+l_1l_2^2+l_1^2l_2-l_1^2l-2l_1l_2l)\\&+\begin{pmatrix}l^4+l_2^4+6l^2l_2^2-4l^3l_1-4l^3l_2+12l^2l_1l_2\\-4ll_2^3+4l_1l_2^3+3l_1^2l^2+3l_1^2l_2^2-6l_1^2ll_2\end{pmatrix}\end{aligned}\right\}$$

$$M_C=\frac{g}{|D|}[x_{q^2}(l-l_1-l_2)+x_q(4ll_2-2l^2-2l_1l_2+2ll_1-2l_2^2)]\times[2l_1^2-x_q(l+l_1+l_2)]$$

$$R_{Dr}=g-R_{Cr}$$

$$M_D=-M_C-R_{Cr}l+g(l-x_q)$$

式中，

$$\begin{aligned}|D|=&l_1^4+l_2^4+l^4+4(l_1^3l_2-l_1^3l-l^3l_1-l_2l^3+l_1l_2^3-ll_2^3)\\&+6(l^2l_2^2+l^2l_1^2+l_1^2l_2^2)+12(l_1l_2l^2-l_2ll_1^2-l_1ll_2^2)\end{aligned}$$

4.14 平面刚架总刚度矩阵一维存储

第 3 章所编制的直接刚度阵法桁架计算程序，组成的总刚度阵是存储在 r[nn][nn]的方阵中，由于刚度阵是稀疏的对称矩阵，为了节省存储，可将总刚度阵按等带宽带状阵存储 r[nn][ibdw+1]，所占单元可由 nn×nn 减少为 nn×(ibdw＋1)。

还可注意到，总刚度阵的每一行带宽是不同的，如果按等带宽的矩阵储存，则显然还包含了很多零元素，必然多费存储，而且在计算时零元素也都参加运算，相应地增加了机时，为了使这些无意义的零元素不占存储，可按变带宽方式将总刚度阵用一维数组存储。

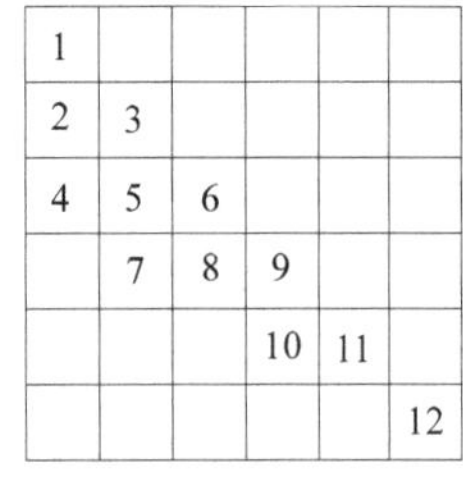

图 4-37　变带宽刚度阵

如图 4-37 所示的变带宽刚度阵，用一维数组来存储，其存放次序是先从第一行存起，再存第二行，依次类推直到第 nn 行。在每一行内，从第一个非零元素开始逐个存放直到对角线元素为止。为此要辨认每一行的开始位置、结束位置及带宽。如果能将每一行的对角元素的位置确定出来，就可达到这一目的。

将每行的对角元素位置以整型数组 iv[nn]表示，其中 iv[i]即第 i 行的对角元素所在的位置，如图 4-37 的刚度阵中的 iv[6]为

$$\text{iv}[1]=1,\quad \text{iv}[2]=3,\quad \text{iv}[3]=6,\quad \text{iv}[4]=9,\quad \text{iv}[5]=11,\quad \text{iv}[6]=12$$

根据 iv[nn]的指示，可以确定如下值。

(1) 第 i 行的刚度阵对角元素为

$$r[iv[i]]$$

(2) 第 i 行的半带宽(不计入对角元素)为

$$iv[i]-iv[i-1]-1$$

如图 4-37 所示的刚度阵，其第 5 行的半带宽为

$$iv[5]-iv[4]-1=11-9-1=1$$

(3) 在方阵中占有 i 行 j 列的元素，在一维数组存储的 r 中的地址为 P，P 值如下确定：

$$P=iv[j]-j+i \qquad j\geqslant i$$
$$P=iv[i]-i+j \qquad i\leqslant j$$

(4) 第 i 行的第一个非零元素所在列的列号记作 i_1，则 i_1 应如下计算：

$$i_1=i-(\text{第 } i \text{ 行的半带宽})=i-iv[i]+iv[i-1]+1$$

当上述四步计算之后，可以据此形成总刚度阵 r[iv[nn]]，并将 r[iv[nn]]三角化，在右端项形成后即可回代求解。

按变带宽存储的总刚度阵 r[iv[nn]]，由于存储方式及数组下标的变化，其累加形成的子函数也要作相应的修改。

一维存储的总刚度阵 r[iv[nn]]的形成，iv[nn]是一个关键的数组，称之为对角元指示矩阵。只有先形成了 iv[nn]，才有可能组成总刚度阵一维存储的数组 r[iv[nn]]。所以在形成总刚度阵 r[iv[nn]]之前，应先计算指示矩阵 iv[nn]最大半带宽 ibdw(三角化及回代求解时有用)以及总刚度阵 r[iv[nn]]的界偶 nsi=iv[nn]。为了使整个程序清晰易读，将这部分计算编制一个子函数 doivdw()，其框图如图 4-38 所示。

子函数 doivdw()如下供参考。

```
void doivdw()
{
    int it=0,j,i2,i,k,*rlr;
    i2=n-nc;
    rlr=(int*)malloc(m*sizeof(int));
    iv=(int*)malloc(nn*sizeof(int));
    for(i=0;i<i2;i++)
        rlr[i]=1000;
    for(i=0;i<nn;i++)
        iv[i]=0;
    for(k=1;k<=m;k++)
        if((ihl[k-1]>nc)&&(ihl[k-1]<rlr[ihr[k-1]-nc-1]))
            rlr[ihr[k-1]-nc-1]=ihl[k-1];
        ibdw=0;
        for(k=1;k<=i2;k++)
        {
            if(rlr[k-1]<1000)
```

```
                j=k+nc-rlr[k-1];
            else
                j=0;
            if(j>ibdw)
                ibdw=j;
            for(i=1;i<=3;i++)
            {
                it=it+1;
                if(it==1)
                    iv[it-1]=3*j+i;
                else
                    iv[it-1]=iv[it-2]+3*j+i;
            }
        }
        ibdw=3*(ibdw+1)-1;
        nsi=iv[nn-1];
}
```

在主程序中应有相应的调用子函数 doivdw()的语句，该调用语句应在 ihl[m]、ihr[m]输入以后，总刚度阵形成以前，在此之前主程序中还应对数组 iv[nn]加以说明。

子函数 dor()的功能是将总刚度阵一维存储在数组 r[iv[nn]]中，子函数 dor()给出如下供参考。

```
void dor()
{
    int i,j,k;
    r=(double*)malloc(nsi*sizeof(double));
    for(i=0;i<nsi;i++)
        r[i]=0.0;
    for(k=1;k<=m;k++)
    {
        stif(k);
        i0j0(k);
        if(i0>=0)
            for(i=i0+1;i<=i0+3;i++)
            {
                for(j=i0+1;j<=i;j++)
                    r[iv[i-1]+j-i-1]+=ca[i-i0-1][j-i0-1];
                for(j=j0+1;j<=j0+3;j++)
                    r[iv[j-1]+i-j-1]+=cb[i-i0-1][j-j0-1];
            }
            for(j=j0+1;j<=j0+3;j++)
                for(i=j0+1;i<=j;i++)
                    r[iv[j-1]+i-j-1]+=ce[i-j0-1][j-j0-1];
    }
}
```

总刚度阵一维存储数组 r[iv[nn]]的三角化及回代求解的子函数应作相应的修改。

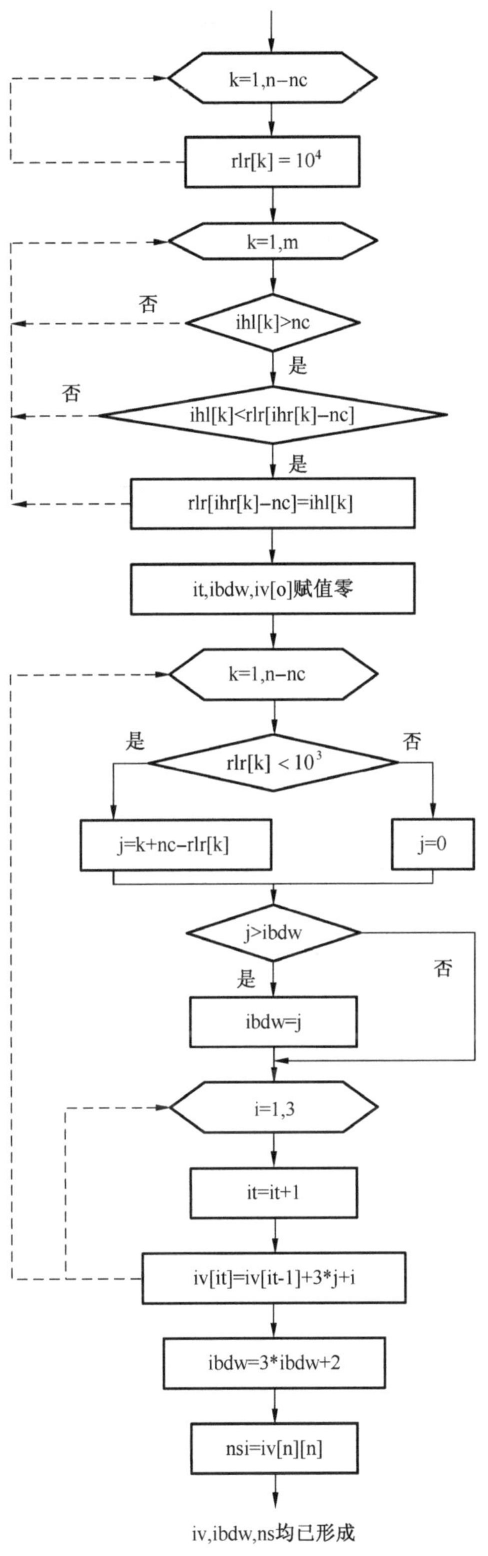

图 4-38　平面刚架总刚度阵一维存储参数计算程序框图

习　题

4-1　题 4-1 图所示刚架，各杆 EJ 为常数，试用手算各杆的单元刚度阵，并集合其总刚度阵。

4-2　若用程序电算题 4-2 图所示平面刚架，试填写原始数据表。各杆 $E=2\times10^7\text{kN/m}^2$，$A=0.25\text{m}^2$，$J=0.25\text{m}^4$。

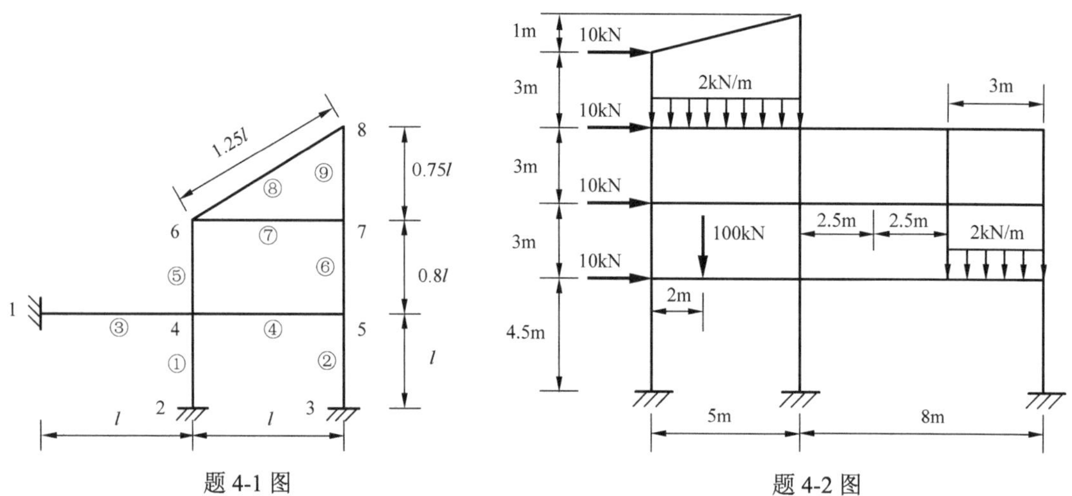

题 4-1 图　　　　题 4-2 图

4-3　按照所写出的平面刚架计算程序，对题 4-3 图所示刚架，填写原始数据表。

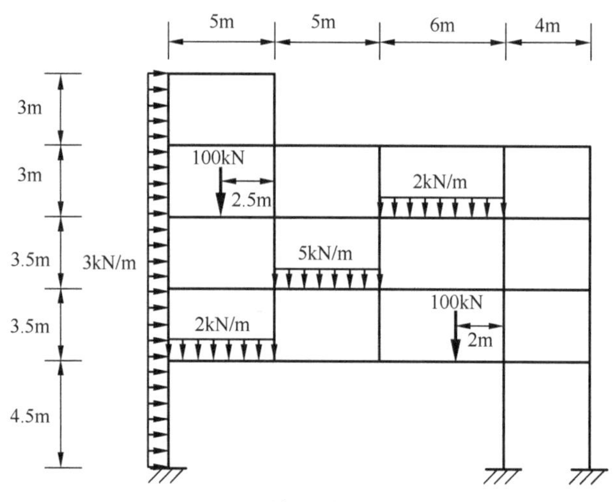

题 4-3 图

第 5 章　直接刚度法计算空间刚架

5.1　概　　述

工程结构实际上都是空间系统，一般在一定条件下简化为平面结构进行分析。例如图 5-1(a)所示的多层多跨房屋刚架结构、梁及柱组成空间结构，对于水平载荷如风载荷和地震作用来说，结构的横向刚度较小而纵向刚度较大。为了保证承载的能力，通常分析计算横向刚架如图 5-1(b)所示。但是经常有一些结构不具备将空间结构分解为平面刚架的条件，如横向都不是相同的刚架，纵横向的刚度类同或者载荷不能分解到平面刚架的同一个平面中去，动力机械基础、板架交叉梁系、输电铁塔、运输机械结构、天线铁架等都不乏这种情况。因此，如何按空间系统计算空间刚架结构是很重要的。但是在手算的条件下要进行空间系统的分析是比较困难的，借助计算机和程序按照空间系统计算才有现实意义。

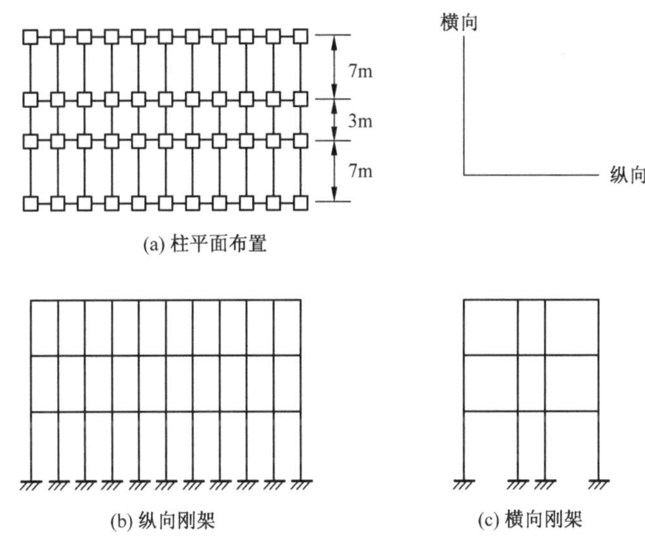

(a) 柱平面布置

(b) 纵向刚架　　(c) 横向刚架

图 5-1

采用刚度阵法求解空间刚架，其基本方程仍为

$$[K]\{U\}=\{F\} \qquad \text{(参见式(1-6))}$$

但是，刚度阵、位移向量及载荷向量都有相应的变化。在空间系统中节点的弹性位移自由度有六个，即节点位移向量有如下六个分量：

$$\{U_i\}=\{\delta_{xi} \quad \delta_{yi} \quad \delta_{zi} \quad \theta_{xi} \quad \theta_{yi} \quad \theta_{zi}\}^{\mathrm{T}} \tag{5-1}$$

若全系统有 TNN 个节点，其固定节点有 NFIN 个，则总的未知位移总数共有 TFD 个，TFD 应如下式计算：

$$\mathrm{TFD}=6\times(\mathrm{TNN}-\mathrm{NFIN}) \tag{5-2}$$

总刚度阵[K]的集合规律与 4.5 节中所述完全一样，但是单元杆件的刚度阵及坐标系统都有所不同了，于是相应的计算都应作一定的修改，以下各节将讨论这些问题。

5.2　空间刚架局部坐标到总体坐标的转换

三维的总坐标系 *OXYZ* 组成右手系统，杆件的中性轴线作为局部坐标系的 x 轴，横截面的主轴为 y、z 轴，xyz 也组成右手系统，如图 5-2 所示。一般情况下，其中 xy 平面与 Z 轴平行。

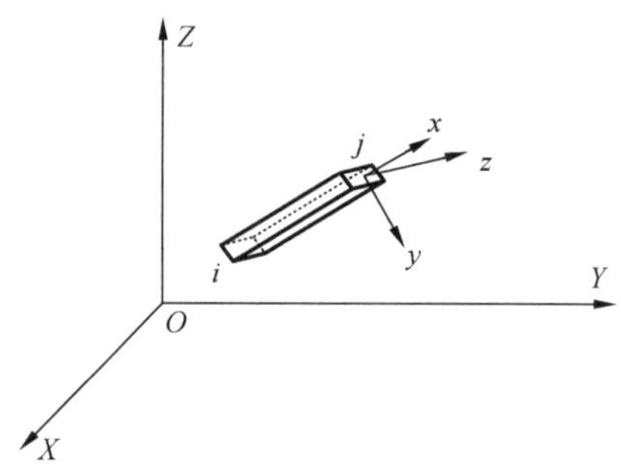

图 5-2

如果杆件的始端、末端 $(i，j)$ 点的坐标是已知的，则 x 轴的方向余弦是很好确定的。x 轴以始端到末端的方向为正。若以 cl、cm、cn 分别表示 x 轴与 X、Y、Z 各轴相交的方向余弦，则有下列关系式：

$$\begin{cases} \mathrm{cl} = \dfrac{x_j - x_i}{l} \\ \mathrm{cm} = \dfrac{y_j - y_i}{l} \\ \mathrm{cn} = \dfrac{z_j - z_i}{l} \end{cases} \tag{5-3}$$

式中，l 为杆长，可按下式计算：

$$l = \sqrt{(x_j - x_i)^2 + (y_j - y_i)^2 + (z_j - z_i)^2} \tag{5-4}$$

由式(5-3)算出 x 轴的方向余弦之后，则 y、z 轴的方向余弦就容易确定了，以 dl、dm、dn 分别表示 y 轴对 X、Y、Z 轴的方向余弦，以 el、em、en 表示 z 轴对 X、Y、Z 轴的方向余弦，于是可以根据 cl、cm、cn 算出 dl、dm、dn 和 el、em、en。

按照方向余弦的定义，各个坐标轴的单位向量之间有如下关系：

$$\begin{cases} \bar{i} = \mathrm{cl}\bar{I} + \mathrm{cm}\bar{J} + \mathrm{cn}\bar{K} \\ \bar{j} = \mathrm{dl}\bar{I} + \mathrm{dm}\bar{J} + \mathrm{dn}\bar{K} \\ \bar{k} = \mathrm{el}\bar{I} + \mathrm{em}\bar{J} + \mathrm{en}\bar{K} \end{cases} \tag{5-5}$$

式中，$\bar{i}$、$\bar{j}$、$\bar{k}$ 为局部坐标的单位向量；$\bar{I}$、$\bar{J}$、$\bar{K}$ 为总体坐标的单位向量。

由于所采用的 Z 轴与 xy 平面平行，则 Z 轴必与 z 轴相垂直，因而有如下关系：

$$\bar{k} \cdot \bar{K} = 0$$

即

$$(\bar{i} \times \bar{j}) \cdot \bar{K} = 0$$

单位向量之间有如下的点积关系：

$$\bar{i}\cdot\bar{j}=0,\quad \bar{i}\cdot\bar{i}=1,\quad \bar{j}\cdot\bar{j}=1$$

将式(5-5)代入上列四个关系式，运用有向积和无向积的规律，可以导得如下关系：

$$\mathrm{cl}\cdot\mathrm{dm}-\mathrm{cm}\cdot\mathrm{dl}=0$$

$$\mathrm{cl}\cdot\mathrm{dl}+\mathrm{cm}\cdot\mathrm{dm}+\mathrm{cn}\cdot\mathrm{dn}=0$$

$$\mathrm{dl}^2+\mathrm{dm}^2+\mathrm{dn}^2=1$$

$$\mathrm{cl}^2+\mathrm{cm}^2+\mathrm{cn}^2=1$$

当 cl 和 cm 不同时为零时，由此四式可以解出：

$$\mathrm{dl}=\mp\frac{\mathrm{cn}\cdot\mathrm{cl}}{\sqrt{\mathrm{cl}^2+\mathrm{cm}^2}},\quad \mathrm{dm}=\mp\frac{\mathrm{cn}\cdot\mathrm{cm}}{\sqrt{\mathrm{cl}^2+\mathrm{cm}^2}},\quad \mathrm{dn}=\pm\sqrt{\mathrm{cl}^2+\mathrm{cm}^2}$$

若规定所采用的 y 轴的方向余弦 dn<0，于是 dl、dm、dn 可由下式根据 cl、cm、cn 算出：

$$\mathrm{dl}=\frac{\mathrm{cn}\cdot\mathrm{cl}}{\sqrt{\mathrm{cl}^2+\mathrm{cm}^2}},\quad \mathrm{dm}=\frac{\mathrm{cn}\cdot\mathrm{cm}}{\sqrt{\mathrm{cl}^2+\mathrm{cm}^2}},\quad \mathrm{dn}=-\sqrt{\mathrm{cl}^2+\mathrm{cm}^2} \tag{5-6}$$

当 cl=0，cm=0 时，即为垂直杆，取 $\bar{j}=\bar{J}$，则 dl=0，dm=1、dn=0。el、em、en 则可由以下关系算出，因为 $\bar{k}=\bar{i}\times\bar{j}$，将式(5-5)代入，可以得出下列关系：

$$\mathrm{el}\bar{I}+\mathrm{em}\bar{J}+\mathrm{en}\bar{K}=\left(\mathrm{cl}\bar{I}+\mathrm{cm}\bar{J}+\mathrm{cn}\bar{K}\right)\times\left(\mathrm{dl}\bar{I}+\mathrm{dm}\bar{J}+\mathrm{dn}\bar{K}\right)$$

上式展开之后，可得以 cl、cm、cn、dl、dm 和 dn 表达的 el、em、en。

$$\mathrm{el}\bar{I}+\mathrm{em}\bar{J}+\mathrm{en}\bar{K}=(\mathrm{cm}\cdot\mathrm{dn}-\mathrm{cn}\cdot\mathrm{dm})\bar{I}+(\mathrm{cn}\cdot\mathrm{dl}-\mathrm{cl}\cdot\mathrm{dn})\bar{J}+(\mathrm{cl}\cdot\mathrm{dm}-\mathrm{cm}\cdot\mathrm{dl})\bar{K}$$

即

$$\begin{cases}\mathrm{el}=\mathrm{cm}\cdot\mathrm{dn}-\mathrm{cn}\cdot\mathrm{dm}\\ \mathrm{em}=\mathrm{cn}\cdot\mathrm{dl}-\mathrm{cl}\cdot\mathrm{dn}\\ \mathrm{en}=\mathrm{cl}\cdot\mathrm{dm}-\mathrm{cm}\cdot\mathrm{dl}\end{cases} \tag{5-7}$$

在实际结构中，往往还有一类杆件，不妨称之为特殊杆件，其断面主轴之一 y 轴与 x 轴所组成的 xy 平面不能与 Z 轴平行，此时，这类杆件的坐标转换时需要用的方向余弦必须重新考虑。这类杆件其 x 轴仍可按式(5-3)计算，y 轴与 z 轴的方向余弦式(5-6)和式(5-7)已不适用了，需另外推算。

由图 5-3 所示可知，若 y 轴为这类特殊杆件的一个断面主轴，当 y 轴转动了 α 角之后的位置为 y''轴，而 y''与 x 轴构成的平面恰好与 Z 轴平行。

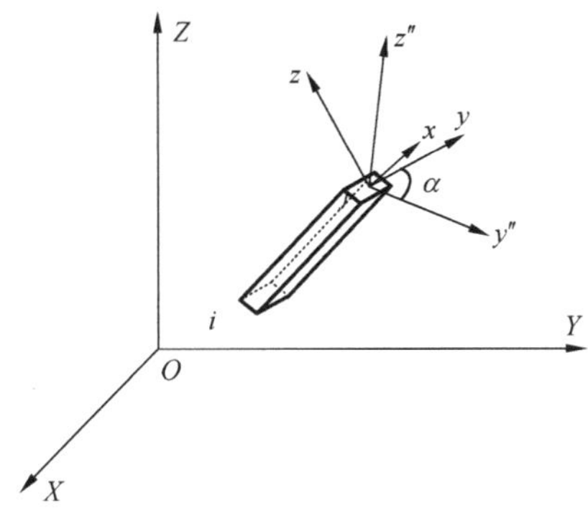

图 5-3

由于 y'' 轴符合前述杆件的性质，因此 y''轴的方向余弦 dl、dm、dn 可按式(5-6)来计算，与 y''垂直的坐标轴以 z''表示，则 $xy''z''$坐标系的单位向量为

$$\begin{cases}\bar{i}=\mathrm{cl}\bar{I}+\mathrm{cm}\bar{J}+\mathrm{cn}\bar{K}\\ \overline{j''}=\mathrm{dl}\bar{I}+\mathrm{dm}\bar{J}+\mathrm{dn}\bar{K}\\ \overline{k''}=\mathrm{el}\bar{I}+\mathrm{em}\bar{J}+\mathrm{en}\bar{K}=\mathrm{el}\bar{I}+\mathrm{em}\bar{J}\end{cases} \tag{5-8}$$

若以 gl、gm、gn 表示 y 轴的方向余弦，以 fl、fm、fn 表示 z 轴的方向余弦，则 x、y、z 轴的单位向量为

$$\begin{cases}\bar{i}=\mathrm{cl}\bar{I}+\mathrm{cm}\bar{J}+\mathrm{cn}\bar{K}\\ \bar{j}=\mathrm{gl}\bar{I}+\mathrm{gm}\bar{J}+\mathrm{gn}\bar{K}\\ \bar{k}=\mathrm{fl}\bar{I}+\mathrm{fm}\bar{J}+\mathrm{fn}\bar{K}\end{cases} \tag{5-9}$$

式(5-8)及式(5-9)所示的单位向量之间应有如下关系：

$$\bar{i}\cdot\bar{j}=0\,,\quad \overline{j''}\cdot\bar{j}=\cos\alpha\,,\quad \overline{k''}\cdot\bar{j}=\sin\alpha$$

若将式(5-8)及式(5-9)代入上列三式，即可得到下列三个关系式：

$$\begin{cases}\mathrm{cl}\cdot\mathrm{gl}+\mathrm{cm}\cdot\mathrm{gm}+\mathrm{cn}\cdot\mathrm{gn}=0\\ \mathrm{gl}\cdot\mathrm{dl}+\mathrm{gm}\cdot\mathrm{dm}+\mathrm{gn}\cdot\mathrm{dn}=\cos\alpha\\ \mathrm{el}\cdot\mathrm{gl}+\mathrm{em}\cdot\mathrm{gm}=\sin\alpha\end{cases}$$

若以矩阵形式表示上列关系，即可有如下形式：

$$\begin{bmatrix}\mathrm{cl} & \mathrm{cm} & \mathrm{cn}\\ \mathrm{dl} & \mathrm{dm} & \mathrm{dn}\\ \mathrm{el} & \mathrm{em} & 0\end{bmatrix}\begin{Bmatrix}\mathrm{gl}\\ \mathrm{gm}\\ \mathrm{gn}\end{Bmatrix}=\begin{Bmatrix}0\\ \cos\alpha\\ \sin\alpha\end{Bmatrix}$$

上列系数阵是坐标转换矩阵，因此它的转置阵即为其逆阵，于是可以得到 gl、gm、gn 如下：

$$\begin{Bmatrix}\mathrm{gl}\\ \mathrm{gm}\\ \mathrm{gn}\end{Bmatrix}=\begin{bmatrix}\mathrm{cl} & \mathrm{dl} & \mathrm{el}\\ \mathrm{cm} & \mathrm{dm} & \mathrm{em}\\ \mathrm{cn} & \mathrm{dn} & 0\end{bmatrix}\begin{Bmatrix}0\\ \cos\alpha\\ \sin\alpha\end{Bmatrix} \tag{5-10}$$

式中，cl、cm、cn、dl、dm、dn、el、em 均可由式(5-3)、式(5-6)及式(5-7)算出，对于特殊杆件，其断面主轴 y 转动多大角度可使它与 x 轴组成的平面与 z 轴平行是可知的，即 α 角是可知的，于是可根据式(5-10)计算出 gl、gm、gn。当 gl、gm、gn 已知后，式(5-9)中的 fl、fm、fn 就可按下式来计算，因为 $\bar{k}=\bar{i}\times\bar{j}$，也即有如下关系：

$$\mathrm{fl}\bar{I}+\mathrm{fm}\bar{J}+\mathrm{fn}\bar{K}=\left(\mathrm{cl}\bar{I}+\mathrm{cm}\bar{J}+\mathrm{cn}\bar{K}\right)\times\left(\mathrm{gl}\bar{I}+\mathrm{gm}\bar{J}+\mathrm{gn}\bar{K}\right)$$

因而可有以 cl、cm、cn、gl、dm、dn 表达的 fl、fm、fn 为

$$\mathrm{fl}\bar{I}+\mathrm{fm}\bar{J}+\mathrm{fn}\bar{K}=(\mathrm{cm}\cdot\mathrm{gn}-\mathrm{cn}\cdot\mathrm{gm})\bar{I}+(\mathrm{cn}\cdot\mathrm{gl}-\mathrm{cl}\cdot\mathrm{gn})\bar{J}+(\mathrm{cl}\cdot\mathrm{gm}-\mathrm{cm}\cdot\mathrm{gl})\bar{K}$$

即

$$
\begin{cases}
\mathrm{fl} = \mathrm{cm}\cdot\mathrm{gn} - \mathrm{cn}\cdot\mathrm{gm} \\
\mathrm{fm} = \mathrm{cn}\cdot\mathrm{gl} - \mathrm{cl}\cdot\mathrm{gn} \\
\mathrm{fn} = \mathrm{cl}\cdot\mathrm{gm} - \mathrm{cm}\cdot\mathrm{gl}
\end{cases}
\tag{5-11}
$$

至此，一般杆件与特殊杆件的方向余弦已如上述各式可以算出，于是就可得到这些杆件的局部坐标与总体坐标之间的转换关系。

对于非特殊的一般杆件，其杆端力在局部坐标和总体坐标之间有如下的转换关系：

$$
\begin{aligned}
S_x &= \mathrm{cl}\cdot s_x + \mathrm{dl}\cdot s_y + \mathrm{el}\cdot s_z \\
S_y &= \mathrm{cm}\cdot s_x + \mathrm{dm}\cdot s_y + \mathrm{em}\cdot s_z \\
S_z &= \mathrm{cn}\cdot s_x + \mathrm{dn}\cdot s_y + \mathrm{en}\cdot s_z \\
M_x &= \mathrm{cl}\cdot m_x + \mathrm{dl}\cdot m_y + \mathrm{el}\cdot m_z \\
M_y &= \mathrm{cm}\cdot m_x + \mathrm{dm}\cdot m_y + \mathrm{em}\cdot m_z \\
M_z &= \mathrm{cn}\cdot m_x + \mathrm{dn}\cdot m_y + \mathrm{en}\cdot m_z
\end{aligned}
$$

上述各式以矩阵形式表示，则有如下形式：

$$
\{S\} = \begin{Bmatrix} S_x \\ S_y \\ S_z \\ M_x \\ M_y \\ M_z \end{Bmatrix} = \begin{bmatrix}
\mathrm{cl} & \mathrm{dl} & \mathrm{el} & 0 & 0 & 0 \\
\mathrm{cm} & \mathrm{dm} & \mathrm{em} & 0 & 0 & 0 \\
\mathrm{cn} & \mathrm{dn} & \mathrm{en} & 0 & 0 & 0 \\
0 & 0 & 0 & \mathrm{cl} & \mathrm{dl} & \mathrm{el} \\
0 & 0 & 0 & \mathrm{cm} & \mathrm{dm} & \mathrm{em} \\
0 & 0 & 0 & \mathrm{cn} & \mathrm{dn} & \mathrm{en}
\end{bmatrix} \begin{Bmatrix} s_x \\ s_y \\ s_z \\ m_x \\ m_y \\ m_z \end{Bmatrix}
$$

由此式可见，坐标转换矩阵是 6×6 阶的，但是分块阵却是一样的，在程序中为了节省容量，可将此转换矩阵只存放其中相同的分块，而分块中为零元素的部分可以不管它，即令下列分块阵为转换矩阵[TO]

$$
[\mathrm{TO}] = \begin{bmatrix}
\mathrm{cl} & \mathrm{dl} & \mathrm{el} \\
\mathrm{cm} & \mathrm{dm} & \mathrm{em} \\
\mathrm{cn} & \mathrm{dn} & \mathrm{en}
\end{bmatrix}
\tag{5-12}
$$

对于特殊杆件，它的转换矩阵只要在程序中存放一个如下式所示的[TO]即可

$$
[\mathrm{TO}] = \begin{bmatrix}
\mathrm{cl} & \mathrm{gl} & \mathrm{fl} \\
\mathrm{cm} & \mathrm{gm} & \mathrm{fm} \\
\mathrm{cn} & \mathrm{gn} & \mathrm{fn}
\end{bmatrix}
\tag{5-13}
$$

以上的全部计算可编写一个子函数 KGBuildTAndTt（int k,float t[3][3],float tt[3][3]）。其中各变量的意义是：k 为杆件的程序编号；t[3][3]和 tt[3][3]均为 3×3 二维数组，分别存放坐标转换矩阵及其转置阵的子阵。图 5-4 给出了子函数的框图，调用该子函数后，即可算出 k 号杆的方向余弦 cl、cm、cn、dl、dm、dn、el、em、en 和转换矩阵[TO]及其转置阵。

子函数中所用的 alp 为全局变量，浮点型数组，代表各杆件的 α 角（当杆件为非特殊类型

时则此值为零）；sia、coa 分别为杆件的$\sin\alpha$和$\cos\alpha$；LCS 为全局变量，浮点型二维数组，存放杆件的杆长及 x 轴与总体系各轴之间的方向余弦。为了判别是否是特殊杆，程序中应有相应的信息。例如可将特殊杆件的编号放在一般杆件编号后面，而普通杆件的总数则是一个预先给定的数值。

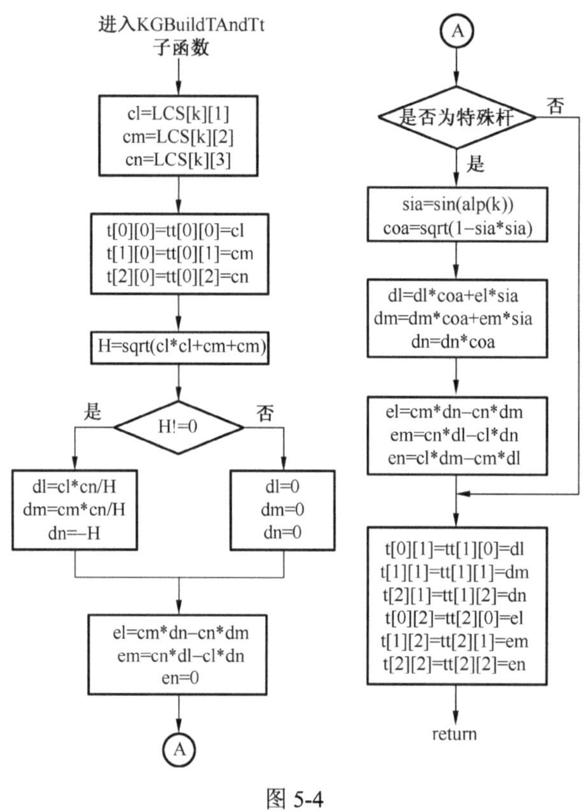

图 5-4

5.3 空间刚架单元杆件的刚度阵

杆件及其局部坐标系如图 5-5 所示，端 1 代表始端，端 2 代表末端。

y 轴及 z 轴是杆件横截面的主惯性轴，因而在 xy 平面和 xz 平面内的弯曲是互不干扰的，杆件在 xz 平面内的弯曲刚度 EJ_y，在 xy 平面内的弯曲刚度为 EJ_z，对这两个平面内的弯曲可以分别如平面结构中推导单元刚度那样分析，局部坐标系已于图 5-5 中表示，杆端力及杆端位移在局部坐标中的正负符号规定与平面结构中所讨论的完全一致，即杆端线位移与坐标轴正向相同为正，杆端弯矩及角位移的旋转矢量与坐标轴反向相同为正。

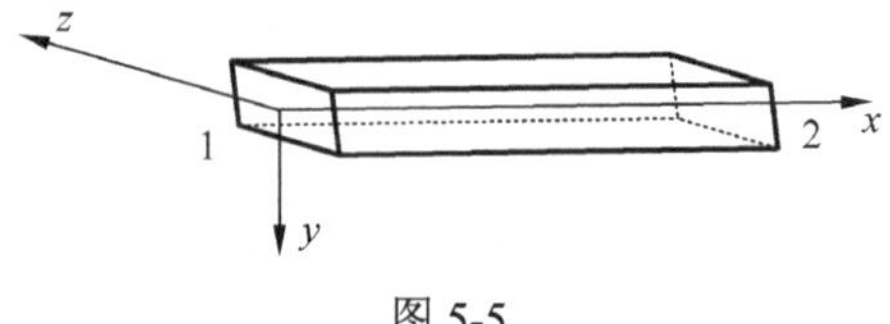

图 5-5

单元杆件在局部坐标系中的刚度阵有以下各式，它们分别在两个平面中分析：

$$\begin{Bmatrix} s_{x1} \\ s_{y1} \\ m_{z1} \end{Bmatrix} = \begin{bmatrix} \frac{EA}{l} & 0 & 0 \\ 0 & \frac{12EJ_z}{l^3} & -\frac{6EJ_z}{l^2} \\ 0 & -\frac{6EJ_z}{l^2} & \frac{4EJ_z}{l} \end{bmatrix} \begin{Bmatrix} \delta_{x1} \\ \delta_{y1} \\ \theta_{z1} \end{Bmatrix} + \begin{bmatrix} -\frac{EA}{l} & 0 & 0 \\ 0 & -\frac{12EJ_z}{l^3} & -\frac{6EJ_z}{l^2} \\ 0 & \frac{6EJ_z}{l^2} & \frac{2EJ_z}{l} \end{bmatrix} \begin{Bmatrix} \delta_{x2} \\ \delta_{y2} \\ \theta_{z2} \end{Bmatrix} \tag{5-14}$$

$$\begin{Bmatrix} s_{x2} \\ s_{y2} \\ m_{z2} \end{Bmatrix} = \begin{bmatrix} -\frac{EA}{l} & 0 & 0 \\ 0 & -\frac{12EJ_z}{l^3} & \frac{6EJ_z}{l^2} \\ 0 & -\frac{6EJ_z}{l^2} & \frac{2EJ_z}{l} \end{bmatrix} \begin{Bmatrix} \delta_{x1} \\ \delta_{y1} \\ \theta_{z1} \end{Bmatrix} + \begin{bmatrix} \frac{EA}{l} & 0 & 0 \\ 0 & \frac{12EJ_z}{l^3} & \frac{6EJ_z}{l^2} \\ 0 & \frac{6EJ_z}{l^2} & \frac{4EJ_z}{l} \end{bmatrix} \begin{Bmatrix} \delta_{x2} \\ \delta_{y2} \\ \theta_{z2} \end{Bmatrix} \tag{5-15}$$

$$\begin{Bmatrix} s_{x1} \\ s_{z1} \\ m_{y1} \end{Bmatrix} = \begin{bmatrix} \frac{EA}{l} & 0 & 0 \\ 0 & \frac{12EJ_y}{l^3} & \frac{6EJ_y}{l^2} \\ 0 & \frac{6EJ_y}{l^2} & \frac{4EJ_y}{l} \end{bmatrix} \begin{Bmatrix} \delta_{x1} \\ \delta_{z1} \\ \theta_{y1} \end{Bmatrix} + \begin{bmatrix} -\frac{EA}{l} & 0 & 0 \\ 0 & -\frac{12EJ_y}{l^3} & \frac{6EJ_y}{l^2} \\ 0 & -\frac{6EJ_y}{l^2} & \frac{2EJ_y}{l} \end{bmatrix} \begin{Bmatrix} \delta_{x2} \\ \delta_{z2} \\ \theta_{y2} \end{Bmatrix} \tag{5-16}$$

$$\begin{Bmatrix} s_{x2} \\ s_{z2} \\ m_{y2} \end{Bmatrix} = \begin{bmatrix} -\frac{EA}{l} & 0 & 0 \\ 0 & -\frac{12EJ_y}{l^3} & -\frac{6EJy}{l^2} \\ 0 & \frac{6EJ_y}{l^2} & \frac{2EJ_y}{l} \end{bmatrix} \begin{Bmatrix} \delta_{x1} \\ \delta_{z1} \\ \theta_{y1} \end{Bmatrix} + \begin{bmatrix} \frac{EA}{l} & 0 & 0 \\ 0 & \frac{12EJ_y}{l^3} & -\frac{6EJ_y}{l^2} \\ 0 & -\frac{6EJ_y}{l^2} & \frac{4EJ_y}{l} \end{bmatrix} \begin{Bmatrix} \delta_{x2} \\ \delta_{z2} \\ \theta_{y2} \end{Bmatrix} \tag{5-17}$$

除了以上在两个平面中的弯曲之外，对于绕杆轴自身的扭转刚度也必须考虑，如果忽略扭转时的轴向翘曲效应，则绕 x 轴的扭转方程式为

$$m_{x1} = -m_{x2} = \frac{GJ_P}{l}(\theta_{x1} - \theta_{x2}) \tag{5-18}$$

式中，$\frac{GJ_P}{l}$ 为杆件的扭转刚度。

将式(5-14)～式(5-18)综合成一个矩阵表达式，用以表示空间单元杆件在局部坐标系中的刚度阵，可有如下缩写形式：

$$\begin{aligned} \{s_1\} &= [k_{11}]\{u_1\} + [k_{12}]\{u_2\} \\ \{s_2\} &= [k_{21}]\{u_1\} + [k_{22}]\{u_2\} \end{aligned} \tag{5-19}$$

式中，杆端力及位移分量各有六个分量如下：

$$\{s\} = \{s_x \quad s_y \quad s_z \quad m_x \quad m_y \quad m_z\}^{\mathrm{T}} \tag{5-20}$$

$$\{u\} = \{\delta_x \quad \delta_y \quad \delta_z \quad \theta_x \quad \theta_y \quad \theta_z\}^{\mathrm{T}} \tag{5-21}$$

将缩写形式的单元刚度阵展开，各为 6×6 阶的矩阵，具有如下形式：

$$[k_{11}]=\begin{bmatrix} \frac{EA}{l} & 0 & 0 & 0 & 0 & 0 \\ 0 & \frac{12EJ_z}{l^3} & 0 & 0 & 0 & \frac{6EJ_z}{l^2} \\ 0 & 0 & \frac{12EJ_y}{l^3} & 0 & -\frac{6EJ_y}{l^2} & 0 \\ 0 & 0 & 0 & \frac{GJ_P}{l} & 0 & 0 \\ 0 & 0 & -\frac{6EJ_y}{l^2} & 0 & \frac{4EJ_y}{l} & 0 \\ 0 & \frac{6EJ_z}{l^2} & 0 & 0 & 0 & \frac{4EJ_z}{l} \end{bmatrix} \tag{5-22}$$

$$[k_{12}]=[k_{21}]^{\mathrm{T}}\begin{bmatrix} -\frac{EA}{l} & 0 & 0 & 0 & 0 & 0 \\ 0 & -\frac{12EJ_z}{l^3} & 0 & 0 & 0 & \frac{6EJ_z}{l^2} \\ 0 & 0 & -\frac{12EJ_y}{l^3} & 0 & -\frac{6EJ_y}{l^2} & 0 \\ 0 & 0 & 0 & -\frac{GJ_{\mathrm{P}}}{l} & 0 & 0 \\ 0 & 0 & \frac{6EJ_y}{l^2} & 0 & \frac{2EJ_y}{l} & 0 \\ 0 & -\frac{6EJ_z}{l^2} & 0 & 0 & 0 & \frac{2EJ_z}{l} \end{bmatrix} \tag{5-23}$$

$$[k_{22}]=\begin{bmatrix} \frac{EA}{l} & 0 & 0 & 0 & 0 & 0 \\ 0 & \frac{12EJ_z}{l^3} & 0 & 0 & 0 & -\frac{6EJ_z}{l^2} \\ 0 & 0 & \frac{12EJ_y}{l^3} & 0 & \frac{6EJ_y}{l^2} & 0 \\ 0 & 0 & 0 & \frac{GJ_{\mathrm{P}}}{l} & 0 & 0 \\ 0 & 0 & \frac{6EJ_y}{l^2} & 0 & \frac{4EJ_y}{l} & 0 \\ 0 & -\frac{6EJ_z}{l^2} & 0 & 0 & 0 & \frac{4EJ_z}{l} \end{bmatrix} \tag{5-24}$$

如果同时还要考虑剪切变形，可如第 4 章所推导的那样分析，也可得到如下形式的单元刚度阵：

$$
[k_{11}]=\begin{bmatrix}
\frac{EA}{l} & 0 & 0 & 0 & 0 & 0 \\
0 & \frac{2}{B_z} & 0 & 0 & 0 & -\frac{l}{B_z} \\
0 & 0 & \frac{2}{B_y} & 0 & \frac{l}{B_y} & 0 \\
0 & 0 & 0 & \frac{GJ_{\mathrm{P}}}{l} & 0 & 0 \\
0 & 0 & \frac{l}{B_y} & 0 & \frac{C_y}{B_y} & 0 \\
0 & -\frac{l}{B_z} & 0 & 0 & 0 & \frac{C_z}{B_z}
\end{bmatrix} \tag{5-25}
$$

$$
[k_{12}]=[k_{21}]^{\mathrm{T}}=\begin{bmatrix}
-\frac{EA}{l} & 0 & 0 & 0 & 0 & 0 \\
0 & -\frac{2}{B_z} & 0 & 0 & 0 & -\frac{l}{B_z} \\
0 & 0 & -\frac{2}{B_y} & 0 & \frac{l}{B_y} & 0 \\
0 & 0 & 0 & -\frac{GJ_{\mathrm{P}}}{l} & 0 & 0 \\
0 & 0 & -\frac{l}{B_y} & 0 & \frac{H_y}{B_y} & 0 \\
0 & \frac{l}{B_z} & 0 & 0 & 0 & \frac{H_z}{B_z}
\end{bmatrix} \tag{5-26}
$$

$$
[k_{22}]=\begin{bmatrix}
\frac{EA}{l} & 0 & 0 & 0 & 0 & 0 \\
0 & \frac{2}{B_z} & 0 & 0 & 0 & \frac{l}{B_z} \\
0 & 0 & \frac{2}{B_y} & 0 & -\frac{l}{B_y} & 0 \\
0 & 0 & 0 & \frac{GJ_{\mathrm{P}}}{l} & 0 & 0 \\
0 & 0 & -\frac{l}{B_y} & 0 & \frac{C_y}{B_y} & 0 \\
0 & \frac{l}{B_z} & 0 & 0 & 0 & \frac{C_z}{B_z}
\end{bmatrix} \tag{5-27}
$$

式中，

$$
B_z=\frac{l^3}{6EJ_z}+\frac{2\mu l}{GA}, \qquad B_y=\frac{l^3}{6EJ_y}+\frac{2\mu l}{GA}
$$

$$C_z=\frac{2}{3}l^2+\frac{2\mu EJ_z}{GA}, \qquad C_y=\frac{2}{3}l^2+\frac{2\mu EJ_y}{GA}$$

$$H_z=\frac{1}{3}l^2-\frac{2\mu EJ_z}{GA}, \qquad H_y=\frac{1}{3}l^2-\frac{2\mu EJ_y}{GA}$$

5.2 节已讨论了坐标转换矩阵，即有如下以分块阵表示的形式：

$$[T]=\begin{bmatrix}\mathrm{TO} & 0\\ 0 & \mathrm{TO}\end{bmatrix} \tag{5-28}$$

式中，分块阵[TO]视其为一般杆件或特殊杆件而分别以式(5-12)或式(5-13)表示。

杆端力和杆端位移在局部坐标和整体坐标之间的转换关系与第 2 章中的转换是一样的，如式(2-11)及式(2-14)所示：

$$\{s\}=[T]\{S\} \qquad \text{(参见式(2-11))}$$

$$\{u\}=[T]^{\mathrm{T}}\{U\} \qquad \text{(参见式(2-14))}$$

由此可知，空间系统中单元刚度阵在两种坐标系之间的转换关系也如平面结构一样，可有如下形式：

$$\begin{aligned}&[K_{11}]=[T][k_{11}][T]^{\mathrm{T}}\\ &[K_{12}]=[K_{21}]^{\mathrm{T}}=[T][k_{12}][T]^{\mathrm{T}}\\ &[K_{22}]=[T][k_{22}][T]^{\mathrm{T}}\end{aligned} \tag{5-29}$$

式中，坐标转换矩阵$[T]$如式(5-28)所示，而其转置阵$[T]^{\mathrm{T}}$则有如下形式：

$$[T]^{\mathrm{T}}=\begin{bmatrix}[\mathrm{TO}]^{\mathrm{T}} & 0\\ 0 & [\mathrm{TO}]^{\mathrm{T}}\end{bmatrix} \tag{5-30}$$

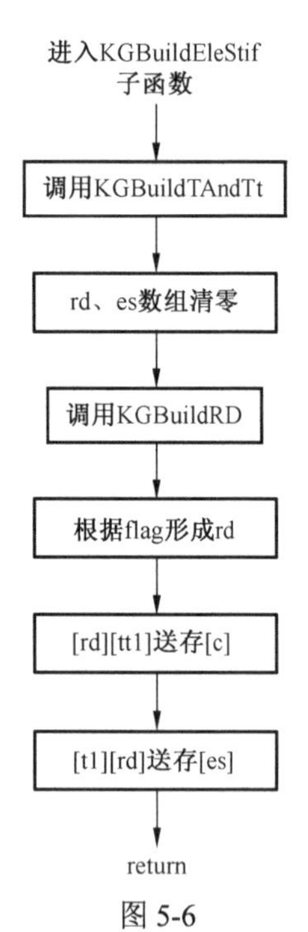

图 5-6

总体坐标中的单元刚度阵式(5-29)的计算，在程序中可以写成一个子函数 KGBuildEleStif (int k,int flag,float es[6][6])。由式(5-28)及式(5-30)可知，式(5-29)中的$[T]$和$[T]^{\mathrm{T}}$阵均可以主对角分块表示，所以进行式(5-29)的计算时可不必以 6×6 阶的三个矩阵相乘，而可用 3×3 阶的三个矩阵相乘代替，因而可节省计算时间及所占用的内存单元。子函数 KGBuildEleStif 的框图如图 5-6 所示，其中第七和第八框使用了 3×3 阶的矩阵相乘的方法。

现对图 5-6 作如下说明。

子函数 KGBuildEleStif 的参数中，k 为杆件程序编号，flag 为$[K]$矩阵子阵的位置标号，即$[K]$阵的四个子阵的 flag 值分别对应 1～4。es 为 6×6 浮点型数组，存放坐标转换后的单元刚度阵的子阵。因此，多次调用该子函数，并使用不同的 flag 值，即可得到各子阵。

子函数 KGBuildRD 的参数中，k 和 flag 与前面含义相同，rd 为 6×6 浮点型数组，根据不同的 flag 值，生成相应的$[K]$阵子阵并存放其中。

子函数 KGBuildEleStif 中，t1[6][6]和 tt1[6][6]均为 6×6 浮点型数组，代表由 3×3 [TO]形成的坐标转换矩阵和其转置阵，具体编程时可按照前面所述的 3 阶矩阵相乘的方法进行。

该框图中，rd 存放的是数组$\left[k_{11}\right]$、$\left[k_{12}\right]$或$\left[k_{22}\right]$，在这一段程序结束时存放的已是总体坐标系中的单元刚度阵子阵$\left[K_{11}\right]$、$\left[K_{12}\right]$或$\left[K_{22}\right]$了。需要注意的是，$\left[K_{21}\right]$是$\left[K_{12}\right]$的转置，因而由$\left[K_{12}\right]$转置可得到以后要在形成总刚度阵时需要的$\left[K_{21}\right]$。

5.4 空间刚架位移连续条件及节点对号

单元杆件的端点位移按照连续条件应该等于相应的节点位移，在编制程序时，应使某一杆件的始端、末端位移等于节点的位移向量中相应位置的元素，也即要解决好“对号”关系。

与平面刚架类同，“对号”关系可编制成子函数 KGI0J0 来计算，以便随时调用。由于空间刚架的节点位移有六个自由度，所以此处的“对号”关系 I0 及 J0 应如下计算：

I0=6(i–NFIN–1)，　J0=(j–NFIN–1)*6

其中，i、j 分别是杆件的始端、末端号码，即有以下关系：

i=BNR(k)，　j=ENR(k)

于是，始端的六个杆端位移在总的位移向量中相应的第 I0+1、I0+2、I0+3、I0+4、I0+5、I0+6 个位置，而末端的六个杆端位移在总的位移向量中相应的第 J0+1、J0+2、J0+3、J0+4、J0+5、J0+6 个位置。

5.5 空间刚架总刚度阵的集合

空间刚架基本方程式如式(1-6)所示：

$$[K]\{U\}=\{F\} \qquad \text{(参见式(1-6))}$$

空间刚架总刚度阵[K]的集合规律与平面刚架是一样的，调用子函数 stif( )后，各杆的单元刚度阵已算出，即可按下列规律集合组成平面刚架总刚度阵[K]，若某杆连接节点 i 和 j，则

(1) $[K_{11}]$累加到 i 行主对角元素的分块位置；

(2) $[K_{22}]$累加到 j 行主对角元素的分块位置；

(3) $[K_{12}]$累加到 i 行 j 列非对角分块位置；

(4) $[K_{21}]$累加到 j 行 i 列非对角分块位置。

类同于平面刚架，以标识符 R 表示总刚度阵，要求程序自动形成这个数组。

由于总刚度阵中有很多零元素，而且有各单元杆件刚度的累加，因而首先应将 R 数组清零，其次，对每一杆件的两端节点位移要与总位移向量对上号，如果始端是固定端，则在总刚度阵中就不必安排这一节点的位置，其他节点则“对号”确定它在总位移中的位置，以便将相应杆件单元刚度累加入总刚度阵，形成总刚度阵的计算流程可由图 5-7 所示的框图表明，这一流程也可编制成子函数。

对于对称而又稀疏的刚度阵，可以节省存储而改用带状阵形式，为此，首先要算出最大半带宽，若以标识符 IBDW 表示最大半带宽，类同于平面刚架，IBDW 可以按下式进行计算：

$$\begin{aligned}&\text{IBDW}=\text{Max}\{6\times(\text{ENR}(k)-\text{BNR}(k))+5\}\\&\text{BNR}(k)>\text{NFIN}\end{aligned} \qquad (5\text{-}31)$$

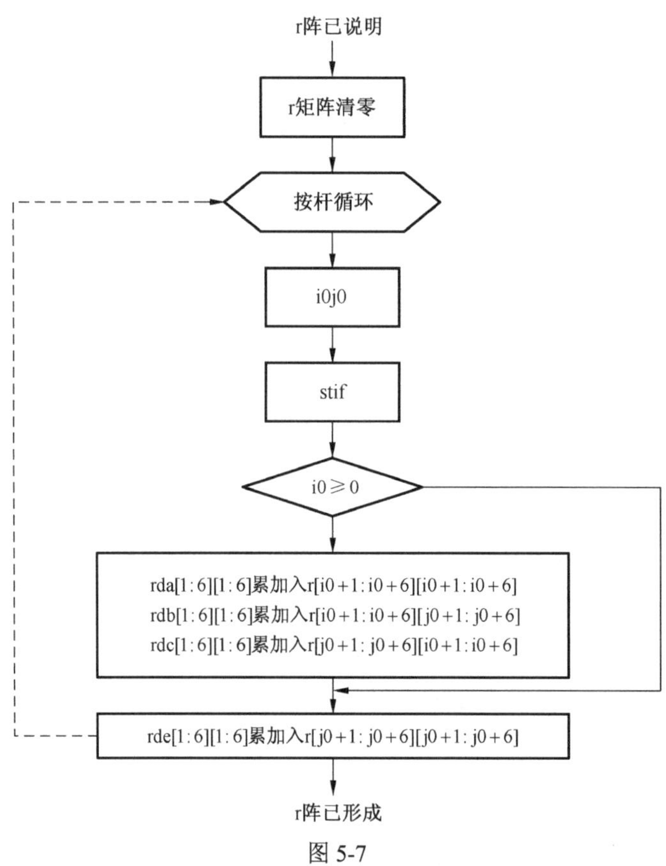

图 5-7

当 R[nn][– IBDW]阵是带状存储时，则累加形成的程序段(即图 5-7 中第六、七框)可写成如下形式：

```
if(i0>=0)
{
    for(i=0;i<6;i++)
    {
        for(j=0;j<=i;j++)
            R[i0+i][j-i+2]+=rda[i][j];
        for(j=0;j<6;j++)
            R[j0+i][j0+i-i0-j+2]+=rdb[i][j];
    }
}
for(i=0;i<6;i++)
    for(j=0;j<=i;j++)
        R[j0+i][j-i+2]+=rde[i][j];
```

由于空间刚架每个节点有六个弹性位移自由度，因而必然导致 R 数组容量过大，为节省内存，R 阵经常采用一维变带宽存储。为此，首先要计算对角元素指示矩阵 IV[TFD]，R 矩阵的上界偶 NSI 和最大半带宽 IBDW，这个计算可参考平面刚架的第 4 章图 4-38 所示框图编制程序，只是由于平面体系改为空间体系，因而框图中第 13、15 和 16 框要作相应的变化。第 13 框的 i 循环将由 1 到 3(步长为 1)改为 1 到 6(步长为 1)，第 15 框的 3*j 改为 6*j，第 16 框将改为 IBDW=6*IBDW+5，这段计算也可编成子函数。调用此子函数的语句可仍然放在主程序中，在形成总刚度阵之前执行。

应用一维存储时，总刚度阵 R 累加形成的程序段(即图 5-7 的第 6、7 框)应修改成如下形式：

```
if(i0>=0)
{
    for(i=0;i<6;i++)
    {
        for(j=0;j<=i;j++)
            R[IV[i0+i]+j-i]+=rda[i][j];
        for(j=0;j<6;j++)
            R[IV[j0+i] +i0+j-j0-i]+=rdb[i][j];
    }
}
for(i=0;i<6;i++)
    for(j=0;j<=i;j++)
        R[IV[j0+i]+j-i]+=rde[i][j];
```

若外载是节点载荷作为已知输入的向量，则在总刚度阵形成之后，就可调用三角化和回代的子函数而算出节点位移向量，接下来计算各个截面的内力也类同于平面刚架中的计算，只是算出的内力数组也应由三个变成六个，即有：

IFS(1)：轴力；

IFS(2)：y 方向的剪力；

IFS(3)：z 方向的剪力；

IFS(4)：绕 x 轴的扭矩；

IFS(5)：绕 y 轴的弯矩；

IFS(6)：绕 z 轴的弯矩。

图 5-8 所示为空间刚架计算时主程序的流程(总刚度阵 R 采用一维变带宽存储)。读者按照这些原理不难将空间刚架的程序编出。

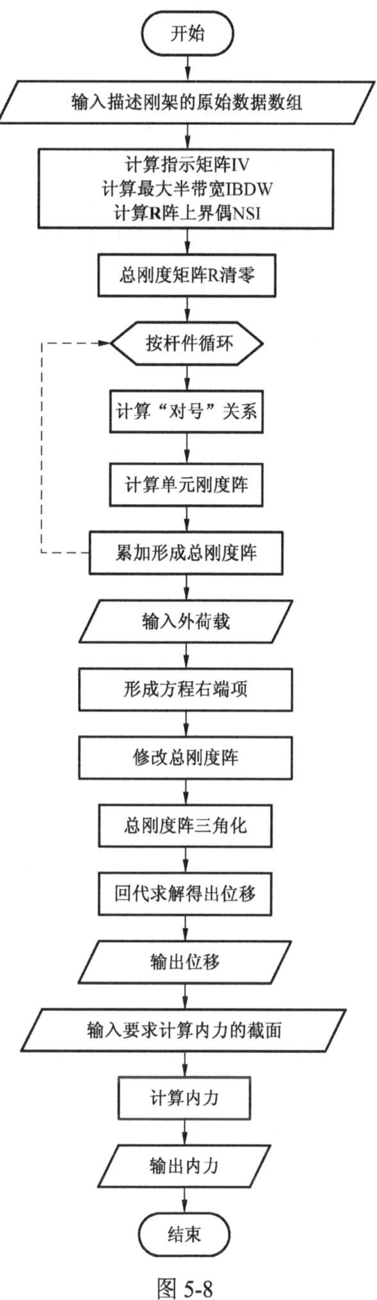

图 5-8

5.6 空间刚架载荷向量的形成

当载荷并非是完全作用在节点上时，应将非节点载荷转化成等效的节点载荷，节点载荷的六个分量应与节点位移向量对应，如节点 A 处外力向量即有如下形式：

$$\{F_i\}=\{p_{XA} \quad p_{YA} \quad p_{ZA} \quad M_{XA} \quad M_{YA} \quad M_{ZA}\}^{\mathrm{T}} \tag{5-32}$$

对于全结构而言，外力向量应有如下形式：

$$\{F\}=\{p_{X,C+1},p_{Y,C+1},p_{Z,C+1},M_{X,C+1},M_{Y,C+1},M_{Z,C+1},$$
$$p_{X,C+2},p_{Y,C+2},p_{Z,C+2}\cdots p_{X,N},p_{Y,N},p_{Z,N},M_{X,N},M_{Y,N},M_{Z,N}\}^{\mathrm{T}} \tag{5-33}$$

上式中，下标 C 代表固定节点数 NFIN，下标 N 代表节点总数 TNN。

作用在单元杆上的载荷引起杆端支撑反力，这些反力的反作用力作用在节点上，应向总体坐标作坐标转换，由于作用在主惯性平面内的载荷互不干扰，因此在各个平面内的载荷的等效载荷可如同平面刚架中处理时类同地运算，为了分清不同的作用平面，不妨将载荷类型的区分信息 IND 取成正数或负数，可令 IND>0 的载荷表示作用在 xy 平面内的，而 IND<0 者视为作用在 xz 平面内的，至于作用在非惯性平面内的载荷在转化的同时还应产生扭矩 M_x。

在主惯性平面内作用的横向载荷转化为节点载荷完全可参照平面刚架中的转化过程写出子函数，而对于非惯性平面内的载荷所附加的扭矩作用所引起的支承反作用力应给出相应的计算公式，表 5-1 给出几种情况以供编写程序时参考。

表 5-1

载荷图像	反力计算公式
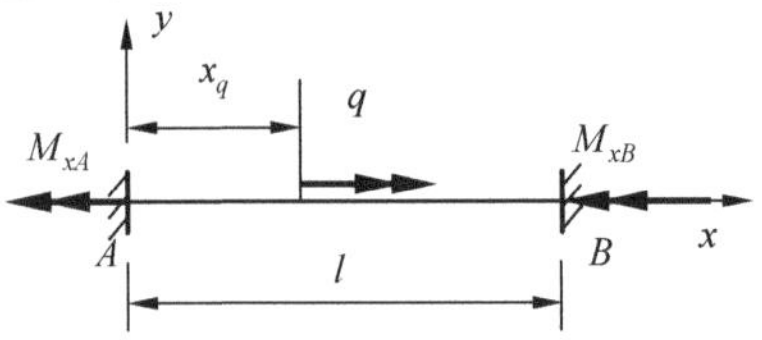 y; x_q; q; M_{xA}; M_{xB}; A; B; x; l	$M_{xA}=-q(1-z)$ $M_{xB}=-qz$ 其中，$z=\dfrac{x_q}{l}$
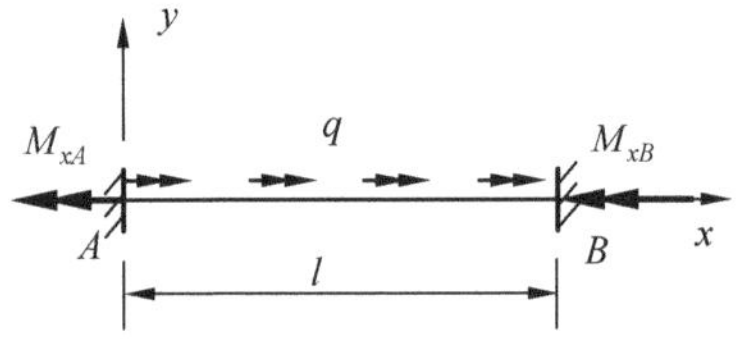 y; q; M_{xA}; M_{xB}; A; B; x; l	$M_{xA}=-\dfrac{ql}{2}$ $M_{xB}=-\dfrac{ql}{2}$

5.7 空间刚架子结构介绍

计算空间刚架或其他大型的结构时，杆件和节点很多，于是总刚度阵的阶数将会很高，占用计算机的内存很多，在一定的容量条件下，相对地只能计算比较小的结构，为了克服这个缺点，可以将整个结构分割成一些子结构，如果这些子结构的刚度特性已经确定，这些子结构可以作为复杂的结构单元来处理，再建立整个结构的矩阵位移方程，解出子结构边界上的位移，在已知这些子结构边界位移的情况下，分别分析每个子结构以至了解全结构的位移和内力。与整个结构的解相比，边界位移的解所涉及的未知数的数目要少得多，可以达到节省机器容量的目的。

子结构分析的矩阵位移法，其一般原理是首先分别用位移法分析每个子函数，此时各子结构相邻的所有公共边界是完全固定的，然后这些边界同时放松，由边界接缝处的力的平衡方程决定真实的边界位移，于是在已知子结构荷载和边界位移的条件下，再分别分析每个子结构。

5.7.1 边界固定的各子结构分析

子结构的边界视作全部固定，在子结构内部载荷作用下，可以算出边界上的反力及边界出口的子结构单元刚度阵。

第 r 个子结构作为一个自由体，可以写出它的刚度阵为$\left[k\right]^r$，根据子结构的边界点和内部点可以把$\left[k\right]^r$写成分块阵的形式：

$$\left[k\right]^r = \begin{bmatrix} k_{bb} & k_{bl} \\ k_{ib} & k_{ii} \end{bmatrix}^r$$

其中，下标 b 表示边界上的点，i 表示内部的点。

对于第 r 个子结构来说，其位移与外力之间应如下联系：

$$\begin{bmatrix} k_{bb} & k_{bi} \\ k_{ib} & k_{ii} \end{bmatrix}^r \begin{Bmatrix} U_b^r \\ U_i^r \end{Bmatrix} = \begin{Bmatrix} F_b^r \\ F_i^r \end{Bmatrix} \tag{5-34}$$

其中，$F_b{}^r$为子结构边界上的载荷，$F_i{}^r$为子结构内部的载荷。

位移向量可以看做两个向量的叠加。其中一个是边界固定时在内部的荷载$\{P_i^r\}$作用下引起的，以下标 α 标志；另一个是放松边界时，即有边界位移时子结构上的位移，以下标 β 标志。即有如下关系：

$$\begin{Bmatrix} U_b^r \\ U_i^r \end{Bmatrix} = \begin{Bmatrix} U_{b\alpha}^r \\ U_{i\alpha}^r \end{Bmatrix} + \begin{Bmatrix} U_{b\beta}^r \\ U_{i\beta}^r \end{Bmatrix} \tag{5-35}$$

按照上述定义，可知$\{U_{b\alpha}^r\}$=0，而$\{U_{b\beta}^r\}$则就是$\{U_b^r\}$。

对应位移，载荷也分为 α、β 分别标志的两部分，即有如下具体的形式：

$$\begin{Bmatrix} F_b^r \\ F_i^r \end{Bmatrix} = \begin{Bmatrix} F_{b\alpha}^r \\ F_{i\alpha}^r \end{Bmatrix} + \begin{Bmatrix} F_{b\beta}^r \\ F_{i\beta}^r \end{Bmatrix} \tag{5-36}$$

而根据定义，可知$\{F_{i\alpha}^r\}$=$\{F_i^r\}$，而$\{F_{i\beta}^r\}$=$\{0\}$。

位移和力分成了两个部分的叠加，于是式(5-34)可以写成如下形式：

$$\begin{bmatrix} k_{bb} & k_{bi} \\ k_{ib} & k_{ii} \end{bmatrix}^r \left(\begin{Bmatrix} 0 \\ U_{i\alpha}^r \end{Bmatrix} + \begin{Bmatrix} U_b^r \\ U_{i\beta}^r \end{Bmatrix}\right) = \left(\begin{Bmatrix} F_{b\alpha}^r \\ F_i^r \end{Bmatrix} + \begin{Bmatrix} F_{b\beta}^r \\ 0 \end{Bmatrix}\right) \tag{5-37}$$

式(5-37)展开之后，可得到以下关系：

$$\left[k_{bi}\right]^r \left\{U_{i\alpha}^r\right\} = \left\{P_{b\alpha}^r\right\} \tag{5-38}$$

$$\left[k_{ii}\right]^r \left\{U_{i\alpha}^r\right\} = \left\{P_i^r\right\} \tag{5-39}$$

$$\left[k_{bb}\right]^r \left\{U_b^r\right\} + \left[k_{bi}\right]^r \left\{U_{i\beta}^r\right\} = \left\{F_{b\beta}^r\right\} \tag{5-40}$$

$$\left[k_{ib}\right]^r \left\{U_b^r\right\} + \left[k_{ii}\right]^r \left\{U_{i\beta}^r\right\} = \left\{0\right\} \tag{5-41}$$

由式(5-39)可以解出子结构边界固定时子结构内部载荷产生的子结构内的位移。由于子结构的边界是固定的，因而$[k_{ii}]^r$是非奇异的矩阵，因而是可逆的。于是可得如下关系：

$$\left\{U_{i\alpha}^r\right\} = \left(\left[k_{ii}\right]^r\right)^{-1} \left\{F_i^r\right\} \tag{5-42}$$

确定了$\{U_{i\alpha}^r\}$之后，则可由式(5-38)算出$\{F_{b\alpha}^r\}$，实际上这就是子结构边界固定时，由外载$\{F_i^r\}$引起的边界固端反力，因而可知如下表达：

$$\left\{R_b^r\right\}=\left\{F_{b\alpha}^r\right\}=\left[k_{bi}\right]^r\left\{U_{i\alpha}^r\right\}=\left[k_{bi}\right]^r\left(\left[k_{ii}\right]^r\right)^{-1}\left\{F_i^r\right\} \tag{5-43}$$

从式(5-40)、式(5-41)两式中消去$\{U_{i\beta}^r\}$可以导出子结构边界位移所对应的刚度阵。由式(5-41)可得

$$\left\{U_{i\beta}^r\right\}=-\left(\left[k_{ii}\right]^r\right)^{-1}\left[k_{ib}\right]^r\left\{U_b^r\right\} \tag{5-44}$$

将式(5-44)代入式(5-40)，可得下列方程式：

$$\left(\left[k_{bb}\right]^r-\left[k_{bi}\right]^r\left(\left[k_{ii}\right]^r\right)^{-1}\left[k_{ib}\right]^r\right)\left\{U_b^r\right\}=\left\{F_{b\beta}^r\right\} \tag{5-45}$$

显然，子结构的出口刚度阵即式(5-45)的系数矩阵，记作$\left[k_b\right]^r$，即为下式：

$$\left[k_b\right]^r=\left[k_{bb}\right]^r-\left[k_{bi}\right]^r\left(\left[k_{ii}\right]^r\right)^{-1}\left[k_{ib}\right]^r \tag{5-46}$$

式(5-46)所示即为第 r 个子结构的出口刚度阵，整个结构系统分成若干个子结构，每一个子结构都可以如式(5-46)那样得到它们的出口刚度阵，全部子结构的单元刚度可以集合而成整个结构的边界刚度阵$[k_b]$，$[k_b]$的集合规律可类同于以前各章所述的方法处理。

5.7.2 边界放松各子结构分析

边界载荷及各个子结构边界反力作用下，边界上满足平衡，由此平衡条件决定边界位移。

当子结构边界固定时，内部载荷作用下产生了边界反力。即为式(5-43)所示的固端反力，这反力使边界存在不平衡状态。放松边界使之产生位移，这些位移所引起的边界上的反力应与上述固端反力一起满足边界上的平衡条件。

边界位移引起的边界上的反力为$[k_b]\{U_b\}$。向量$\{U_b\}$是指全部子结构边界的位移。$[k_b]$是由各个子结构的刚度阵$[k_b]^r$集合而成的，如果不组成若干个子结构，则结构的刚度阵$[K]$的阶数一定远大于$[k_b]$的阶数。所以$[k_b]$在计算机中所占的容量将比$[K]$要小。

原来的边界载荷与子结构的边界反力组成的合力相当于此时的载荷。在子结构上应按下式计算：

$$\left\{S_b^r\right\}=\left\{F_{b\beta}^r\right\}=\left\{F_b^r\right\}-\left\{R_b^r\right\}=\left\{F_b^r\right\}-\left\{F_{b\alpha}^r\right\} \tag{5-47}$$

每一个子结构上都按此计算，对应于$[k_b]$由$[k_b]^r$集合而成，将$[S_b]^r$集合而成$[S_b]$，这就是按子结构组成的整体的载荷向量。于是就可得到以边界位移表示的全结构的平衡方程式如下：

$$\left[k_b\right]\left\{U_b\right\}=\left\{S_b\right\} \tag{5-48}$$

由式(5-48)解出各子结构边界上的位移$\{U_b\}$。于是第 r 个子结构边界上的位移就是从$\{U_b\}$的相应位置上去取得的一个子列阵。

5.7.3 子结构内部的位移

子结构内部的位移为上两种情况的叠加。确定了位移的真实状态后，根据各元素的刚度可以确定内力状态。

子结构边界固定时，由外载引起的内部位移$\{U_{i\alpha}^r\}$，可由式(5-42)算出，放松边界后，由于边界位移$\{U_b\}$而引起的子结构内部的位移$\{U_{i\beta}^r\}$可由式(5-44)计算，实际第 r 个子结构内部的位移为二者之叠加：

$$\left\{U_i^r\right\}=\left\{U_{i\alpha}^r\right\}+\left\{U_{i\beta}^r\right\}=\left(\left[k_{ii}\right]^r\right)^{-1}\left\{F_i^r\right\}-\left(\left[k_{ii}\right]^r\right)^{-1}\left[k_{ib}\right]^r\left\{U_b^r\right\} \tag{5-49}$$

每一个子结构上的$\{U_b^r\}$和$\{U_{i\beta}^r\}$都算出来之后，于是可由子结构内单元杆件的刚度阵乘以位移而可算出所要求的内力。

按子结构分析的计算流程可由图 5-9 所示的框图表示。

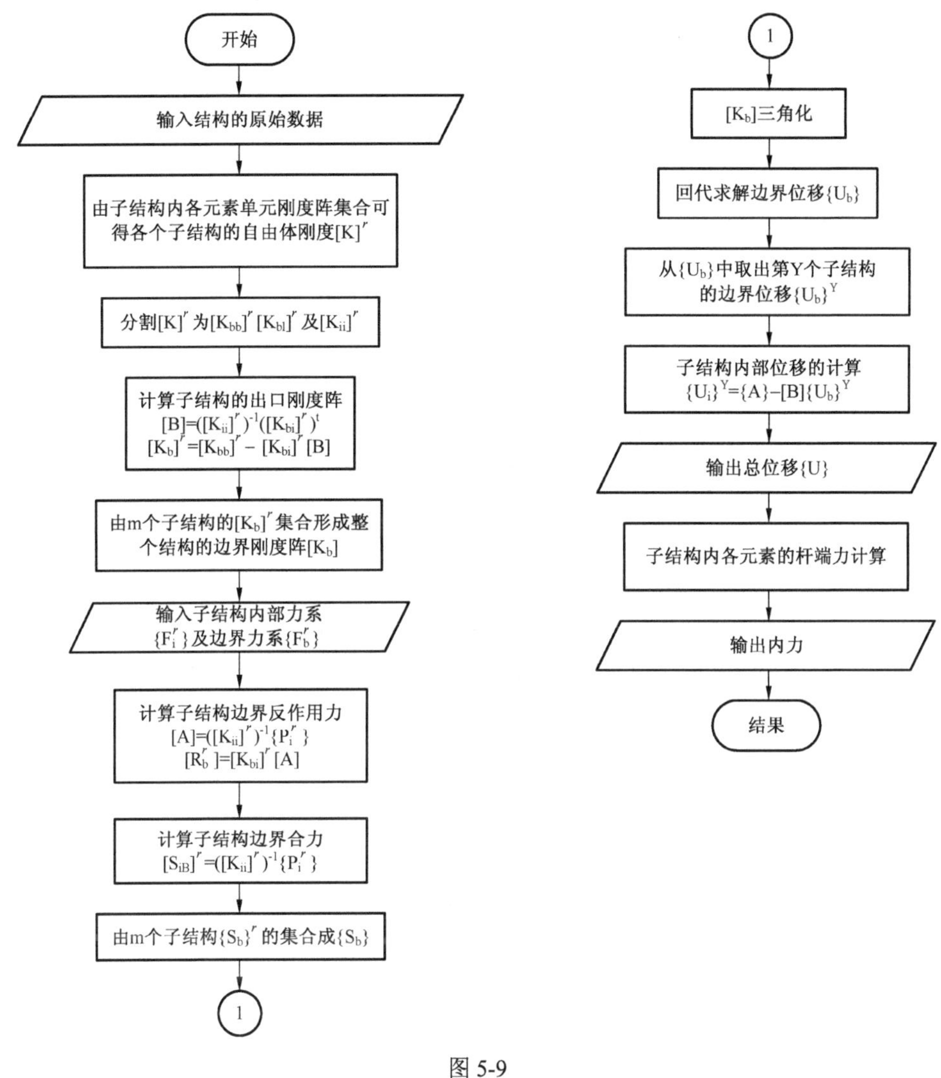

图 5-9

习　题

5-1　按照图 5-4 的框图，写出计算空间刚架坐标转换矩阵[TO]的子函数 KGBuildTAndTt。

5-2　参考图 5-6 所示的框图，编写空间刚架计算单元刚度阵的子函数 KGBuildEleStif。

5-3　空间刚架总刚度阵 R 若采用一维存储，程序应如何编写？试写出该程序段。

5-4　试编写空间刚架计算程序。

5-5　利用子结构分析时，计算子结构自由体刚度阵$[k]^r$的子函数应如何编写？

5-6　子结构刚度阵$[k]^r$按边界及内部分割为分块矩阵$[k_{bb}]^r$、$[k_{ii}]^r$、$[k_{ib}]^r$、$[k_{bi}]^r$的程序应如何编写？

5-7　子结构出口刚度阵$[k_b]^r$的计算程序应如何编写？

附录Ⅰ　平面桁架程序设计

Ⅰ.1　总　框　图

图Ⅰ-1 为平面桁架程序的主要流程图，其中包括子框图 1～6 及二级子框图 01～03。每个子框图对应的子函数名均在框图中列出。

函数名的命名规则：平面桁架程序中函数名均以“PH”开头，其余部分由该函数所完成的功能的英文单词组合而成，且每个单词首字母大写。

以上框图显示了程序的主要计算流程，程序中调用的主要函数均已在框图中列出，其余不涉及主要计算过程的函数未列出，详见源程序。

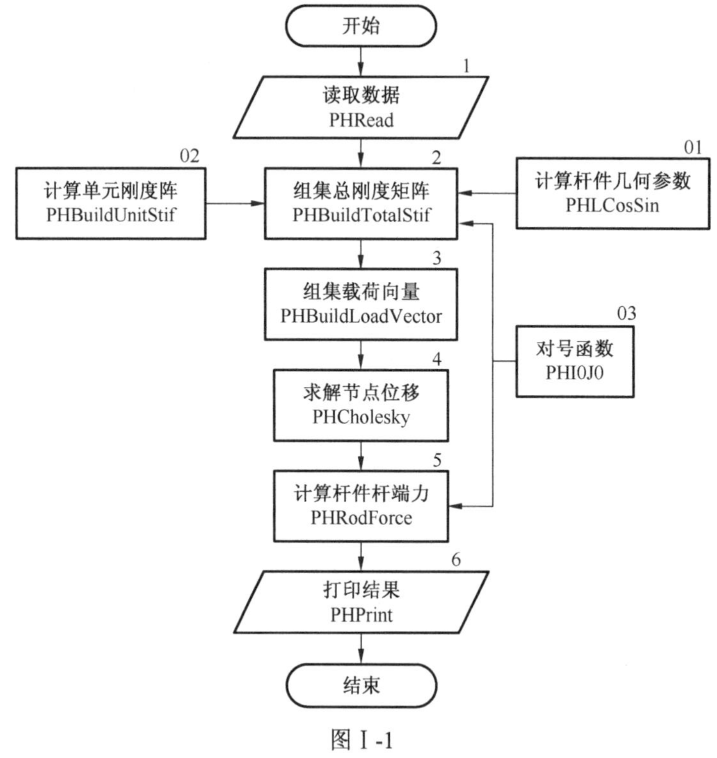

图Ⅰ-1

Ⅰ.2　变 量 说 明

数据文件中提供的变量说明见表Ⅰ-1，计算过程中产生的变量见表Ⅰ-2，大写标识符为全局变量，小写标识符为局部变量。全局变量以其对应含义的英文首字母命名，具体参照程序注释。其余变量及含义参照程序注释。

表 I -1 数据文件中提供的变量

变量名	变量类型	变量含义	变量名	变量类型	变量含义
TNN	整型	节点总数	ENR	整型数组	杆件末端节点号
NFIN	整型	固定节点数	SMR	浮点型数组	杆件抗拉刚度 *EA*
NOR	整型	杆件总数	NWL	整型数组	加有载荷的节点号
XCN	浮点型数组	节点 x 坐标	XCL	浮点型数组	载荷 x 方向分量
YCN	浮点型数组	节点 y 坐标	YCL	浮点型数组	载荷 y 方向分量
BNR	整型数组	杆件始端节点号			

表 I -2 计算过程中产生的变量

变量名	变量类型	变量含义	变量名	变量类型	变量含义
NFRN	整型	可动节点数	rd	浮点型	杆件刚度
LCS	二维浮点型数组	杆件几何参数	us	二维浮点型数组	单元刚度阵子阵
DON	浮点型数组	节点位移	kk	二维浮点型数组	总刚度阵
IFR	浮点型数组	杆件内力	pp	浮点型数组	载荷向量
fp	文件指针	数据文件指针			

I .3 读取数据——子框图 1

本程序采用将结构参数输入 txt 数据文件，程序从数据文件中读取数据的方法获取结构数据。采用这种方法的优点是：

(1) 规范结构数据的种类及格式，避免数据缺失等原因导致程序运行出错；

(2) 可以随时修改数据，避免因个别数据输错而重复输入，也便于生成类似结构的数据文件；

(3) 可以将数据文件长时间保存，方便以后的使用和检查。

采用这种方法的不足之处在于：对于大型结构，数据的输入过程较为繁琐；对格式要求较为严格。

数据文件中的数据大致分为三类：总控参数、结构参数和载荷参数。

总控参数包括节点总数 TNN、固定节点数 NFIN 以及杆件数 NOR。其中节点总数 TNN 等于固定节点数 NFIN 与可动节点数 NFRN 之和，故可动节点数可由总控参数立即算出，该过程由程序进行。需要指出的是，杆件数不仅包括组成结构的所有杆件，也包括结构的支承杆。但是对于支承杆需将其刚度设为一般杆件刚度的 100 倍，这样其轴向变形就可忽略不计，近似认为不发生变形。但也不应过大，否则容易引起方程的病态反应。

结构参数包括节点 x 坐标 XCN、节点 y 坐标 YCN、杆件始端节点号 BNR、杆件末端节点号 ENR 和杆件截面系数 SMR。显然节点坐标与坐标系的选取有关，原则上坐标系可以任意选取，对程序的计算不会产生影响。实际选取时应尽可能使坐标数据简化，方便输入。此外，程序默认按照节点坐标输入的先后顺序对节点进行由小到大编号。固定带宽存储对于节点如何编号并无过多要求，而变带宽存储和一维存储对此则是有要求的，但在这里不做过多讨论。程序对杆件的编号同样按照杆件始端和末端节点号输入的先后顺序进行，且输入时需注意，编号较小的一端为始端，编号较大的一端为末端。

荷载参数包括荷载所在的节点号 NWL，x 方向载荷分量 XCL，y 方向载荷分量 YCL。载荷分量数据为标量，以与坐标轴正向相同为正。

Ⅰ.4　组集总刚度矩阵——子框图 2

1. 平面桁架总刚度阵组集规律

平面桁架总刚度阵是维数为可动节点数×2 的方阵，因此每一个可动节点对应总刚度阵中的 2 行/列。假设杆件 *m* 连接节点 *i*、*j*，则总刚度阵的组集规律如下：

(1) $[K_m]$累加到总刚度阵 i 行 i 列和 j 行 j 列的主对角分块位置；

(2) $-[K_m]$累加到总刚度阵 i 行 j 列和 j 行 i 列的非主对角分块位置；

(3) 若 *i* 节点为固定节点，则只在 j 行 j 列主对角分块位置累加$[K_m]$；

(4) 若节点 *i*、*j* 之间无杆件连接，则相应非主对角分块位置为零矩阵。

以上叠加过程通过图Ⅰ-2 中的两个循环即可完成。这样通过图Ⅰ-2 所示流程即可编制出相应的总刚度阵组集函数。

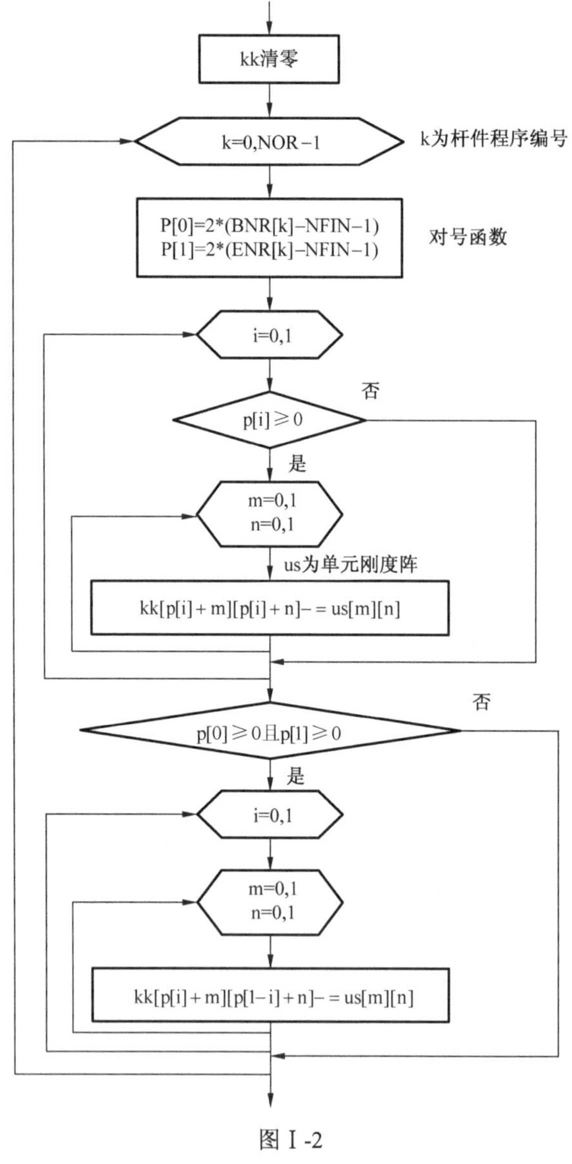

图Ⅰ-2

2. 计算杆件几何参数—— 子框图 01

子框图 01 对应子函数 PHLCosSin，函数参数为杆件实际编号，杆件程序编号+1，程序编号即 C 语言中杆件所在数组中元素的指标号。该子函数可以计算出该杆件的几何参数，包括杆长、杆件倾角的余弦值和正弦值。计算结果分别存放在二维数组 LCS 中的三个一维数组中。

计算过程为：由程序杆件号，可以从数组 BNR 和 ENR 中提取该杆件的始末端节点号。由两端节点号可以分别从数组 XCN 和 YCN 中提取节点的横纵坐标值。计算公式如下：

$$\begin{cases} l=\sqrt{(x_e-x_b)^2+(y_e-y_b)^2} \\ \cos\alpha=\dfrac{(x_e-x_b)}{l} \\ \sin\alpha=\dfrac{(y_e-y_b)}{l} \end{cases} \tag{Ⅰ-1}$$

式中，x_b、y_b 是始端节点的坐标，x_e、y_e 是末端节点的坐标，l 为杆长，α 为由始端节点指向末端节点的矢量与 x 轴正向的夹角。该过程对应图Ⅰ-3 中的虚线框部分。

这些几何参数还将在后面计算杆端力时用到，因此在程序中将数组 LCS 设为全局变量，这样方便后面的调用。

3. 计算单元刚度阵——子框图 02

平面桁架杆件的单元刚度阵为 4×4 的矩阵，且只与杆件的抗拉刚度 EA 和几何参数有关。由于单元刚度阵的四个 2×2 对应各元素的绝对值相等，只是符号有所区别，故计算时只需计算出非负子阵，而在组集总刚度阵时添加负号即可。

$$[K]=\frac{EA}{l}\begin{bmatrix} \cos^2\alpha & \cos\alpha\sin\alpha \\ \cos\alpha\sin\alpha & \sin^2\alpha \end{bmatrix} \tag{Ⅰ-2}$$

矩阵[K]即为单元刚度阵的非负子阵。具体过程如图Ⅰ-3 所示。

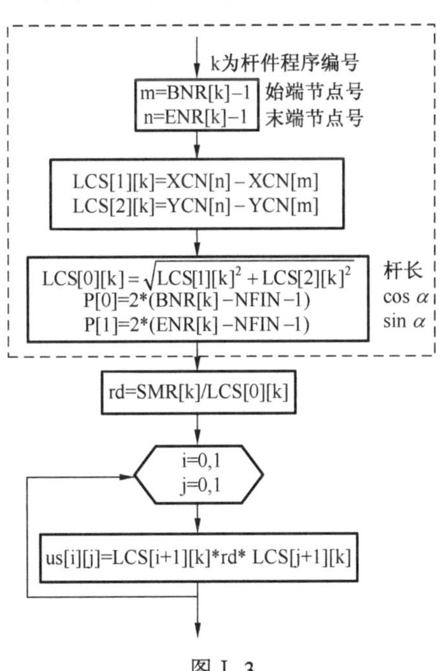

图Ⅰ-3

4. 对号函数——子框图 03

若按照上述规律进行总刚度阵的叠加，还需确定各节点在总刚度阵中对应的位置。这个工作由节点对号函数 PHI0J0 完成，对于编号为 i 的节点，则其在总刚度阵中对应的指标为

$$I0=2\times(i-NFIN-1)$$

$$I0+1=2\times(i-NFIN-1)+1 \quad (\text{I-3})$$

式中，NFIN 即为可动节点数。

I.5 组集载荷向量——子框图 3

平面桁架中载荷作用在节点处，要将各可动节点上的载荷叠加到载荷向量中，需要计算出各可动节点在载荷向量中对应的位置，计算公式类似节点对号函数中的公式(1-3)。

与总刚度阵组集过程相同，组集载荷向量之前首先应对数组进行清零处理。然后依次检查每个载荷所在节点号(存放在 NWL 中)，并将该荷载的分量叠加到荷载向量中。叠加时先计算出其所在节点在荷载向量中对应的位置，再将荷载分量叠加到相应位置即可。具体实现过程见图 I-4。

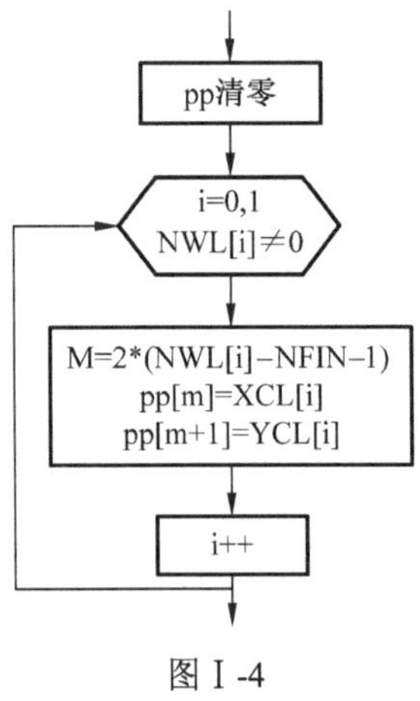

图 I-4

I.6 求节点位移——子框图 4

由于总刚度阵是对称、正定的稀疏矩阵，因此可采用改进的平方根法对其进行求解。改进的平方根法求节点位移在程序中对应的子函数是 PHCholesky，其具体实现过程见图 I-5。

I.7 计算杆件杆端力——子框图 5

说明由总体坐标系平面桁架的节点位移求杆端力的推导过程。假设某杆件左右端点分别为 a、b，其在总体系下的位移分量分别为 u_a、v_a、u_b、v_b，如图 I-6 所示。杆件在 x、y 方向上的变形为

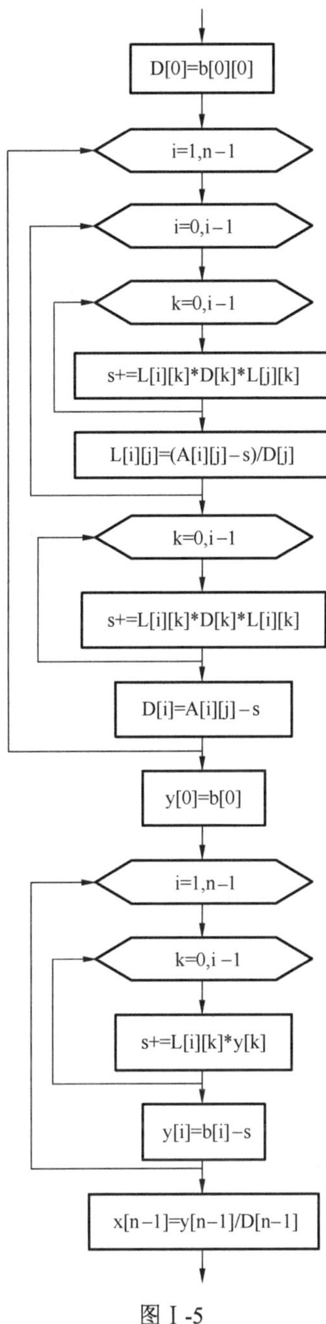

图Ⅰ-5

$$\Delta u = u_b - u_a, \quad \Delta v = v_b - v_a \tag{Ⅰ-4}$$

则沿杆方向的形变为

$$\Delta l = \Delta u \cos\alpha + \Delta v \sin\alpha \tag{Ⅰ-5}$$

杆件杆端力为

$$F_a = F_b = \frac{EA}{l}\Delta l \tag{Ⅰ-6}$$

将式(Ⅰ-4)、式(Ⅰ-5)与式(Ⅰ-6)联立即可得到杆端力与节点位移之间的关系。而节点位移前面已求得，因此根据以上公式容易求出杆端力，具体实现过程见图Ⅰ-7。

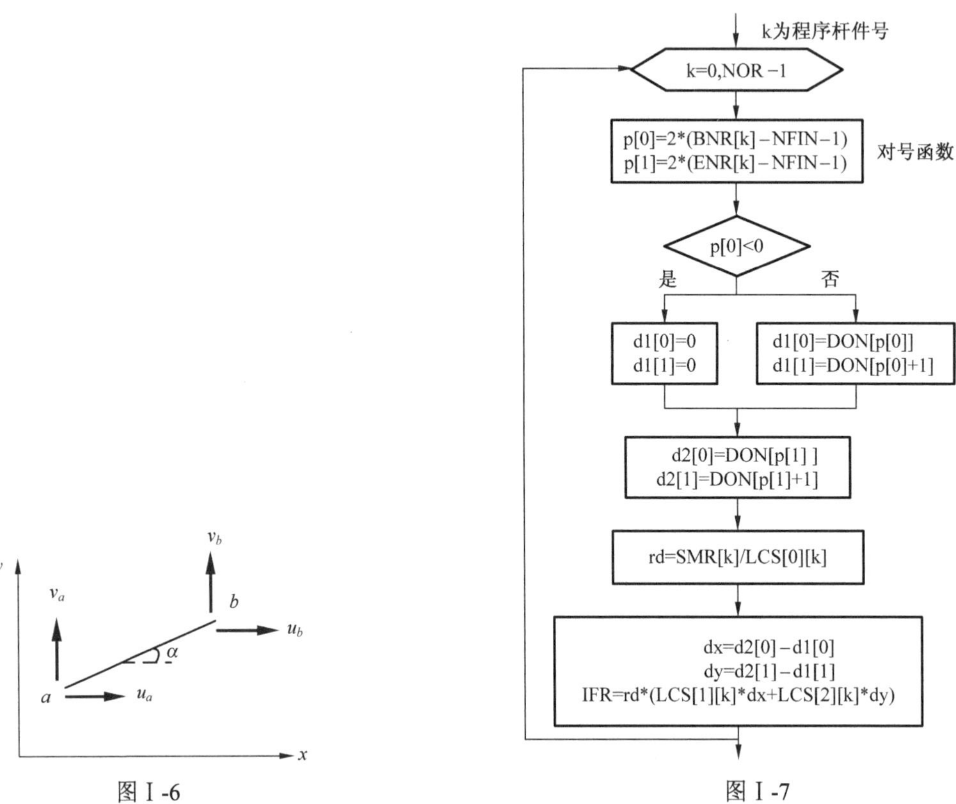

图Ⅰ-6　　　　图Ⅰ-7

平面桁架中杆件其内力只有轴力，以受拉为正，受压为负。根据受力情况，杆件内力等于杆端力，故计算出杆件的杆端力即可得到各杆件的内力大小。

Ⅰ.8　计算程序考题

例Ⅰ-1　试求图Ⅰ-8 所示平面桁架的节点位移和杆件内力。其中①、③、⑥号杆的杆长为 1m，②、④、⑤号杆的杆长相等，各杆的抗拉刚度 $EA=4.8\times10^6$kN，荷载及大小在图中已标出。

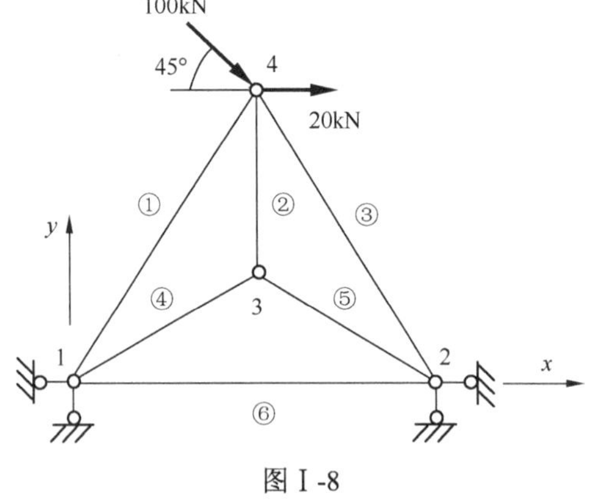

图Ⅰ-8

解：首先建立总体坐标系。这里选取节点 1 为坐标系原点，x、y 轴定义见图Ⅰ-8。

只有节点 4 处作用有载荷，将节点 4 上的两个载荷沿 x、y 轴分解，得到节点处的载荷分量分别为 90.710kN 和−70.710kN。

(1) 数据输入。

节点总数：4

固定节点数：2

杆件数：6

节点 x 坐标：0，1，0.5，0.5

节点 y 坐标：0，0，0.2887，0.8660

杆件左节点：1，3，2，1，2，1

杆件右节点：4，4，4，3，3，2

抗拉刚度 EA：4800000，4800000，4800000，4800000，4800000，4800000

载荷节点号：4

载荷 x 分量：90.710

载荷 y 分量：−70.710

(2) 计算结果。

节点号	x 方向位移	y 方向位移
3	0.0000000	−0.0000047
4	0.0000378	−0.0000071

杆号	杆长	杆件内力
1	1.0000	61.2302971
2	0.5773	−19.6534958
3	1.0000	−120.1856995
4	0.5774	−19.6522217
5	0.5774	−19.6522217
6	1.0000	0.0000000

例Ⅰ-2 试求图Ⅰ-9 所示平面桁架的节点位移和杆件内力。其中①、②、③号杆的杆长为 2m，各杆的抗拉刚度 $EA = 4.8\times10^6$kN，载荷在图Ⅰ-9 中标出。

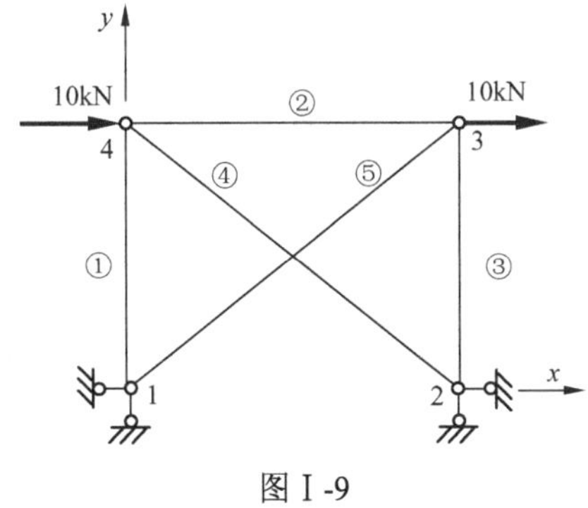

图Ⅰ-9

解：首先建立总体坐标系，选取节点 1 为坐标系原点，x、y 轴定义见图Ⅰ-9。

(1) 数据输入。

节点总数：4

固定节点数：2

杆件数：5

节点 x 坐标：0，2，2，0

节点 y 坐标：0，0，2，2

杆件左节点：1，3，2，2，1

杆件右节点：4，4，3，4，3

抗拉刚度 EA：4800000，4800000，4800000，4800000，4800000

载荷节点号：3，4

载荷 x 分量：10，10

载荷 y 分量：0，0

(2) 计算结果。

节点号	x 方向位移	y 方向位移
3	0.0000160	–0.0000042
4	0.0000160	0.0000042

杆号	杆长	杆件内力
1	2.0000	10.0000019
2	2.0000	0.0000000
3	2.0000	–10.0000019
4	2.8284	–14.1421394
5	2.8284	14.1421394

Ⅰ.9 平面桁架源程序

```
#include <stdio.h>
#include <stdlib.h>
#include <conio.h>
#include<math.h>

/*全局变量声明*/
int TNN;                //节点总数/total number of nodes
int NFIN;               //固定节点数/number of fixed nodes
int NFRN;               //可动节点数/number of free nodes
int NOR;                //杆件数/number of rods

float *XCN;             //节点 x 方向的坐标/X coordinate of nodes
float *YCN;             //节点 y 方向的坐标/Y coordinate of nodes
int *BNR;               //杆件始端节点号/the beginning node number of rods
int *ENR;               //杆件末端节点号/the end node number of rods
float *TSR;             //杆件的抗拉刚度 EA/tensile stiffness of rod

int *NWL;               //具有载荷的节点号/node with load
float *XCL;             //节点载荷 x 方向分量/X component of the load
float *YCL;             //节点载荷 y 方向分量/Y component of the load

float **LCS;            //杆件的长度、倾角余弦和倾角正弦
float *DON;             //节点位移分量/displacement of nodes
float *IFR;             //杆件内力/innernal forces of rods
```

```
/*子函数声明*/
void PHRead();                                         //从文本文件中读取数据
float **PHBuildTotalStif();                            //组集总刚度阵
void PHLCosSin(int k);                                 //求杆件的长度，倾角余弦和正弦
void PHBuildUnitStif(int k,float us[2][2]);            //求单根杆件的单元刚度阵
int *PHI0J0(int k);                                    //节点对号函数
float *PHBuildLoadVector();                            //组集载荷向量
void PHCholesky(float **a,float *b,float *x,int n);
                                                       //改进的平方根法求解方程组
void PHRodForce();                                     //求解杆件内力
void PHaaa();                                          //格式输出函数
void PHPrint();                                        //结果输出函数

void main()
{
    char value=0;            //存放用户输入的字符
    float **kk,*pp;          //kk 为指向总刚度阵的指针，pp 为指向载荷向量的指针
    printf("欢迎使用平面桁架结构求解器！\n");
    printf("是否开始对结构节点位移、杆件内力进行计算?(Y/N):");
    scanf("%c",&value);      //用户根据提示信息选择输入字符
    PHaaa();                 //输出间隔符号
    printf("\n\n");
    if(value=='y'||value=='Y')           //用户选择'y'或'Y'则进行以下计算
    {
        PHRead();                        //从数据文件读入数据
        kk=PHBuildTotalStif();           //组集总刚度阵并将其指针赋给 kk
        pp=PHBuildLoadVector();          //组集载荷向量并将其指针赋给 pp
        PHCholesky(kk,pp,DON,2*NFRN);
                                //改进的平方根法求节点位移，结果存放在 DON 中
        PHRodForce();                    //计算杆件内力
        PHPrint();                       //结构参数以及计算结果的输出
    }
}
void PHRead()
{
    FILE *fp;                       //定义文件指针
    char c;                         //存放临时的字符型数据
    int i,j;                        //循环控制变量
    fp=fopen("structure_data.txt","r");   //为读取数据打开文本文件
    fseek(fp,10L,0);                //将 fp 所指位置从初始位置向后移动 10 个字节
    fscanf(fp,"%d",&TNN);           //读取 fp 指向的整形数据，存放在 TNN 中
    fseek(fp,14L,1);                //将 fp 所指位置从当前位置向后移动 14 个字节
    fscanf(fp,"%d",&NFIN);          //读取 fp 指向的整形数据，存放在 NFIN 中
    fseek(fp,10L,1);                //将 fp 所指位置从当前位置向后移动 10 个字节
    fscanf(fp,"%d",&NOR);           //读取 fp 指向的整形数据，存放在 NOR 中
    fseek(fp,2L,1);                 //将 fp 所指位置从当前位置向后移动 2 个字节
    NFRN=TNN-NFIN;                  //计算可动节点数
    XCN=(float *)calloc(TNN,sizeof(float));
                         //为 XCN 分配 TNN 个长度等于 float 变量的内存空间，下同
```

```
    YCN=(float *)calloc(TNN,sizeof(float));
    BNR=(int *)calloc(NOR,sizeof(int));
    ENR=(int *)calloc(NOR,sizeof(int));
    TSR=(float *)calloc(NOR,sizeof(int));
    NWL=(int *)calloc(TNN,sizeof(int));
    XCL=(float *)calloc(TNN,sizeof(int));
    YCL=(float *)calloc(TNN,sizeof(int));
    DON=(float *)calloc(2*NFRN,sizeof(float));
    for(i=0;i<8;i++)                //分别读取 8 组数据存放在 8 个数组变量中
    {
        fseek(fp,11L,1);            //将 fp 所指位置从当前当前位置向后移动 11 个字节
       j=0;                         //数组指标，从每组数据的第一个数据开始
       do
       {
           switch(i)                //用 switch 语句控制对各组数据的读取
           {
           case 0:fscanf(fp,"%f",&XCN[j]);break;    //i=0 时读取 fp 指向的
                  //浮点型数据存放在指标为 j 的 XCN 数组中，跳出 swich 语句，下同
           case 1:fscanf(fp,"%f",&YCN[j]);break;
           case 2:fscanf(fp,"%d",&BNR[j]);break;
           case 3:fscanf(fp,"%d",&ENR[j]);break;
           case 4:fscanf(fp,"%f",&TSR[j]);break;
           case 5:fscanf(fp,"%d",&NWL[j]);break;
           case 6:fscanf(fp,"%f",&XCL[j]);break;
           case 7:fscanf(fp,"%f",&YCL[j]);break;
           }
           fscanf(fp,"%c",&c);      //读取每个数据后的逗号或换行符
           j++;                     //数组指标自加
       }while(c!='\n');             //若读取的数据后面不是换行符则继续读取
    }
}
float **PHBuildTotalStif()
{
    float **kk,us[2][2];       //kk 为总刚度阵，us 为单元刚度阵分块
    int i,j,k,m,n,*p;          //i、j、m、n 为循环控制变量，k 为杆件程序编号，
                               //p 为存放杆端节点对号位置的数组的指针
    kk=(float **)calloc(2*NFRN,sizeof(float *));
                               //以下三行语句为 kk 申请二维内存空间
    for(i=0;i<2*NFRN;i++)
        *(kk+i)=(float *)calloc(2*NFRN,sizeof(float));
    for(i=0;i<2*NFRN;i++)      //以下三行语句对 kk 指向的总刚度阵清零
        for(j=0;j<2*NFRN;j++)
            kk[i][j]=0;
    LCS=(float **)calloc(3,sizeof(float *));
                      //以下三行语句为存放杆件几何参数的 LCS 申请二维内存空间
    for(i=0;i<3;i++)
      *(LCS+i)=(float *)calloc(NOR,sizeof(float));
    for(k=0;k<NOR;k++)         //k 为杆件程序编号，对每一根杆件循环，组装总刚度阵
```

```
    {
        PHLCosSin(k+1);        //计算杆件的几何参数(杆长、倾角的余弦值和正弦值)
        PHBuildUnitStif(k,us);    //计算程序编号为 k 的杆件的单元刚度阵分块，
                                  //并存放在 us 中
        p=PHI0J0(k+1); //计算程序编号为 k 的杆件端点对号位置，并存放在 p 指向的数组中
        for(i=0;i<2;i++)          //对杆件两端点对应的主对角分块位置进行叠加
        {
            if(p[i]>=0)           //符合条件说明为可动节点并进行叠加，否则不叠加
            {
                for(m=0;m<2;m++)
                    for(n=0;n<2;n++)
                        kk[p[i]+m][p[i]+n]+=us[m][n];
                                  //对 us 中的四个元素按相应位置进行叠加
            }
        }
        if(p[0]>=0&&p[1]>=0)//符合条件说明两端点均为可动节点并进行叠加，否则不叠加
        {
            for(i=0;i<2;i++)//对杆件两端点对应的非主对角分块位置进行叠加
            {
                for(m=0;m<2;m++)
                    for(n=0;n<2;n++)
                        kk[p[i]+m][p[1-i]+n]-=us[m][n];
                                  //对 us 中的四个元素的相反数按相应位置进行叠加
            }
        }
    }
    return kk;                         //返回总刚度阵的数组指针
}
void PHLCosSin(int k)                  //k 为杆件实际编号
{
    int i,j;
    k--;                               //k 自减，即为杆件程序编号
    i=BNR[k]-1;                        //i 存放杆件的始端节点对应程序中的数组指标
    j=ENR[k]-1;                        //j 存放杆件的末端节点对应程序中的数组指标
    LCS[1][k]=XCN[j]-XCN[i];           //杆件始末端节点横坐标之差
    LCS[2][k]=YCN[j]-YCN[i];           //杆件始末端节点纵坐标之差
    LCS[0][k]=sqrt(LCS[1][k]*LCS[1][k]+LCS[2][k]*LCS[2][k]);//求杆件长度
    LCS[1][k]/=LCS[0][k];              //求杆件倾角余弦值
    LCS[2][k]/=LCS[0][k];              //求杆件倾角正弦值
}
void PHBuildUnitStif(int k,float us[2][2]) //k 为杆件程序编号，us 为单元刚度阵分块
{
    int i,j;                           //i、j 为循环控制变量
    float rd;                          //rd 存放抗拉刚度系数
    rd=TSR[k]/LCS[0][k];               //计算抗拉刚度系数
    for(i=0;i<2;i++)
        for(j=0;j<2;j++)
            us[i][j]=LCS[i+1][k]*LCS[j+1][k]*rd; //计算 us 中各元素值并赋值
```

```
}
int *PHI0J0(int k)             //k为杆件的实际编号
{
    int bl,br,ij[2];
    bl=BNR[k-1];               //bl 存放杆件的始端节点号
    br=ENR[k-1];               //br 存放杆件的末端节点号
    ij[0]=2*(bl-NFIN-1);       //将始端节点在总刚度阵中对应的位置编号存放在 ij 数组中
    ij[1]=2*(br-NFIN-1);       //将末端节点在总刚度阵中对应的位置编号存放在 ij 数组中
    return ij;                 //返回 ij 数组指针
}
float *PHBuildLoadVector()
{
    int i;                     //i 为循环控制变量
    float *pp;                 //pp 存放载荷向量
    pp=(float *)calloc(2*NFRN,sizeof(float));
                               //为 pp 分配 2*NFRN 个长度等于 float 变量的内存空间
    for(i=0;i<2*NFRN;i++)      //载荷向量清零
        pp[i]=0;
    i=0;                       //循环变量归零
    while(NWL[i]!=0)           //当 NWL 中指标为 i 的元素不为零，则执行以下语句
    {
        pp[2*(NWL[i]-NFIN-1)]=XCL[i]; //将第 i 个载荷的 X 分量叠加到 pp 相应位置
        pp[2*(NWL[i]-NFIN-1)+1]=YCL[i]; //将第 i 个载荷的 Y 分量叠加到 pp 相应位置
        i++;                   //循环变量自加
    }
    return pp;                 //返回载荷变量数组指针
}
void PHCholesky(float **A,float *b,float *x,int n)
                         //A 为对称系数阵，b 为常数向量，x 为未知数向量，n 为维数
{
    int i,j,k;                     //循环控制变量
    float s,**L,*D,*y;             //s 为中间变量，L、D 为分解矩阵，y 为中间向量
    L=(float **)calloc(n,sizeof(float *)); //以下三行语句为 kk 申请二维内存空间
    for(i=0;i<n;i++)
        *(L+i)=(float *)calloc(n,sizeof(float));
    D=(float *)calloc(n,sizeof(float));
                                   //为 D 申请 n 个长度等于 float 变量的内存空间
    y=(float *)calloc(n,sizeof(float));
                                   //为 y 申请 n 个长度等于 float 变量的内存空间
    for(i=0;i<n;i++)
        L[i][i]=1;                 //L 初始化
    /*将 A 分解为 LDL(t)*/
    D[0]=A[0][0];
    for(i=1;i<n;i++)
    {
        for(j=0;j<i;j++)
        {
            s=0;
```

```
            for(k=0;k<j;k++)
                s=s+L[i][k]*D[k]*L[j][k];
            L[i][j]=(A[i][j]-s)/D[j];
        }
        s=0;
        for(k=0;k<i;k++)
            s=s+L[i][k]*L[i][k]*D[k];
        D[i]=A[i][i]-s;
    }
    /*由 Ly=b 求解 y*/
    y[0]=b[0];
    for(i=1;i<n;i++)
    {
        s=0;
        for(k=0;k<i;k++)
            s=s+L[i][k]*y[k];
        y[i]=b[i]-s;
    }
    /*由 DL(t)x=y 求解 x*/
    x[n-1]=y[n-1]/D[n-1];
    for(i=n-2;i>=0;i--)
    {
        s=0;
        for(k=i+1;k<n;k++)
            s=s+L[k][i]*x[k];
        x[i]=y[i]/D[i]-s;
    }
}
void PHRodForce()
{
    int i,j,k,*p;          //i、j 为普通变量，k 为杆件程序编号，
                           //p 为存放杆端节点对号位置的数组的指针
    float d1[2],d2[2],rd;//d1、d2 分别为杆件始末端的位移分量，rd 为杆件抗拉刚度系数
    IFR=(float *)calloc(NOR,sizeof(float));
                          //为 IFR 分配 NOR 个长度等于 float 变量的内存空间
    for(k=0;k<NOR;k++)    //对所有杆件进行循环
    {
        p=PHI0J0(k+1);    //计算程序编号为 k 的杆件端点对号位置，并存放在 p 指向的数组中
        i=p[0];
        j=p[1];           //对 i、j 进行赋值
        if(i<0)           //i<0 则始端节点为固定节点
            d1[0]=d1[1]=0;  //固定节点位移分量为 0
        else
        {
            d1[0]=DON[i];
            d1[1]=DON[i+1]; //始端节点为可动节点时将 DON 中数据赋给 d1
        }
        d2[0]=DON[j];
```

```
        d2[1]=DON[j+1];       //将 DON 中末端节点位移数据赋给 d2(根据编号规则末端
                              //节点必定为可动节点)
        rd=TSR[k]/LCS[0][k];      //计算杆件的抗拉刚度
        IFR[k]=rd*(LCS[1][k]*(d2[0]-d1[0])+LCS[2][k]*(d2[1]-d1[1]));
                                  //计算杆件内力
    }
}
void PHaaa()
{
   printf("*******************************************************");
}
void PHPrint()
{
    int i,*p=NWL,n;                //指针 p 指向 NWL 首地址
    printf("\t\t\t\t 平面桁架结构计算\n");
    PHaaa();
    printf("\t 节点总数=%d\t 固定节点数=%d\t 可动节点数=%d\t 杆件数=%d\n",TNN,
           NFIN,NFRN,NOR);
    PHaaa();
    printf("\t 节点号\t\tX 坐标\t\tY 坐标\n");
    for(i=1;i<=TNN;i++)
        printf("\t%d\t\t%5.4f\t\t%5.4f\n",i,XCN[i-1],YCN[i-1]);
    PHaaa();
    printf("\t 杆件号\t\t 始端节点号\t 末端节点号\t 抗拉刚度 EA\n");
    for(i=1;i<=NOR;i++)
        printf("\t%d\t\t%d\t\t%d\t\t%5.4f\n",i,BNR[i-1],ENR[i-1],TSR[i-1]);
    PHaaa();
    printf("\t 荷载节点号\tX 分量\t\tY 分量\n");
    while(*p!=0)              //当 p 指向元素不为 0 时执行以下操作
    {
        p++;                  //p 自加，即指向下一地址
    }
    n=p-NWL;                  //n 为载荷数目
    for(i=1;i<=n;i++)
        printf("\t%d\t\t%5.4f\t\t%5.4f\n",NWL[i-1],XCL[i-1],YCL[i-1]);
    PHaaa();
    printf("计算结果\t 节点位移输出:\n");
    PHaaa();
    printf("\t 节点号\t\t 位移 X 分量\t 位移 Y 分量\n");
    for(i=0;i<NFRN;i++)
        printf("\t%d\t\t%5.7f\t%5.7f\n",NFIN+i+1,DON[2*i],DON[2*i+1]);
    PHaaa();
    printf("计算结果\t 杆件内力输出:\n");
    PHaaa();
    printf("\t 杆件号\t\t 截面系数 EA\t 杆长 l\t\t 杆件内力\n");
    for(i=1;i<=NOR;i++)
        printf("\t%d\t\t%5.4f\t%5.4f\t\t%5.7f\n",i,TSR[i-1],LCS[0][i-1],IFR[i-1]);
    PHaaa();
    printf("\n\t\t\t\t 感谢您的使用!\n\n\n\n\n\n\n");
}
```

附录Ⅱ　空间桁架程序设计

Ⅱ.1　总　框　图

图Ⅱ-1 为空间桁架程序的主要流程图，其中包括子框图 1～6 及二级子框图 01～03。每个子框图对应的子函数名均在框图中列出。结构与平面桁架大致相同，只是部分子函数具体的实现流程有所差别。空间桁架程序中函数名均以“KH”开头，其余部分由该函数所完成的功能的英文单词组合而成，且每个单词首字母大写其他相关说明见平面桁架部分。

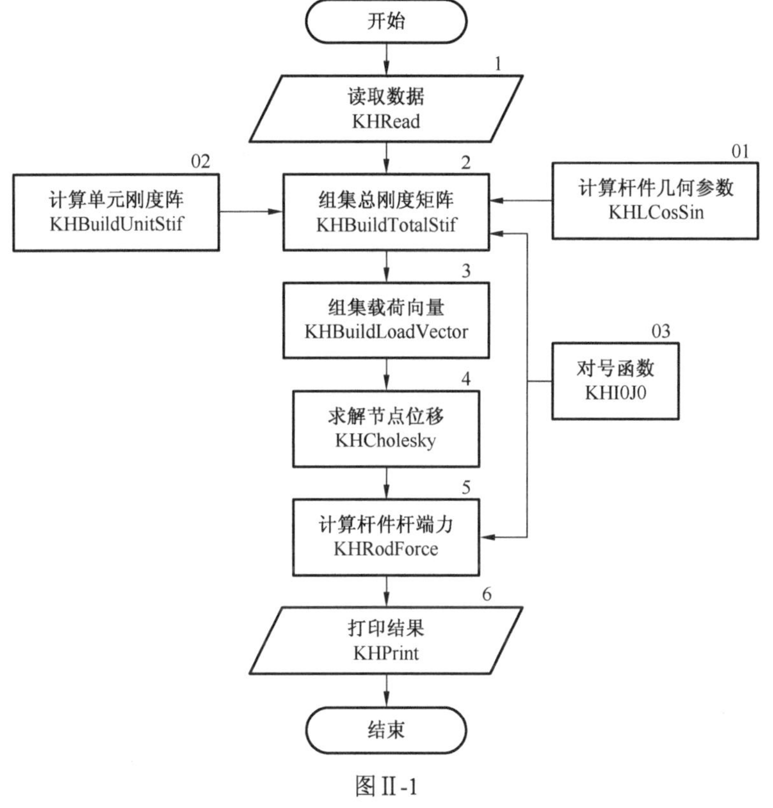

图Ⅱ-1

Ⅱ.2　变　量　说　明

空间桁架程序变量与平面桁架大致相同，部分有所不同。数据文件中提供的变量说明见表Ⅱ-1，计算过程中产生的变量见表Ⅱ-2，大写标识符为全局变量，小写标识符为局部变量。全局变量以其对应含义的英文首字母命名，具体参照程序注释。其余变量及含义参照程序注释。

表Ⅱ-1　数据文件中提供的变量

变量名	变量类型	变量含义	变量名	变量类型	变量含义
TNN	整型	节点总数	ENR	整型数组	杆件末端节点号
NFIN	整型	固定节点数	SMR	浮点型数组	杆件抗拉刚度 EA
NOR	整型	杆件总数	NWL	整型数组	加有载荷的节点号
XCN	浮点型数组	节点 x 坐标	XCL	浮点型数组	载荷 x 方向分量
YCN	浮点型数组	节点 y 坐标	YCL	浮点型数组	载荷 y 方向分量
ZCN	浮点型数组	节点 z 坐标	ZCL	浮点型数组	载荷 z 方向分量
BNR	整型数组	杆件始端节点号			

表Ⅱ-2　计算过程中产生的变量

变量名	变量类型	变量含义	变量名	变量类型	变量含义
LCS	二维浮点型数组	杆件几何参数	us	二维浮点型数组	单元刚度阵子阵
DON	浮点型数组	节点位移	kk	二维浮点型数组	总刚度阵
IFR	浮点型数组	杆件内力	pp	浮点型数组	载荷向量
fp	文件指针	数据文件指针	LCS	二维浮点型数组	杆件几何参数
rd	浮点型	杆件刚度			

Ⅱ.3　读取数据——子框图 1

空间桁架程序结构数据读取与平面桁架在基本结构和流程上是一致的，只是由于空间桁架增加了部分变量，故需增加读取的数据。因此只需在平面桁架程序中稍作修改即可，具体参照空间桁架源程序。由于空间桁架程序和平面桁架程序只是在部分具体操作上略有不同，流程图大致相同，故空间桁架数据读取流程图可参照平面桁架相应部分。

Ⅱ.4　组集总刚度矩阵——子框图 2

1. 空间桁架总刚度阵组集规律

空间桁架每个节点有三个自由度，因此总刚度阵的维数为可动节点数×3。其组集规律与平面桁架完全相同，具体参见平面桁架部分。

2. 计算杆件几何参数——子框图 01

空间桁架几何参数包括杆长以及 α、β、γ 角的余弦值，其中 α、β、γ 分别为杆件始端指向末端的向量与总体坐标系的 x、y、z 轴的夹角。各参数计算公式为

$$\begin{cases} l=\sqrt{(x_{\mathrm{e}}-x_{\mathrm{b}})^2+(y_{\mathrm{e}}-y_{\mathrm{b}})^2+(z_{\mathrm{e}}-z_{\mathrm{b}})^2} \\ \cos\alpha=\dfrac{(x_{\mathrm{e}}-x_{\mathrm{b}})}{l} \\ \cos\beta=\dfrac{(y_{\mathrm{e}}-y_{\mathrm{b}})}{l} \\ \cos\gamma=\dfrac{(z_{\mathrm{e}}-z_{\mathrm{b}})}{l} \end{cases} \tag{Ⅱ-1}$$

式中，x_{b}、y_{b}、z_{b} 是始端节点的坐标；x_{e}、y_{e}、z_{e} 是末端节点的坐标；l 为杆长。

3. 计算杆件的单元刚度阵——子框图 02

空间桁架单元刚度阵为 6×6 的矩阵，可分为四个 3×3 的分块矩阵，且每个分块矩阵相应元素的绝对值相等，只是符号有所区别，计算时也只是计算其非负子阵即可。

$$[K]=\frac{EA}{l}\begin{bmatrix}\cos^2\alpha & \cos\alpha\cos\beta & \cos\alpha\cos\gamma \\ \cos\alpha\cos\beta & \cos^2\beta & \cos\beta\cos\gamma \\ \cos\alpha\cos\gamma & \cos\beta\cos\gamma & \cos^2\gamma\end{bmatrix} \tag{Ⅱ-2}$$

矩阵[K]即为单元刚度阵的非负子阵。

4. 节点对号函数——子框图 03

空间桁架每个节点自由度为 3，为确定各节点在总刚度阵中对应的位置，对号公式（Ⅰ-3）应改为

$$\begin{aligned}&\text{I0}=3\times(\text{i}-\text{NFIN}-1)\\&\text{I0}+1=3\times(\text{i}-\text{NFIN}-1)+1\end{aligned} \tag{Ⅱ-3}$$

式中，NFIN 即为可动节点数。

Ⅱ.5 组集载荷向量——子框图 3

空间桁架荷载向量的组集规律与平面桁架基本相同，只是对于每个加有外荷载的节点，需要叠加的载荷分量不是两个，而是三个，即载荷在总体系 x、y、z 方向上的分量。具体参见平面桁架的载荷组集步骤。

Ⅱ.6 求节点位移——子框图 4

空间桁架节点位移求解过程与平面桁架完全相同，采用改进的平方根法进行求解，只是所求方程组的方程个数不同而已。

Ⅱ.7 计算杆件杆端力——子框图 5

空间桁架杆端力的求解方法与平面桁架基本相同，只是相比平面坐标系，空间坐标系多了一个维度，故计算公式略有不同。

假设某杆件左右端点分别为 a、b，其在总体系下的位移分量分别为 u_a、v_a、w_a、u_b、v_b、w_b。杆件在 x、y、z 方向上的形变为

$$\begin{aligned}\Delta u&=u_b-u_a\\\Delta v&=v_b-v_a\\\Delta w&=w_b-w_a\end{aligned} \tag{Ⅱ-4}$$

则沿杆方向的形变为

$$\Delta l=\Delta u\cos\alpha+\Delta v\cos\beta+\Delta w\cos\gamma \tag{Ⅱ-5}$$

杆件杆端力为

$$F_a = F_b = \frac{EA}{l}\Delta l \tag{Ⅱ-6}$$

将式(Ⅱ-4)、式(Ⅱ-5)与式(Ⅱ-6)联立，并结合前面计算出的节点位移，即可求得杆端力。

Ⅱ.8 计算程序考题

例Ⅱ-1 试求图Ⅱ-2所示空间桁架的节点位移和杆件内力。节点1、2、3、4位于边长为2m的正方形的四个角点，节点5与四个角点距离相等，距 xy 平面为1m。各杆的轴向抗拉刚度 $EA=4.8\times10^6$kN，载荷如图Ⅱ-2所示。

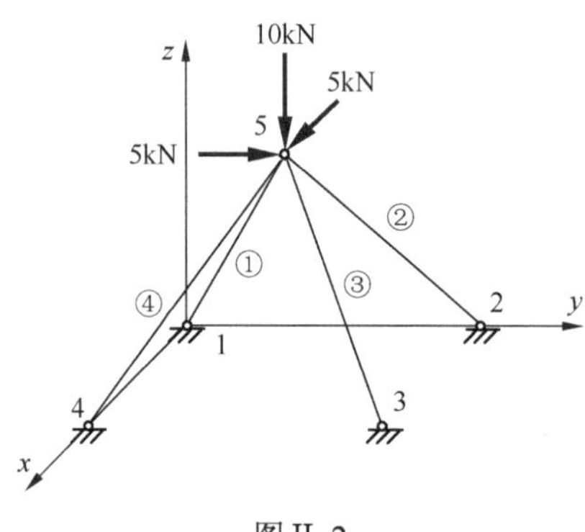

图Ⅱ-2

解：(1) 数据输入。

节点总数：5

固定节点数：4

杆件数：4

节点 x 坐标：0，0，2，2，1

节点 y 坐标：0，2，2，0，1

节点 z 坐标：0，0，0，0，1

杆件左节点：1，2，3，4

杆件右节点：5，5，5，5

抗拉刚度 EA：4800000，4800000，4800000，4800000

载荷节点号：5

载荷 x 分量：5

载荷 y 分量：5

载荷 z 分量：–10

(2) 计算结果。

节点号	位移 x 分量	位移 y 分量	位移 z 分量
5	0.0000014	0.0000014	–0.0000027

杆件号	杆长 l	杆件内力
1	1.7321	0.0000000
2	1.7321	–4.3301272

3	1.7321	−8.6602545
4	1.7321	−4.3301272

例Ⅱ-2 试求图Ⅱ-3 所示空间桁架的节点位移和杆件内力。各杆的轴向抗拉刚度 $EA = 4.8 \times 10^6$kN，载荷如图Ⅱ-3 所示。

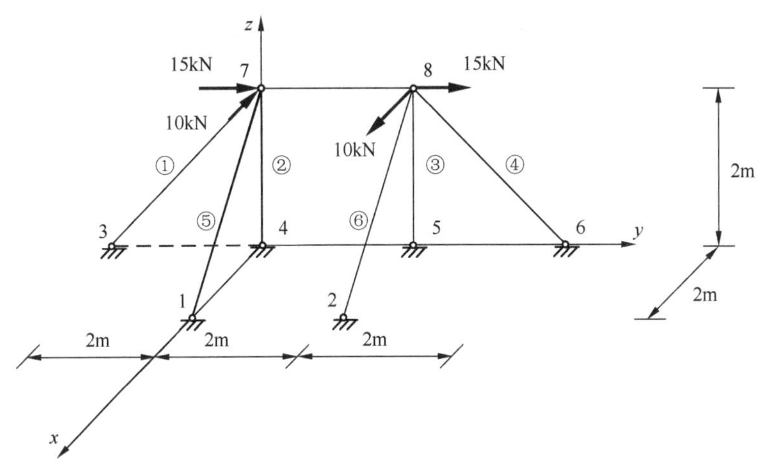

图Ⅱ-3

解：(1) 数据输入。

节点总数：8

固定节点数：6

杆件数：7

节点 x 坐标：2，2，0，0，0，0，0，0

节点 y 坐标：0，2，−2，0，2，4，0，2

节点 z 坐标：0，0，0，0，0，0，2，2

杆件左节点：3，4，5，6，1，2，7

杆件右节点：7，7，8，8，7，8，8

抗拉刚度 EA：4800000，4800000，4800000，4800000，4800000，4800000，4800000

载荷节点号：7，8

载荷 x 分量：0，10

载荷 y 分量：22.07，15

载荷 z 分量：7.07，0

(2) 计算结果。

节点号	位移 x 分量	位移 y 分量	位移 z 分量
7	−0.0000222	0.0000281	−0.0000104
8	0.0000222	0.0000281	0.0000104

杆件号	杆长 l	杆件内力
1	2.8284	21.2132092
2	2.0000	−25.0000057
3	2.0000	25.0000076
4	2.8284	−21.2132072

5	2.8284	14.1421356
6	2.8284	–14.1421347
7	2.0000	0.0000000

II.9 空间桁架源程序

```
#include <stdio.h>
#include <stdlib.h>
#include <conio.h>
#include<math.h>

/*全局变量声明*/
int TNN;                    //节点总数/total number of nodes
int NFIN;                   //固定节点数/number of fixed nodes
int NFRN;                   //可动节点数/number of free nodes
int NOR;                    //杆件数/number of rods

float *XCN;                 //节点 x 方向的坐标/X coordinate of nodes
float *YCN;                 //节点 y 方向的坐标/Y coordinate of nodes
float *ZCN;                 //节点 z 方向的坐标/Z coordinate of nodes
int *BNR;                   //杆件始端节点号/the beginning node number of rods
int *ENR;                   //杆件末端节点号/the end node number of rods
float *TSR;                 //杆件的抗拉刚度 EA/tensile stiffness of rod

int *NWL;                   //具有载荷的节点号/node with load
float *XCL;                 //节点载荷 x 方向分量/X component of the load
float *YCL;                 //节点载荷 y 方向分量/Y component of the load
float *ZCL;                 //节点载荷 z 方向分量/Z component of the load

float **LCS;                //杆件的长度、倾角余弦
float *DON;                 //节点位移分量/displacement of nodes
float *IFR;                 //杆件内力/innernal forces of rods

/*子函数声明*/
void KHRead();                                      //从文本文件中读取数据
float **KHBuildTotalStif();                         //组集总刚度阵
void KHLCosSin(int k);                              //求杆件的长度，倾角余弦
void KHBuildUnitStif(int k,float us[3][3]);         //求单根杆件的单元刚度阵
int *KHI0J0(int k);                                 //节点对号函数
float *KHBuildLoadVector();                         //组集载荷向量
void KHCholesky(float **a,float *b,float *x,int n);//改进的平方根法求解方程组
void KHRodForce();                                  //求解杆件内力
void KHaaa();                                       //格式输出函数
void KHPrint();                                     //结果输出函数

void main()
{
```

```
    char value=0;               //存放用户输入的字符
    float **kk,*pp;             //kk为指向总刚度阵的指针，pp为指向载荷向量的指针
    printf("欢迎使用空间桁架结构求解器!\n");
    printf("是否开始对结构节点位移、杆件内力进行计算?(Y/N):");
    scanf("%c",&value);         //用户根据提示信息选择输入字符
    KHaaa();                    //输出间隔符号
    printf("\n\n");
    if(value=='y'||value=='Y')              //用户选择'y'或'Y'则进行以下计算
    {
        KHRead();                           //从数据文件读入数据
        kk=KHBuildTotalStif();              //组集总刚度阵并将其指针赋给kk
        pp=KHBuildLoadVector();             //组集载荷向量并将其指针赋给pp
        KHCholesky(kk,pp,DON,3*NFRN);//改进的平方根法求节点位移，结果存放在DON中
        KHRodForce();
        KHPrint();                          //结构参数以及计算结果的输出
    }
}
void KHRead()
{
    FILE *fp;                               //定义文件指针
    char c;                                 //存放临时的字符型数据
    int i,j;                                //循环控制变量
    fp=fopen("structure_data.txt","r"); //为读取数据打开文本文件
    fseek(fp,10L,0);                //将fp所指位置从初始位置向后移动10个字节
    fscanf(fp,"%d",&TNN);           //读取fp指向的整形数据，存放在TNN中
    fseek(fp,14L,1);                //将fp所指位置从当前位置向后移动14个字节
    fscanf(fp,"%d",&NFIN);          //读取fp指向的整形数据，存放在NFIN中
    fseek(fp,10L,1);                //将fp所指位置从当前位置向后移动10个字节
    fscanf(fp,"%d",&NOR);           //读取fp指向的整形数据，存放在NOR中
    fseek(fp,2L,1);                 //将fp所指位置从当前位置向后移动2个字节
    NFRN=TNN-NFIN;                  //计算可动节点数
    XCN=(float *)calloc(TNN,sizeof(float));
                        //为XCN分配TNN个长度等于float变量的内存空间，下同
    YCN=(float *)calloc(TNN,sizeof(float));
    ZCN=(float *)calloc(TNN,sizeof(float));
    BNR=(int *)calloc(NOR,sizeof(int));
    ENR=(int *)calloc(NOR,sizeof(int));
    TSR=(float *)calloc(NOR,sizeof(int));
    NWL=(int *)calloc(TNN,sizeof(int));
    XCL=(float *)calloc(TNN,sizeof(int));
    YCL=(float *)calloc(TNN,sizeof(int));
    ZCL=(float *)calloc(TNN,sizeof(int));
    DON=(float *)calloc(3*NFRN,sizeof(float));
    for(i=0;i<10;i++)               //分别读取10组数据存放在10个数组变量中
    {
        fseek(fp,11L,1);            //将fp所指位置从当前位置向后移动11个字节
        j=0;                        //数组指标，从每组数据的第一个数据开始
        do
```

```
        {
            switch(i)            //用 switch 语句控制对各组数据的读取
            {
            case 0:fscanf(fp,"%f",&XCN[j]);break;    //i=0 时读取 fp 指向的
                  //浮点型数据存放在指标为 j 的 XCN 数组中，跳出 swich 语句，下同
            case 1:fscanf(fp,"%f",&YCN[j]);break;
            case 2:fscanf(fp,"%f",&ZCN[j]);break;
            case 3:fscanf(fp,"%d",&BNR[j]);break;
            case 4:fscanf(fp,"%d",&ENR[j]);break;
            case 5:fscanf(fp,"%f",&TSR[j]);break;
            case 6:fscanf(fp,"%d",&NWL[j]);break;
            case 7:fscanf(fp,"%f",&XCL[j]);break;
            case 8:fscanf(fp,"%f",&YCL[j]);break;
            case 9:fscanf(fp,"%f",&ZCL[j]);break;
            }
            fscanf(fp,"%c",&c);        //读取每个数据后的逗号或换行符
            j++;                       //数组指标自加
        }while(c!='\n');               //若读取的数据后面不是换行符则继续读取
    }
}
float **KHBuildTotalStif()
{
    float **kk,us[3][3];               //kk 为总刚度阵，us 为单元刚度阵分块
    int i,j,k,m,n,*p;    //i、j、m、n 为循环控制变量，k 为杆件程序编号，
                         //p 为存放杆端节点对号位置的数组的指针
    kk=(float **)calloc(3*NFRN,sizeof(float *));
                                       //以下三行语句为 kk 申请二维内存空间
    for(i=0;i<3*NFRN;i++)
        *(kk+i)=(float *)calloc(3*NFRN,sizeof(float));
    for(i=0;i<3*NFRN;i++)              //以下三行语句对 kk 指向的总刚度阵清零
        for(j=0;j<3*NFRN;j++)
            kk[i][j]=0;
    LCS=(float **)calloc(4,sizeof(float *));
                         //以下三行语句为存放杆件几何参数的 LCS 申请二维内存空间
    for(i=0;i<4;i++)
      *(LCS+i)=(float *)calloc(NOR,sizeof(float));
    for(k=0;k<NOR;k++)          //k 为杆件程序编号，对每一根杆件循环，组装总刚度阵
    {
        KHLCosSin(k+1);         //计算杆件的几何参数(杆长、倾角的余弦值)
        KHBuildUnitStif(k,us);//计算程序编号为 k 的杆件的单元刚度阵分块，并存放在 us 中
        p=KHI0J0(k+1);//计算程序编号为 k 的杆件端点对号位置，并存放在 p 指向的数组中
        for(i=0;i<2;i++)       //对杆件两端点对应的主对角分块位置进行叠加
        {
            if(p[i]>=0)        //符合条件说明为可动节点并进行叠加，否则不叠加
            {
                for(m=0;m<3;m++)
                    for(n=0;n<3;n++)
                        kk[p[i]+m][p[i]+n]+=us[m][n]; //对 us 中的四个元素
```

```
                                                        //按相应位置进行叠加
            }
        }
        if(p[0]>=0&&p[1]>=0)//符合条件说明两端点均为可动节点并进行叠加，否则不叠加
        {
            for(i=0;i<2;i++)//对杆件两端点对应的非主对角分块位置进行叠加
            {
                for(m=0;m<3;m++)
                    for(n=0;n<3;n++)
                        kk[p[i]+m][p[1-i]+n]-=us[m][n];
                                //对 us 中的四个元素的相反数按相应位置进行叠加
            }
        }
    }
    return kk;                      //返回总刚度阵的数组指针
}
void KHLCosSin(int k)               //k 为实际编号
{
    int i,j;
    k--;                            //k 自减，即为程序杆件号
    i=BNR[k]-1;                     //i 存放杆件的始端节点对应程序中的数组指标
    j=ENR[k]-1;                     //j 存放杆件的末端节点对应程序中的数组指标
    LCS[1][k]=XCN[j]-XCN[i];        //杆件始末端节点 X 坐标之差
    LCS[2][k]=YCN[j]-YCN[i];        //杆件始末端节点 Y 坐标之差
    LCS[3][k]=ZCN[j]-ZCN[i];        //杆件始末端节点 Z 坐标之差
    LCS[0][k]=sqrt(LCS[1][k]*LCS[1][k]+LCS[2][k]*LCS[2][k]+LCS[3][k]*LCS[3][k]);
                                    //求杆件长度
    LCS[1][k]/=LCS[0][k];           //求杆件倾角 alpha 余弦值
    LCS[2][k]/=LCS[0][k];           //求杆件倾角 beta 余弦值
    LCS[3][k]/=LCS[0][k];           //求杆件倾角 gama 余弦值
}
void KHBuildUnitStif(int k,float us[3][3])
                                    //k 为杆件程序编号，us 为单元刚度阵分块
{
    int i,j;                        //i、j 为循环控制变量
    float rd;                       //rd 存放抗拉刚度系数
    rd=TSR[k]/LCS[0][k];            //计算抗拉刚度系数
    for(i=0;i<3;i++)
        for(j=0;j<3;j++)
            us[i][j]=LCS[i+1][k]*LCS[j+1][k]*rd; //计算 us 中各元素值并赋值
}
int *KHI0J0(int k)                  //k 为杆件的实际编号
{
    int bl,br,ij[2];
    bl=BNR[k-1];                    //bl 存放杆件的始端节点号
    br=ENR[k-1];                    //br 存放杆件的末端节点号
    ij[0]=3*(bl-NFIN-1);  //将始端节点在总刚度阵中对应的位置编号存放在 ij 数组中
    ij[1]=3*(br-NFIN-1);  //将末端节点在总刚度阵中对应的位置编号存放在 ij 数组中
```

```
    return ij;              //返回 ij 数组指针
}
float *KHBuildLoadVector()
{
    int i,n;                //i 为循环控制变量，n 为普通变量
    float *pp;              //pp 存放载荷向量
    pp=(float *)calloc(3*NFRN,sizeof(float));
                            //为 pp 分配 2*NFRN 个长度等于 float 变量的内存空间
    for(i=0;i<3*NFRN;i++)         //载荷向量清零
        pp[i]=0;
    i=0;                          //循环变量归零
    while(NWL[i]!=0)              //当 NWL 中指标为 i 的元素不为零，则执行以下语句
    {
        n=3*(NWL[i]-NFIN-1);      //计算第 i 个载荷在 pp 中的对应位置
        pp[n]=XCL[i];             //将第 i 个载荷的 X 分量叠加到 pp 相应位置
        pp[n+1]=YCL[i];           //将第 i 个载荷的 Y 分量叠加到 pp 相应位置
        pp[n+2]=ZCL[i];           //将第 i 个载荷的 Z 分量叠加到 pp 相应位置
        i++;                      //循环变量自加
    }
    return pp;                    //返回载荷变量数组指针
}
void KHCholesky(float **A,float *b,float *x,int n)
                            //A 为对称系数阵，b 为常数向量，x 为未知数向量，n 为维数
{
    int i,j,k;                    //循环控制变量
    float s,**L,*D,*y;            //s 为中间变量，L、D 为分解矩阵，y 为中间向量
    L=(float **)calloc(n,sizeof(float *)); //以下三行语句为 kk 申请二维内存空间
    for(i=0;i<n;i++)
        *(L+i)=(float *)calloc(n,sizeof(float));
    D=(float *)calloc(n,sizeof(float));
                                  //为 D 申请 n 个长度等于 float 变量的内存空间
    y=(float *)calloc(n,sizeof(float));
                                  //为 y 申请 n 个长度等于 float 变量的内存空间
   for(i=0;i<n;i++)
        L[i][i]=1;                        //L 初始化
    /*将 A 分解为 LDL(t)*/
    D[0]=A[0][0];
   for(i=1;i<n;i++)
    {
        for(j=0;j<i;j++)
        {
            s=0;
            for(k=0;k<j;k++)
                s=s+L[i][k]*D[k]*L[j][k];
            L[i][j]=(A[i][j]-s)/D[j];
         }
        s=0;
        for(k=0;k<i;k++)
```

```
            s=s+L[i][k]*L[i][k]*D[k];
        D[i]=A[i][i]-s;
    }
    /*由 Ly=b 求解 y*/
    y[0]=b[0];
    for(i=1;i<n;i++)
    {
        s=0;
        for(k=0;k<i;k++)
            s=s+L[i][k]*y[k];
        y[i]=b[i]-s;
    }
    /*由 DL(t)x=y 求解 x*/
    x[n-1]=y[n-1]/D[n-1];
    for(i=n-2;i>=0;i--)
    {
        s=0;
        for(k=i+1;k<n;k++)
            s=s+L[k][i]*x[k];
        x[i]=y[i]/D[i]-s;
    }
}
void KHRodForce()
{
    int i,j,k,*p;             //i、j 为普通变量，k 为杆件程序编号，
                              //p 为存放杆端节点对号位置的数组的指针
    float d1[3],d2[3],rd;     //d1、d2 分别为杆件始末端的位移分量，rd 为杆件抗拉刚度系数
    IFR=(float *)calloc(NOR,sizeof(float));
                              //为 IFR 分配 NOR 个长度等于 float 变量的内存空间
    for(k=0;k<NOR;k++)       //对所有杆件进行循环
    {
        p=KHI0J0(k+1);     //计算程序编号为 k 的杆件端点对号位置，并存放在 p 指向的数组中
        i=p[0];
        j=p[1];              //对 i、j 进行赋值
        if(i<0)              //i<0 则始端节点为固定节点
            d1[0]=d1[1]=d1[2]=0;      //固定节点位移分量为 0
        else
        {
            d1[0]=DON[i];
            d1[1]=DON[i+1];
            d1[2]=DON[i+2];          //始端节点为可动节点时将 DON 中数据赋给 d1
        }
        d2[0]=DON[j];
        d2[1]=DON[j+1];
        d2[2]=DON[j+2];              //将 DON 中末端节点位移数据赋给 d2(根据编号规则
                                     //末端节点必定为可动节点)
        rd=TSR[k]/LCS[0][k];         //计算杆件的抗拉刚度
        IFR[k]=rd*(LCS[1][k]*(d2[0]-d1[0])+LCS[2][k]*(d2[1]-d1[1])+LCS[3][k]*
```

```
        (d2[2]-d1[2]));            //计算杆件内力
    }
}
void KHaaa()
{
printf("******************************************************");
}
void KHPrint()
{
    int i,*p=NWL,n;                 //指针p指向NWL首地址
    printf("\t\t\t\t\t空间桁架结构计算\n");
    KHaaa();
    printf("\t节点总数=%d\t固定节点数=%d\t可动节点数=%d\t杆件数=%d\n",
          TNN,NFIN,NFRN,NOR);
    KHaaa();
    printf("\t节点号\t\tX坐标\t\tY坐标\t\tZ坐标\n");
    for(i=1;i<=TNN;i++)
        printf("\t%d\t\t%5.4f\t\t%5.4f\t\t%5.4f\n",i,XCN[i-1],YCN[i-1],ZCN[i-1]);
    KHaaa();
    printf("\t杆件号\t\t始端节点号\t末端节点号\t抗拉刚度EA\n");
    for(i=1;i<=NOR;i++)
        printf("\t%d\t\t%d\t\t%d\t\t%5.4f\n",i,BNR[i-1],ENR[i-1],TSR[i-1]);
    KHaaa();
    printf("\t荷载节点号\tX分量\t\tY分量\t\tZ分量\n");
    while(*p!=0)                    //当p指向元素不为0时执行以下操作
    {
        p++;                        //p自加，即指向下一地址
    }
    n=p-NWL;                        //n为载荷数目
    for(i=1;i<=n;i++)
        printf("\t%d\t\t%5.4f\t\t%5.4f\t\t%5.4f\n",NWL[i-1],XCL[i-1],YCL[i-1],ZCL[i-1]);
    KHaaa();
    printf("计算结果\t节点位移输出:\n");
    KHaaa();
    printf("\t节点号\t\t位移X分量\t位移Y分量\t位移Z分量\n");
    for(i=0;i<NFRN;i++)
        printf("\t%d\t\t%5.7f\t%5.7f\t%5.7f\n",NFIN+i+1,DON[3*i],DON[3*i+1],
               DON[3*i+2]);
    KHaaa();
    printf("计算结果\t杆件内力输出:\n");
    KHaaa();
    printf("\t杆件号\t\t截面系数EA\t杆长l\t\t杆件内力\n");
    for(i=1;i<=NOR;i++)
        printf("\t%d\t\t%5.4f\t%5.4f\t\t%5.7f\n",i,TSR[i-1],LCS[0][i-1],IFR[i-1]);
    KHaaa();
    printf("\n\t\t\t\t\t感谢您的使用!\n\n\n\n\n\n\n");
}
```

附录III　平面刚架程序设计

III.1　总　框　图

平面刚架程序流程如图III-1 所示，其中包括子框图 1～6，二级子框图 01～06 以及三级子框图 001。每个子框图对应的子函数名均在框图中列出。与平面桁架和空间桁架程序类似，平面刚架程序通过组集总刚度阵和荷载向量求得节点位移，进一步求得杆件内力。需要指出的是，刚架杆件内力是变化的，因此所谓杆件内力应是某位置的截面内力。平面刚架程序中函数名均以“PG”开头，其余部分由该函数所完成的功能的英文单词组合而成，且每个单词首字母大写。

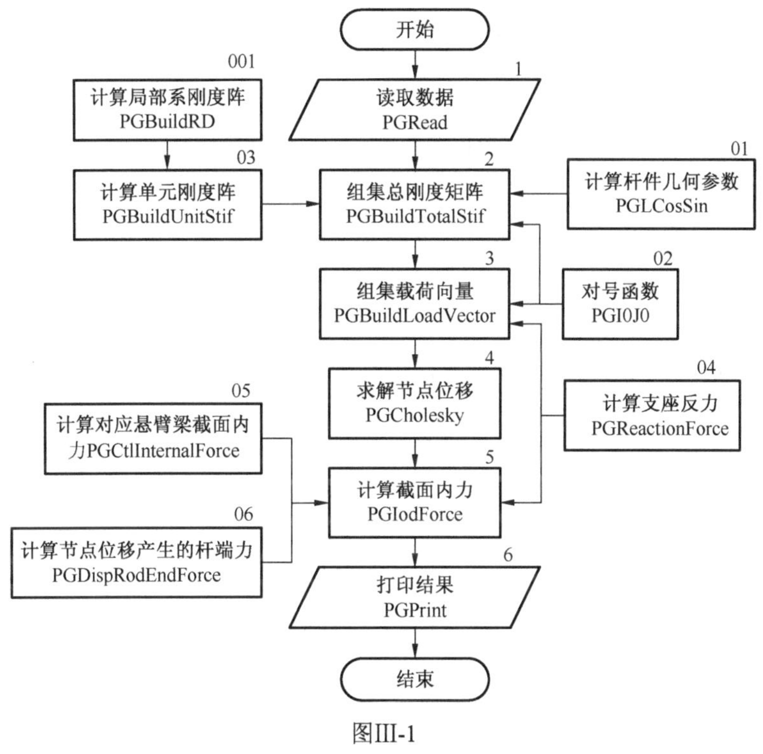

图III-1

III.2　变 量 说 明

数据文件中提供的变量说明见表III-1，计算过程中产生的变量见表III-2，大写标识符为全局变量，小写标识符为局部变量。全局变量以其对应含义的英文首字母命名，具体参照程序注释。其余变量及含义参照程序注释。

表III-1　数据文件中提供的变量

变量名	变量类型	变量含义	变量名	变量类型	变量含义
TNN	整型	节点总数	EEE	浮点型数组	杆件弹性模量
NFIN	整型	固定节点数	AAA	浮点型数组	杆件横截面积
NOR	整型	杆件总数	JJJ	浮点型数组	杆件主惯性矩
NOL	整型	载荷总数	NRL	整型数组	载荷所在杆件号
NOS	整型	截面总数	KOL	整型数组	载荷类型
XCN	浮点型数组	节点 x 坐标	VOL	浮点型数组	载荷大小
YCN	浮点型数组	节点 y 坐标	DLB	浮点型数组	载荷距始端距离
BNR	整型数组	杆件始端节点号	NRS	整型数组	截面所在杆件号
ENR	整型数组	杆件末端节点号	DSB	浮点型数组	截面距始端距离

表III-2　计算过程中产生的变量

变量名	变量类型	变量含义	变量名	变量类型	变量含义
NFRN	整型	可动节点数	rd	浮点型	杆件局部系刚度
LCS	二维浮点型数组	杆件几何参数	us	二维浮点型数组	单元刚度阵子阵
DON	浮点型数组	节点位移	kk	二维浮点型数组	总刚度阵
IFS	浮点型数组	截面内力	pp	浮点型数组	载荷向量
fp	文件指针	数据文件指针			

III.3　读取数据——子框图 1

平面刚架程序的结构数据读取函数与平面和空间桁架程序基本相同，只是由于平面刚架需要更多的结构信息，需要用户输入更多的数据。因此只需在桁架程序的数据读取函数上做些许改动即可。

对于载荷方向，不包括两种温度载荷，除集中弯矩以逆时针为正外，其余都以与局部系坐标轴正向为正。

与桁架程序相比，平面刚架与之不同的结构参数有杆件材料参数、荷载信息参数和截面信息参数，具体可参照变量说明。

在桁架程序中，杆件材料参数只有抗拉刚度 EA，而平面刚架则还需给出主惯性矩，因刚架比桁架多了转动自由度之故。

桁架程序中的载荷信息参数较为简单，因载荷只作用于节点上，而平面刚架中载荷既可以作用于节点，也可作用在杆件中间的任何位置。且载荷类型不只是集中力，在源程序中载荷类型给出了八种，工程中的大部分载荷都可由这几种基本载荷表示出来。对于特殊的载荷，只需按照相同的方法进行扩充即可。四种载荷信息参数中，载荷距始端距离对于不同类型的载荷，其定义是不同的，具体应参照图示进行确定。

桁架程序中，杆件内力只有轴力，且整个杆件轴力处处相同，故轴力大小与选取截面的位置无关。而在平面刚架程序中，杆件内力并不仅仅包括轴力，还有剪力和弯矩，且两者并非在杆件各处都相等。因此在程序中需指出要计算内力的位置，这样程序才能计算出该位置处截面的各个内力。在数据文件中，需要输入两种截面信息参数，即截面所在杆件号和截面距始端距离，根据这两种参数即可确定截面位置。

III.4　组集总刚度矩阵——子框图 2

1．平面刚架总刚度阵组集规律

平面刚架总刚度阵是维数为可动节点数×3 的方阵，因此每一个可动节点对应总刚度阵中的每列 3 行。假设杆件 m 连接节点 i、j，则总刚度阵的组集规律如下：

(1) $[K_{11}]$和$[K_{22}]$分别累加到总刚度阵 i 行 i 列和 j 行 j 列的主对角分块位置；

(2) $[K_{12}]$和$[K_{21}]$分别累加到总刚度阵 i 行 j 列和 j 行 i 列的非主对角分块位置；

(3) 若 i 节点为固定节点，则只在 j 行 j 列主对角分块位置累加$[K_{22}]$；

(4) 若节点 i、j 之间无杆件连接，则相应非主对角分块位置为零矩阵。

以上叠加过程通过图III-2 中的两个循环即可完成。先利用对号函数求出杆件两个节点对应的(III-1)中的 I0，若其大于等于 0 则该节点为可动节点，反之为固定节点。然后根据上面的组集规律分别进行主对角和非主对角分块位置的叠加。

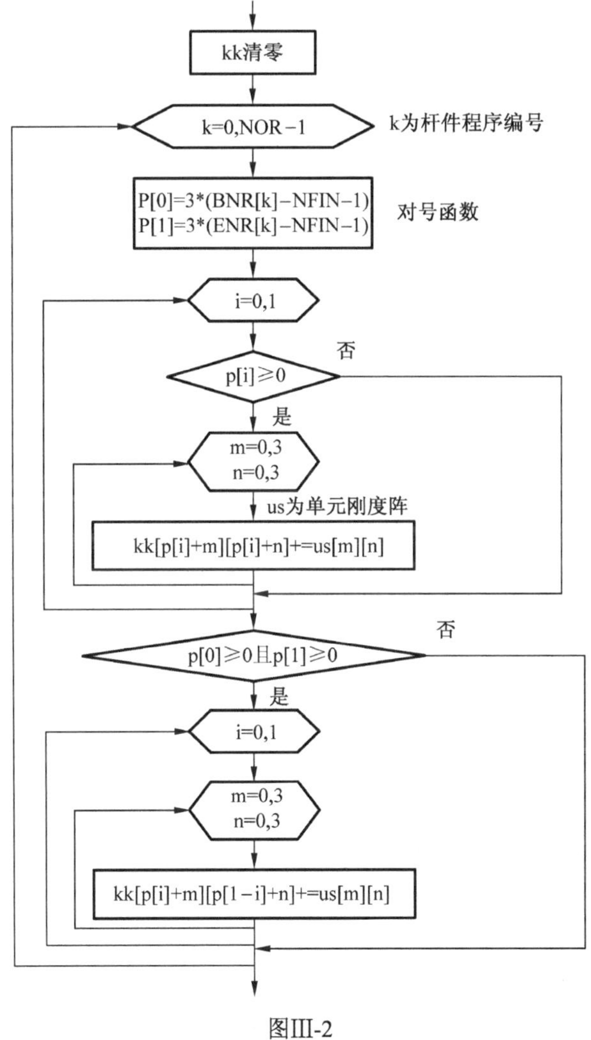

图III-2

2. 计算杆件几何参数—— 子框图 01

平面刚架与平面桁架的几何参数计算函数在功能和实现过程上基本相同，这里不再赘述，具体参见平面桁架部分。

3. 节点对号函数—— 子框图 02

平面刚架与平面桁架程序相同，要完成总刚度阵的组集，需要找出各个位移分量在总刚度阵中的对应位置，这项工作就由位移对号函数完成。该过程较为简单，主要是按照节点对号公式计算出一个节点的三个位移分量对应的总刚度阵的数组指标。节点对号公式如下：

$$\begin{aligned} &\mathrm{I0}=3\times(\mathrm{i}-\mathrm{NFIN}-1) \\ &\mathrm{I0}+1=3\times(\mathrm{i}-\mathrm{NFIN}-1)+1 \\ &\mathrm{I0}+2=3\times(\mathrm{i}-\mathrm{NFIN}-1)+2 \end{aligned} \tag{III-1}$$

式中，NFIN 为可动节点数。

4. 计算杆件的单元刚度阵——子框图 03

平面刚架杆件的单元刚度阵为 6×6 的矩阵，可划分为四个 3×3 的分块阵，且其中元素值只与杆件的材料参数和几何参数有关。而在组集总刚度阵时，只需将单元刚度阵的四个分块阵在相应位置进行叠加，故在程序中只需计算单元刚度阵的各个分块阵，而不必将其组合成完整的单元刚度阵。

该函数完成的工作为，计算坐标转换矩阵$[T]$及其转置阵$[T]^{\mathrm{T}}$，将计算出的局部系刚度阵$[k]$的分块阵左乘$[T]$，右乘$[T]^{\mathrm{T}}$，即可得到单元刚度阵$[K]$的对应分块阵

$$[K]=\begin{bmatrix} K_{11} & K_{12} \\ K_{21} & K_{22} \end{bmatrix}=\begin{bmatrix} Tk_{11}T^{\mathrm{T}} & Tk_{12}T^{\mathrm{T}} \\ Tk_{21}T^{\mathrm{T}} & Tk_{22}T^{\mathrm{T}} \end{bmatrix} \tag{III-2}$$

该部分流程如图III-3 所示。

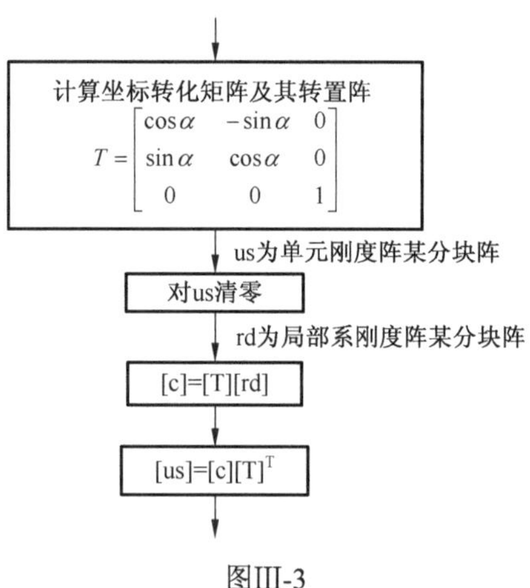

图III-3

5. 计算局部系刚度阵—— 子框图 001

平面刚架杆件的局部系刚度阵同样为 6×6 的矩阵。四个分块阵有类似之处，所有元素的

绝对值，除了 0 之外只有五个，因此编程时不必逐一计算每个元素值。只需计算出这五个非零值，加上符号后赋给分块阵相应位置即可。

由于程序中求取四个不同分块阵调用的都是同一函数，因此需要一个函数参数确定此次调用计算的是哪个分块阵，具体参见源程序。

该部分的流程如图III-4 所示。

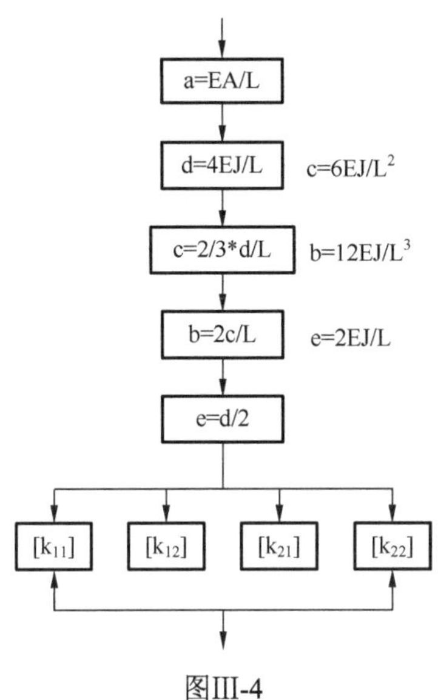

图III-4

III.5 组集载荷向量——子框图 3

1. 组集载荷向量

由于刚架中每一根杆件可以看作两种情况的叠加，一种是载荷作用于对应固支梁，即在杆件两端添加固定支座，另一种情况是前一种情况中固支梁的支反力反作用于原杆件，而前一种情况在节点处无载荷和节点位移，则后一种情况作用的杆端力即为原载荷的等效载荷，只需将其叠加到载荷向量中。

计算出杆件始末端支反力后，还需调用对号函数计算出节点对应的 I0，判断其是否为可动节点，若是则执行叠加过程，反之跳过叠加过程。叠加时不同于桁架节点载荷的直接叠加，由于前面求出的支反力是在局部系中表示的，因此需要先利用坐标转换矩阵将其转化为总体系中的支反力。需要注意的是，叠加到载荷向量中的不是支反力本身，而是其相反数。

组集载荷向量的流程如图III-5 所示。

2. 计算固支梁支座反力——子框图 04

在杆件两端添加固定支座后，形成简单的固支梁，其支反力的求解属于静不定问题。

对于每一种类型的载荷作用于固支梁，其支反力可通过力法或其他方法求出，因此事先将每种情况的支反力公式计算出来，编制程序时只需按照公式写出相应语句即可。

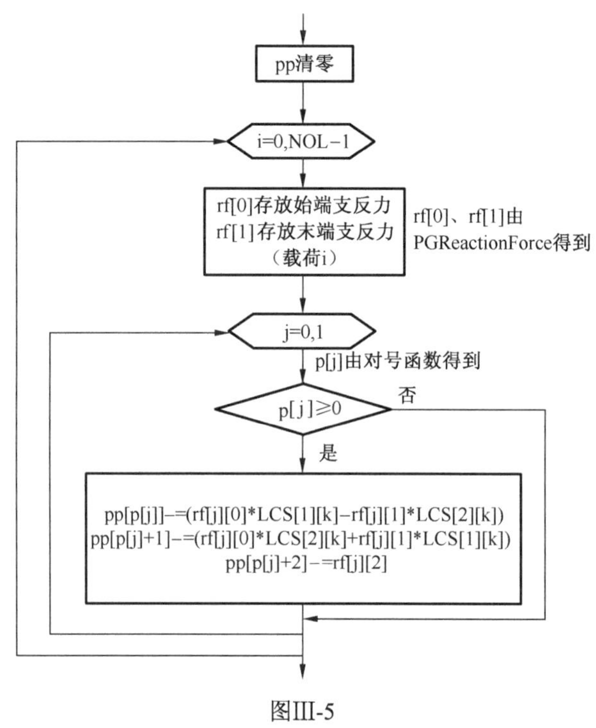

图III-5

III.6 求节点位移——子框图 4

前面已经求出总刚度阵和载荷向量，求解平面刚架刚度阵法方程的程序与桁架程序相同，采用改进的平方根法进行求解，求解过程并无不同，不再赘述。

III.7 计算杆件杆端力——子框图 5

如前所述，平面刚架载荷向量计算是两种情况的叠加，故截面内力也应是两种情况下截面内力的叠加，即载荷作用于对应固支梁的截面内力和固支梁支反力反作用于杆件两端时的截面内力。

前者又可分两步进行计算。首先将固支梁末端支座去掉成为悬臂梁，代之以支座反力，则静不定问题转化为静定问题。分别计算载荷和支座反力作用于该悬臂梁时的截面内力，然后将两步结果叠加。

后者的截面内力是支反力反作用于杆端，从而产生节点位移所引起的。节点位移已经求出，结合直接刚度法的推导过程，利用坐标转换和局部系刚度阵可得到杆端力，再根据平衡关系求出截面内力。

1. 计算截面内力

由于同一根杆件上可能不止一个载荷，因此计算该杆件上的截面内力时，需要将所有作用在该杆件上的所有载荷产生的截面内力叠加到一起。对于其中一个载荷影响下的截面内力计算，如本小节开头所述，为两种情况下的内力叠加。

需要指出的是，本程序计算出的截面内力是在局部系下表示的，这是和实际应用相一致的。内力方向与材料力学中规定相同，轴力以受拉为正，剪力以使杆件顺时针转动为正，弯矩以上压下拉为正。

截面内力的计算流程如图III-6 所示。

2. 计算对应悬臂梁截面内力—— 子框图 05

荷载作用于悬臂梁，属于静定结构，其内力计算较为简单。与固支梁支反力的计算类似，可针对每种荷载推导出其作用于悬臂梁的内力计算公式，编制程序只需按照公式写出相应语句。

3. 计算节点位移产生的杆端力—— 子框图 06

首先计算出坐标转换矩阵的转置阵和局部系刚度阵。由于只需求出杆件一端的杆端力，根据平衡关系即可得到第二种情况的截面内力，因此局部系刚度阵也只计算一端节点对应的两个分块阵，本程序选择计算始端杆端力。节点位移在前面已经求出，并存放在 DON 中。根据以上条件即可求出节点位移产生的始端杆端力。该过程的流程如图III-7 所示。

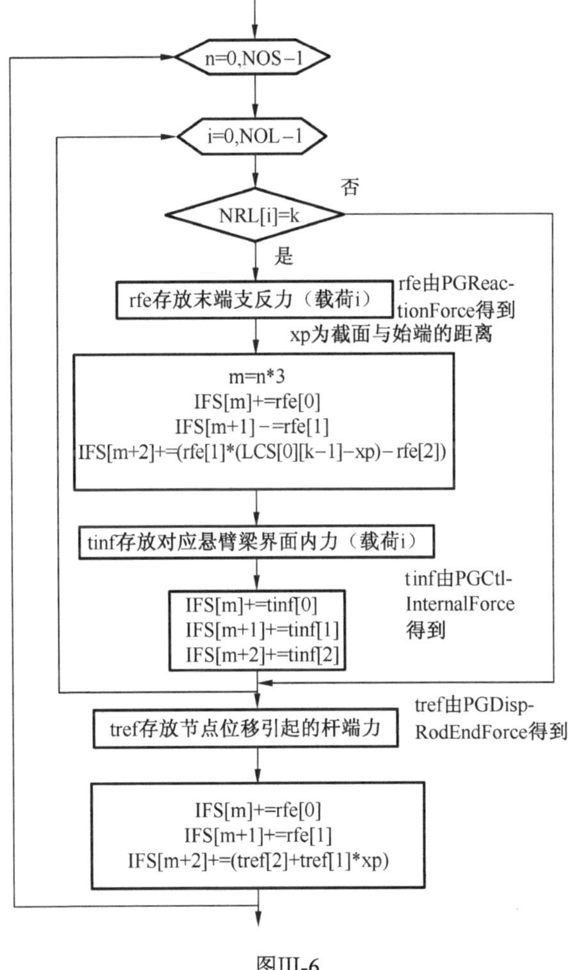

图III-6

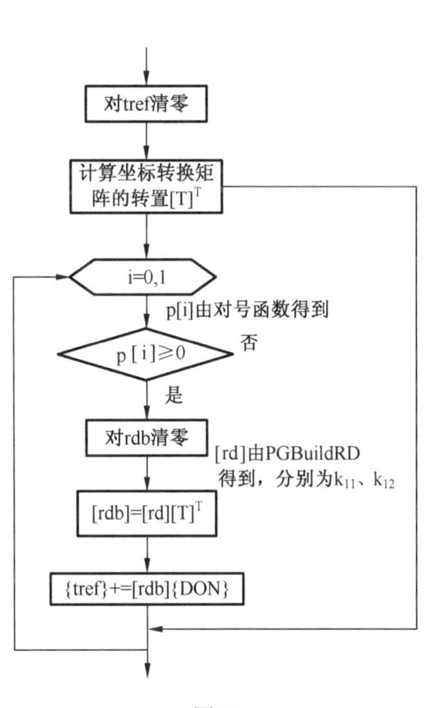

图III-7

III.8 计算程序考题

例III-1 试求图III-8 所示平面刚架的节点位移和指定截面内力。各杆的弹性模量 E=200GPa，主惯性矩 $J_z=5\times10^{-6}\text{m}^4$，横截面积为 $A=0.1\text{m}^2$。载荷如图III-8 所示，选取的截面分别为三根杆件的跨中截面。

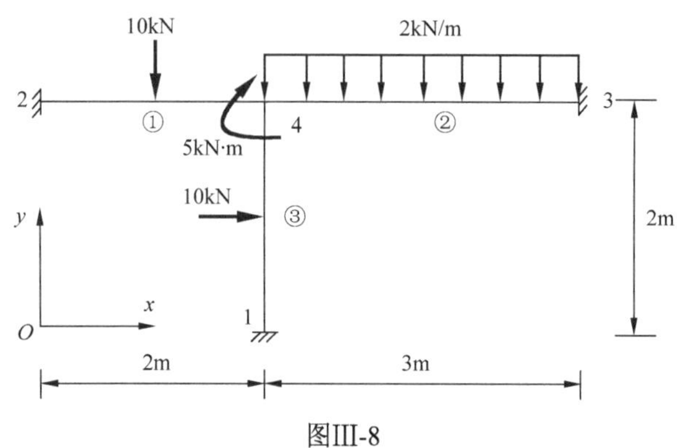

图III-8

解：(1)数据输入。

节点总数：4

固定节点数：3

杆件总数：3

荷载总数：4

截面总数：3

节点 x 坐标：2，0，5，2

节点 y 坐标：0，2，2，2

杆件左节点：2，3，1

杆件右节点：4，4，4

杆件弹性模量：200000000，200000000，200000000

杆件横截面积：0.1，0.1，0.1

杆件主惯性矩：0.000005，0.000005，0.000005

载荷所在杆件号：1，1，2，3

载荷类型：1，6，2，1

载荷大小：−10，−5，2，−10

载荷距左端距离：1，2，3，1

截面所在杆件号：1，2，3

截面距左端距离：1，1.5，1

(2)计算结果。

节点号	位移 x 分量	位移 y 分量	转角
4	3.25×10^{-7}	-8.24×10^{-7}	2.815×10^{-4}

截面号	内力 x 分量	内力 y 分量	弯矩
1	3.2485752	−5.3790646	2.3541472

2	−2.1657166	−0.2118019	−0.8472352
3	−8.1672621	−5.4142919	2.3541472

例Ⅲ-2 试求图Ⅲ-9 所示平面刚架的节点位移和指定截面内力。各杆的弹性模量 E=200GPa，主惯性矩 J_z=7.162×10^{-5}m^4，横截面积为 A=0.03m^2。载荷如图Ⅲ-9 所示，选取截面为①、③号杆的跨中处和②号杆距 3 号节点 1.5m 处。

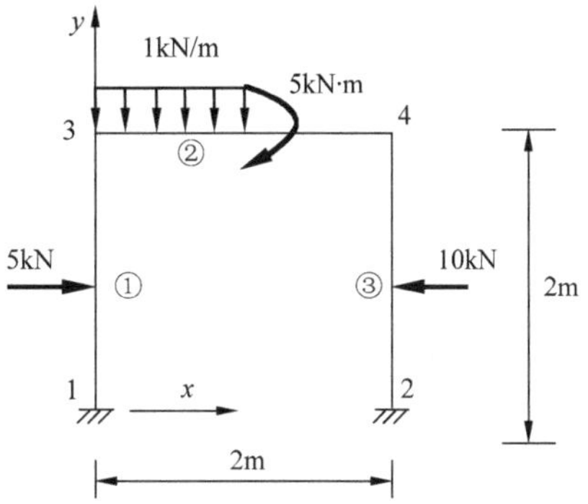

解：(1) 数据输入。

节点总数：4

固定节点数：2

杆件总数：3

荷载总数：4

截面总数：3

节点 x 坐标：0，2，0，2

节点 y 坐标：0，0，2，2

杆件左节点：1，3，2

杆件右节点：3，4，4

杆件弹性模量：200000000，200000000，200000000

杆件横截面积：0.03，0.03，0.03

杆件主惯性矩：0.00007162，0.00007162，0.00007162

载荷所在杆件号：1，2，2，3

载荷类型：1，2，6，1

载荷大小：−5，−1，5，10

载荷距左端距离：1，1，1，1

截面所在杆件号：1，2，3

截面距左端距离：1，1.5，1

图Ⅲ-9

(2) 计算结果

节点号	位移 x 分量	位移 y 分量	转角
3	−0.0000933	0.0000005	−0.0000751
4	−0.0000943	−0.0000008	0.0000039

截面号	内力 x 分量	内力 y 分量	弯矩
1	1.3800790	−2.8906603	1.7880788
2	−2.8906555	−2.3800790	0.8272998
3	−2.3800790	2.8906548	−2.5279152

Ⅲ.9 平面刚架源程序

```
#include <stdio.h>
#include <stdlib.h>
#include <conio.h>
#include <math.h>

/*全局变量声明*/
```

```
int TNN;          //节点总数/total number of nodes
int NFIN;         //固定节点数/number of fixed nodes
int NFRN;         //可动节点数/number of free nodes
int NOR;          //杆件数/number of rods
int NOL;          //载荷总数/number of loads
int NOS;          //截面数/number of sections

float *XCN;       //节点 x 方向的坐标/X coordinate of nodes
float *YCN;       //节点 y 方向的坐标/Y coordinate of nodes
int *BNR;         //杆件始端节点号/the beginning node number of rods
int *ENR;         //杆件末端节点号/the end node number of rods
float *EEE;       //弹性模量 E
float *AAA;       //横截面积 A
float *JJJ;       //主惯性矩 J

int *NRL;         //加载杆件号/the number of rod with load
int *KOL;         //载荷类型/kind of load
float *VOL;       //载荷大小/the value of load
float *DLB;       //载荷距始端的距离/the distance between load and beginning node

int *NRS;         //截面所在的杆件编号/the number of rod with section
float *DSB;       //截面距始端的距离/the distance between section and beginning node

float **LCS;      //杆件的长度、倾角余弦和倾角正弦
float *DON;       //存放节点位移/displacement of nodes
float *IFS;       //存放截面内力/internal force in the section

/*函数声明*/
void PGRead();                                  //从文本文件中读取数据
float **PGBuildTotalStif();                     //组集总刚度阵
void PGLCosSin(int k);                          //求杆件的长度，倾角余弦和正弦
int *PGI0J0(int rod);                           //节点对号函数
void PGBuildUnitStif(int k,int flag,float us[3][3]); //求单根杆件的单元刚度阵
void PGBuildRD(int k,int flag,float rd[3][3]);       //求单根杆件局部系下刚度阵
float *PGBuildLoadVector();                     //组集载荷向量
void PGReactionForce(int i,float rfb[3],float rde[3]);//计算支座反力
void PGCholesky(float **A,float *b,float *x,int n);//改进的平方根法求解方程组
void PGInternalForce(int ii,int k,float xq);    //计算截面内力
void PGCtlInternalForce(int jm,int i,float rfe[3],float tinf[3]);
                                                //计算简支梁截面处内力
void PGDispRodEndForce(int k,float tref[3]); //计算由节点位移产生的截面内力
void PGaaa();                                   //格式输出函数
void PGPrint();                                 //结果输出函数

void main()
{
    char value=0;             //存放用户输入的字符
    int i;                    //循环控制变量
```

```
    float **kk,*pp;          //kk 为指向总刚度阵的指针，pp 为指向载荷向量的指针
    printf("欢迎使用平面刚架求解器！\n");
    printf("\n 请在根目录中的 structure_data.txt 中输入结构数据，保存后返回该界
            面，按任意键继续操作。\n");
    printf("注：1.节点编号时先编固定节点再编可动节点，杆件的小号端为始端，大号端为
            末端。\n");
   printf("  2.弹性模量单位为千牛/平方米，荷载单位为千牛或千牛/米或千牛·米。\n");
   printf("  3.荷载类型 7 的“荷载距始端”距离对应“线膨胀系数”，类型 8 对应“线膨
            胀系数/杆件厚度”。\n");
    printf("\n 是否开始进行结构节点位移和指定截面内力进行计算?(Y/N): ");
    scanf("%c",&value);               //用户根据提示信息选择输入字符
    if(value=='y'||value=='Y')        //用户选择'y'或'Y'则进行以下计算
    {
        PGRead();                     //从数据文件读入数据
        kk=PGBuildTotalStif();        //组集总刚度阵并将其指针赋给 kk
        pp=PGBuildLoadVector();       //组集载荷向量并将其指针赋给 pp
        PGCholesky(kk,pp,DON,3*NFRN);//改进的平方根法求解，结果存放在 DON 中
        for(i=0;i<NOS;i++)            //对每一截面逐个求内力
            PGInternalForce(3*i,NRS[i],DSB[i]);
                                      //求局部系截面内力，结果存放在 IFS 中
        printf("\n");
        PGaaa();                      //输出间隔符号
        printf("\n\n");
        PGPrint();                    //结构参数以及计算结果的输出
    }
    printf("\n 感谢您的使用，再见！\n\n\n");
}
void PGRead()
{
    FILE *fp;                         //定义文件指针
    char c;                           //存放临时的字符型数据
    int i,j;                          //循环控制变量
    fp=fopen("structure_data.txt","r");    //为读取数据打开文本文件
    fseek(fp,15L,0);                  //将 fp 所指位置从初始位置向后移动 15 个字节
    fscanf(fp,"%d",&TNN);             //读取 fp 指向的整形数据，存放在 TNN 中
    fseek(fp,17L,1);                  //将 fp 所指位置从当前位置向后移动 17 个字节
    fscanf(fp,"%d",&NFIN);            //读取 fp 指向的整形数据，存放在 NFIN 中
    fseek(fp,17L,1);                  //将 fp 所指位置从当前位置向后移动 17 个字节
    fscanf(fp,"%d",&NOR);             //读取 fp 指向的整形数据，存放在 NOR 中
    fseek(fp,17L,1);                  //将 fp 所指位置从当前位置向后移动 17 个字节
    fscanf(fp,"%d",&NOL);             //读取 fp 指向的整形数据，存放在 NOL 中
    fseek(fp,17L,1);                  //将 fp 所指位置从当前位置向后移动 17 个字节
    fscanf(fp,"%d",&NOS);             //读取 fp 指向的整形数据，存放在 NOS 中
    fseek(fp,2L,1);                   //将 fp 所指位置从当前位置向后移动 2 个字节
    NFRN=TNN-NFIN;                    //计算可动节点数
    XCN=(float *)calloc(TNN,sizeof(float));
                        //为 XCN 分配 TNN 个长度等于 float 变量的内存空间，下同
    YCN=(float *)calloc(TNN,sizeof(float));
```

```
    BNR=(int *)calloc(NOR,sizeof(int));
    ENR=(int *)calloc(NOR,sizeof(int));
    EEE=(float *)calloc(NOR,sizeof(float));
    AAA=(float *)calloc(NOR,sizeof(float));
    JJJ=(float *)calloc(NOR,sizeof(float));
    NRL=(int *)calloc(NOL,sizeof(int));
    KOL=(int *)calloc(NOL,sizeof(int));
    VOL=(float *)calloc(NOL,sizeof(float));
    DLB=(float *)calloc(NOL,sizeof(float));
    NRS=(int *)calloc(NOS,sizeof(int));
    DSB=(float *)calloc(NOS,sizeof(float));
    IFS=(float *)calloc(3*NOS,sizeof(float));
    DON=(float *)calloc(3*NFRN,sizeof(float));
    for(i=0;i<13;i++)                  //分别读取 13 组数据存放在 13 个数组变量中
    {
     fseek(fp,15L,1);                  //将 fp 所指位置从当前位置向后移动 15 个字节
     j=0;                              //数组指标，从每组数据的第一个数据开始
     do
     {
         switch(i)                     //用 swich 语句控制对各组数据的读取
         {
            case 0:fscanf(fp,"%f",&XCN[j]);break;  //i=0 时读取 fp 指向的
                //浮点型数据存放在指标为 j 的 XCN 数组中，跳出 swich 语句，下同
            case 1:fscanf(fp,"%f",&YCN[j]);break;
            case 2:fscanf(fp,"%d",&BNR[j]);break;
            case 3:fscanf(fp,"%d",&ENR[j]);break;
            case 4:fscanf(fp,"%f",&EEE[j]);break;
            case 5:fscanf(fp,"%f",&AAA[j]);break;
            case 6:fscanf(fp,"%f",&JJJ[j]);break;
            case 7:fscanf(fp,"%d",&NRL[j]);break;
            case 8:fscanf(fp,"%d",&KOL[j]);break;
            case 9:fscanf(fp,"%f",&VOL[j]);break;
            case 10:fscanf(fp,"%f",&DLB[j]);break;
            case 11:fscanf(fp,"%d",&NRS[j]);break;
            case 12:fscanf(fp,"%f",&DSB[j]);break;
         }
         fscanf(fp,"%c",&c);           //读取每个数据后的逗号或换行符
         j++;                          //数组指标自加
     }while(c!='\n');                  //若读取的数据后面不是换行符则继续读取
    }
}
float **PGBuildTotalStif()
{
    float **kk,us[3][3];               //kk 为总刚度阵，us 为单元刚度阵分块
    int i,j,k,m=0,n=0,t[2],*p;  //i、j、m、n 为循环控制变量，k 为杆件程序编号，
                           //t 为普通整型数组，p 为存放杆端节点对号位置的数组的指针
    kk=(float **)calloc(3*NFRN,sizeof(float *));
                                       //以下三行语句为 kk 申请二维内存空间
```

```
    for(i=0;i<3*NFRN;i++)
        *(kk+i)=(float *)calloc(3*NFRN,sizeof(float));
    for(i=0;i<3*NFRN;i++)          //以下三行语句对 kk 指向的总刚度阵清零
        for(j=0;j<3*NFRN;j++)
            kk[i][j]=0;
    LCS=(float **)calloc(3,sizeof(float *));
                          //以下三行语句为存放杆件几何参数的 LCS 申请二维内存空间
    for(i=0;i<3;i++)
      *(LCS+i)=(float *)calloc(NOR,sizeof(float));
    for(k=0;k<NOR;k++)    //k 为杆件程序编号，对每一根杆件循环，组装总刚度阵
    {
        PGLCosSin(k+1); //计算该杆件的几何参数
        p=PGI0J0(k+1);  //计算程序编号为 k 的杆件端点对号位置，并存放在 p 指向的数组中
        for(i=0;i<2;i++)
            t[i]=p[i];        //将 p 指向的数值赋给 t，避免指针 p 丢失
        for(i=0;i<2;i++)      //对杆件两端点对应的主对角分块位置进行叠加
        {
            if(t[i]>=0)       //符合条件说明为可动节点并进行叠加，否则不叠加
            {
                PGBuildUnitStif(k,1+i,us);
                        //计算程序编号为 k 的杆件的单元刚度阵分块，并存放在 us 中
                for(m=0;m<3;m++)
                    for(n=0;n<3;n++)
                        kk[t[i]+m][t[i]+n]+=us[m][n];
                            //对 us 中的 9 个元素按相应位置进行叠加
            }
        }
        if(t[0]>=0&&t[1]>=0) //符合条件说明两端点均为可动节点并进行叠加，否则不叠加
        {
            for(i=0;i<2;i++)//对杆件两端点对应的非主对角分块位置进行叠加
            {
                PGBuildUnitStif(k,3+i,us);
                        //计算程序编号为 k 的杆件的单元刚度阵分块，并存放在 us 中
                for(m=0;m<3;m++)
                    for(n=0;n<3;n++)
                        kk[t[i]+m][t[1-i]+n]+=us[m][n];
                                  //对 us 中的 9 个元素按相应位置进行叠加
            }
        }
    }
    return kk;                        //返回总刚度阵的数组指针
}
void PGLCosSin(int k)                 //k 为杆件实际编号
{
    int i,j;
    k--;                              //k 自减，即为程序杆件号
    i=BNR[k]-1;                       //i 存放杆件的始端节点对应程序中的数组指标
    j=ENR[k]-1;                       //j 存放杆件的末端节点对应程序中的数组指标
```

```
    LCS[1][k]=XCN[j]-XCN[i];         //杆件始末端节点横坐标之差
    LCS[2][k]=YCN[j]-YCN[i];         //杆件始末端节点纵坐标之差
    LCS[0][k]=sqrt(LCS[1][k]*LCS[1][k]+LCS[2][k]*LCS[2][k]); //求杆件长度
    LCS[1][k]=LCS[1][k]/LCS[0][k];  //求杆件倾角余弦值
    LCS[2][k]=LCS[2][k]/LCS[0][k];  //求杆件倾角正弦值
}
int *PGI0J0(int rod)                 //rod 为杆件的实际编号
{
    int bl,br,ij[2];
    bl=BNR[rod-1];                   //bl 存放杆件的始端节点号
    br=ENR[rod-1];                   //br 存放杆件的末端节点号
    ij[0]=3*(bl-NFIN-1);        //将始端节点在总刚度阵中对应的位置编号存放在 ij 数组中
    ij[1]=3*(br-NFIN-1);        //将末端节点在总刚度阵中对应的位置编号存放在 ij 数组中
    return ij;                  //返回 ij 数组指针
}
void PGBuildUnitStif(int k,int flag,float us[3][3])
                    //k 为杆件程序编号，flag 为矩阵分块标号，us 为单元刚度阵分块
{
    int i,j,m=0;      //i、j、m 均为循环控制变量
    float rd[3][3]={0},t[3][3]={0},tt[3][3]={0},c[3][3]={0};
                    //rd 为局部系刚度阵，t 为坐标转换矩阵，tt 为其转置阵
    PGBuildRD(k,flag,rd);     //根据 flag 计算杆件(k+1)的 rd 阵的相应分块阵
    t[0][0]=tt[0][0]=t[1][1]=tt[1][1]=LCS[1][k];
                                      //以下四行语句计算坐标转换矩阵及其转置阵
    t[1][0]=tt[0][1]=LCS[2][k];       //      cos a   -sin a  0
    t[0][1]=tt[1][0]=-1*LCS[2][k];    //  t= sin a    cos a   0
    t[2][2]=tt[2][2]=1;               //        0        0     1
    for(i=0;i<3;i++)                  //以下三行语句对 us 进行清零
        for(j=0;j<3;j++)
            us[i][j]=0;
    for(i=0;i<3;i++)  //以下四行语句计算矩阵 t 与矩阵 rd 相乘，结果存放在矩阵 c 中
        for(j=0;j<3;j++)
            for(m=0;m<3;m++)
                c[i][j]+=t[i][m]*rd[m][j];
    for(i=0;i<3;i++) //以下四行语句计算矩阵 rd 与矩阵 tt 相乘，结果存放在矩阵 us 中
        for(j=0;j<3;j++)
            for(m=0;m<3;m++)
                us[i][j]+=c[i][m]*tt[m][j];
}
void PGBuildRD(int k,int flag,float rd[3][3])
                                      //k 为杆件程序编号，flag 为矩阵分块标号
{
    float a,b,c,d,e;
    a=EEE[k]*AAA[k]/LCS[0][k];                     //EA/L
    d=4*EEE[k]*JJJ[k]/LCS[0][k];                   //4EJ/L
    c=d/2*3/LCS[0][k];                             //6EJ/(L*L)
    b=c*2/LCS[0][k];                               //12EJ/(L*L*L)
    e=d/2;                                         //2EJ/L
```

```
    switch(flag)                                    //根据 flag 计算相应分块阵
    {
    case 1:rd[0][0]=a;rd[1][1]=b;rd[1][2]=rd[2][1]=-c;rd[2][2]=d;break;  //k11
    case 2:rd[0][0]=a;rd[1][1]=b;rd[1][2]=rd[2][1]=c;rd[2][2]=d;break; //k22
    case 3:rd[0][0]=-a;rd[1][1]=-b;rd[1][2]=-c;rd[2][1]=c;rd[2][2]=e;break;  //k12
    case 4:rd[0][0]=-a;rd[1][1]=-b;rd[1][2]=c;rd[2][1]=-c;rd[2][2]=e;break;  //k21
    }
}
float *PGBuildLoadVector()
{
    int i,j,rod,*p;           //i、j 为循环控制变量，rod 为杆件程序编号
    float rf[2][3],*pp;       //rf 存放杆件始末端支反力分量，pp 为载荷向量
    pp=(float *)calloc(3*NFRN,sizeof(float));
                              //为 pp 分配 3*NFRN 个长度等于 float 变量的内存空间
    for(i=0;i<3*NFRN;i++)     //载荷向量清零
        pp[i]=0;
    for(i=0;i<NOL;i++)        //对每一载荷循环
    {
        rod=NRL[i]-1;         //将 NRL 中存放的杆件实际编号-1 即为相应程序编号
        for(j=0;j<3;j++)      //对二维数组 rf 清零
            rf[0][j]=rf[1][j]=0;
        PGReactionForce(i,rf[0],rf[1]); //计算固支梁第 i 个载荷始末端点支反力，
                                        //分别存放在 rf[0],rf[1]中
        p=PGI0J0(NRL[i]);     //计算实际编号为 NRL[i]的杆件端点对号位置，并存放在
                              //p 指向的数组中
        for(j=0;j<2;j++)      //分别对始末端支反力的相反数进行叠加
            if(p[j]>=0)       //符合条件为自由节点，执行叠加过程；反之为固定节点，不叠加
            {
                pp[p[j]]-=rf[j][0]*LCS[1][rod]-rf[j][1]*LCS[2][rod];
                  //以下三行按照坐标转换公式将支反力相反数叠加到载荷向量相应位置
                pp[p[j]+1]-=rf[j][0]*LCS[2][rod]+rf[j][1]*LCS[1][rod];
                pp[p[j]+2]-=rf[j][2];
            }
    }
    return pp;                //返回载荷变量数组指针
}
void PGReactionForce(int i,float rfb[3],float rfe[3])
                              //i 为载荷编号，rfb、rfe 分别为始末端支反力分量
{
    float ra,rb,t;
    int rod=NRL[i]-1;                //rod 为杆件程序编号
    ra=DLB[i]/LCS[0][rod];           //ra=x(q)/L
    rb=1-ra;                         //rb=1-x(q)/L
    switch(KOL[i])                   //根据 KOL[i]计算相应载荷类型的支反力
    {
    case 1:t=rb*rb;rfb[1]=-VOL[i]*(1+2*ra)*t;rfe[1]=-VOL[i]-rfb[1];
    rfb[2]=VOL[i]*DLB[i]*t;rfe[2]=-VOL[i]*DLB[i]*rb*ra;break; //竖直集中力
    case 2:t=VOL[i]*DLB[i];rfb[1]=-t*(1-ra*ra+0.5*ra*ra*ra);
```

```
    rfe[1]= -t-rfb[1];rfb[2]=t*DLB[i]*(6-8*ra+3*ra*ra)/12;rfe[2]=
    -t*ra*DLB[i]*(4-3*ra)/12;break;          //竖直均布载荷
    case 3:rfb[0]=-VOL[i]*rb;rfe[0]=-VOL[i]*ra;break;      //轴向集中力
    case 4:t=VOL[i]*DLB[i];rfe[0]=-t*ra/2;rfb[0]=-t-rfe[0];break;
                                             //轴向均布载荷
    case 5:t=VOL[i]*DLB[i];rfb[1]=-0.25*t*(2-3*ra*ra+1.6*ra*ra*ra);
    rfe[1]=-t/2-rfb[1];rfb[2]=t*DLB[i]*(2-3*ra+1.2*ra*ra)/6;rfe[2]=
    -t*ra*DLB[i]*(1-0.8*ra)/4;break;         //竖直三角形分布载荷
    case 6:rfb[1]=6*VOL[i]*rb*ra/LCS[0][rod];rfe[1]=-rfb[1];rfb[2]=
    -VOL[i]*rb*(2-3*rb);rfe[2]=-VOL[i]*ra*(2-3*ra);break;  //集中弯矩
    case 7:rfb[0]=VOL[i]*DLB[i]*EEE[rod]*AAA[rod];rfe[0]=-rfb[0];break;
                                             //均匀升温
    case 8:rfb[2]=VOL[i]*DLB[i]*EEE[rod]*JJJ[rod]*2;rfe[2]=-rfb[2];
    break;                                   //上升温下降温
    }
}
void PGCholesky(float **A,float *b,float *x,int n)
                          //A 为对称系数阵，b 为常数向量，x 为未知数向量，n 为维数
{
    int i,j,k;                    //循环控制变量
    float s,**L,*D,*y;            //s 为中间变量，L、D 为分解矩阵，y 为中间向量
    L=(float **)calloc(n,sizeof(float *)); //以下三行语句为 kk 申请二维内存空间
    for(i=0;i<n;i++)
        *(L+i)=(float *)calloc(n,sizeof(float));
    D=(float *)calloc(n,sizeof(float));
                                  //为 D 申请 n 个长度等于 float 变量的内存空间
    y=(float *)calloc(n,sizeof(float));
                                  //为 y 申请 n 个长度等于 float 变量的内存空间
   for(i=0;i<n;i++)
        L[i][i]=1;                //L 初始化
    /*将 A 分解为 LDL(t)*/
    D[0]=A[0][0];
   for(i=1;i<n;i++)
    {
        for(j=0;j<i;j++)
        {
            s=0;
            for(k=0;k<j;k++)
                s=s+L[i][k]*D[k]*L[j][k];
            L[i][j]=(A[i][j]-s)/D[j];
         }
        s=0;
        for(k=0;k<i;k++)
            s=s+L[i][k]*L[i][k]*D[k];
        D[i]=A[i][i]-s;
    }
    /*由 Ly=b 求解 y*/
    y[0]=b[0];
```

```
    for(i=1;i<n;i++)
    {
        s=0;
        for(k=0;k<i;k++)
            s=s+L[i][k]*y[k];
        y[i]=b[i]-s;
    }
    /*由 DL(t)x=y 求解 x*/
    x[n-1]=y[n-1]/D[n-1];
    for(i=n-2;i>=0;i--)
    {
        s=0;
        for(k=i+1;k<n;k++)
            s=s+L[k][i]*x[k];
        x[i]=y[i]/D[i]-s;
    }
}
void PGInternalForce(int ii,int k,float xp)
                        //ii 为截面对号位置，k 为杆件实际编号，xp 为截面与始端距离
{
    int i,j;                            //i、j 为循环控制变量
    float rfb[3],rfe[3],tf[3];          //rfb、rfe 分别为始末端支反力分量
    for(i=0;i<NOL;i++)                  //对每一载荷进行循环
    {
        if(NRL[i]==k)                   //若该载荷施加于杆件 k
        {
            for(j=0;j<3;j++)            //对 rfb、rfe、tinf 清零
                rfb[j]=rfe[j]=tf[j]=0;
            PGReactionForce(i,rfb,rfe); //计算固支梁第 i 个载荷始末端点支反力，
                                        //分别存放在 rfb、rfe 中
            IFS[ii]+=rfe[0];            //以下三行语句根据末端支反力求出截面内力
                                        //并叠加到相应位置
            IFS[ii+1]-=rfe[1];
            IFS[ii+2]=IFS[ii+2]+rfe[1]*(LCS[0][k-1]-xp)-rfe[2];
            PGCtlInternalForce(ii/3,i,rfe,tf);
                                        //对应悬臂梁在载荷下的截面内力计算
            for(j=0;j<3;j++)            //将悬臂梁的截面内力分量按相应位置进行叠加
                IFS[ii+j]+=tf[j];
        }
    }
    PGDispRodEndForce(k,tf);        //计算由节点位移产生的杆端力,并存放在数组 tf 中
    IFS[ii+0]-=tf[0];               //以下三行语句根据公式计算杆端力引起的截面内力
                                    //并按相应位置进行叠加
    IFS[ii+1]+=tf[1];
    IFS[ii+2]+=tf[2]+tf[1]*xp;
}
void PGCtlInternalForce(int jm,int i,float rfe[3],float tinf[3])
//jm 为截面的程序编号，i 为载荷程序编号，rfe 为末端支反力，tinf 为截面内力分量
```

```
{
    float t=DLB[i]-DSB[jm],r=DSB[jm]/DLB[i];    //  t=x(q)-x(p),r=x(p)/x(q)
    switch(KOL[i])             //根据 KOL[i]计算相应载荷类型对应悬臂梁的截面内力
    {
    case 1:if(DSB[jm]<DLB[i]){tinf[1]-=VOL[i];tinf[2]+=VOL[i]*t;}break;
          //若符合条件则按照公式进行计算，否则分量为 0，跳过计算过程，下同
    case 2:if(DSB[jm]<DLB[i]){tinf[1]-=VOL[i]*t;tinf[2]+=0.5*VOL[i]*t*t;}break;
    case 3:if(DSB[jm]<DLB[i])tinf[0]+=VOL[i];break;
    case 4:if(DSB[jm]<DLB[i])tinf[0]+=VOL[i]*t;break;
    case 5:if(DSB[jm]<DLB[i]){tinf[1]-=VOL[i]*(1+r)*t/2;tinf[2]+=VOL[i]
    *t*t*(2+r)/6;}break;
    case 6:if(DSB[jm]<DLB[i])tinf[2]+=VOL[i];break;
    case 7:break;              //温度载荷不在悬臂梁上产生内力，跳过计算过程，下同
    case 8:break;
    }
}
void PGDispRodEndForce(int k,float tref[3])
                               //k 为杆件实际编号，tref 存放杆端力分量
{
    int *p,i,j,m,n,t[2];     //i、j、m、n 为循环控制变量，t 为普通整型数组
    float rd[3][3]={0},tt[3][3]={0},rdb[3][3],temp;
                          //tt 为坐标转换矩阵的转置阵，rdb、temp 均为临时存储变量
    for(i=0;i<3;i++)      //对 tinf 清零
        tref[i]=0;
    tt[0][0]=tt[1][1]=LCS[1][k-1];  //以下四行语句构造坐标转换矩阵的转置阵
    tt[0][1]=LCS[2][k-1];
    tt[1][0]=-1*LCS[2][k-1];
    tt[2][2]=1;
    p=PGI0J0(k);    //计算实际编号为 k 的杆件端点对号位置，并存放在 p 指向的数组中
    for(i=0;i<2;i++)
        t[i]=p[i];        //将 p 指向的数值赋给 t，避免指针 p 丢失
    for(i=0;i<2;i++)      //分别对始末端进行计算叠加
    {
        if(t[i]>=0)       //符合条件为自由节点，执行计算，否则为固定节点
        {
            for(j=0;j<3;j++)     //以下三行语句对 rdb 清零
                for(m=0;m<3;m++)
                    rdb[j][m]=0;
            PGBuildRD(k-1,2*i+1,rd); //根据标号计算杆件 k 的 rd 阵的相应分块阵
            for(j=0;j<3;j++)
                  //以下四行语句计算矩阵 rd 与矩阵 tt 相乘，结果存放在矩阵 rdb 中
                for(m=0;m<3;m++)
                    for(n=0;n<3;n++)
                        rdb[j][m]+=rd[j][n]*tt[n][m];
            for(j=0;j<3;j++)           //对三个分量循环
            {
                temp=0;                //临时变量归零
                for(m=0;m<3;m++)      //以下两行语句计算矩阵 rdb 与向量 DON 相乘，
```

```
                                    //结果存放在矩阵 temp 中
                        temp+=rdb[j][m]*DON[t[i]+m];
                    tref[j]+=temp;  //将计算出的杆端力分量叠加到相应位置
                }
            }
            else                            //固定节点的节点位移为 0，矩阵相乘后仍为 0
                for(j=0;j<3;j++)
                    tref[j]+=0;     //将 0 叠加到 tref 中
    }
}
void PGaaa()
{
printf("***********************************************************");
}
void PGPrint()
{
    int i,j;                        //循环控制变量
    printf("\t\t\t\t\t 平面刚架结构计算\n");
    PGaaa();
    printf("\t\t 节点总数=%d\t\t\t 固定节点数=%d\n\t\t 可动节点数=%d\t\t\t 杆件数=%d\n\t\t 荷载总数=%d\t\t\t 截面总数=%d\n",TNN,NFIN,NFRN,NOR,NOL,NOS);
    PGaaa();
    printf("    节点号\tX 坐标\t\tY 坐标\n");
    for(i=1;i<=TNN;i++)
        printf("     %d\t         %5.7f\t%5.7f\n",i,XCN[i-1],YCN[i-1]);
    PGaaa();
    printf("     杆件号 左节点 右节点 弹性模量 E\t 截面积 A\t\t 主惯性矩 J\n");
    for(i=1;i<=NOR;i++)
        printf("      %d\t     %d\t     %d\t  %5.0f\t%5.6f\t%5.6f\n",i,
        BNR[i-1],ENR[i-1],EEE[i-1],AAA[i-1],JJJ[i-1]);
    PGaaa();
    printf("     荷载号\t 所在杆件号\t 荷载类型\t 荷载大小\t 距左端距离\n");
    for(i=0;i<NOL;i++)
        printf("      %d\t\t    %d\t\t   %d\t\t%5.2f\t\t%5.5f\n",i+1,
        NRL[i],KOL[i],VOL[i],DLB[i]);
    PGaaa();
    printf("     截面号\t 所在杆件号\t  距左端距离\n");
    for(i=1;i<=NOS;i++)
        printf("      %d\t\t     %d\t\t  %5.7f\n",i,NRS[i-1],DSB[i-1]);
    PGaaa();
    printf("     节点号\t 位移 X 分量\t 位移 Y 分量\t 转角\n");
    for (i=NFIN+1,j=0;i<=TNN;i++,j++)
        printf("  %d\t\t%5.7f\t%5.7f\t%5.7f\n",i,DON[3*j],DON[3*j+1],DON[3*j+2]);
    PGaaa();
    printf("     截面号\t 内力 X 分量\t 内力 Y 分量\t 弯矩\n");
    for (i=1;i<=NOS;i++)
        printf("   %d\t\t%5.7f\t%5.7f\t%5.7f\n",i,IFS[3*i-3],IFS[3*i-2],
              IFS[3*i-1]);
    PGaaa();
}
```

附录Ⅳ　空间刚架程序设计

Ⅳ.1　总　框　图

空间刚架程序流程如图Ⅳ-1所示，其中包括子框图1～6，二级子框图01～07以及三级子框图 001、002。每个子框图对应的子函数名均在框图中列出。空间刚架计算思想及流程与平面刚架类似，但是由于空间刚架自由度数多于平面刚架，因此在程序的具体实现上会有不同。

函数名的命名规则：空间刚架程序中函数名均以“KG”开头，其余部分由该函数所完成的功能的英文单词组合而成，且每个单词首字母大写。

图Ⅳ-1包含了程序中的大部分函数，其余未列出函数参见源程序。

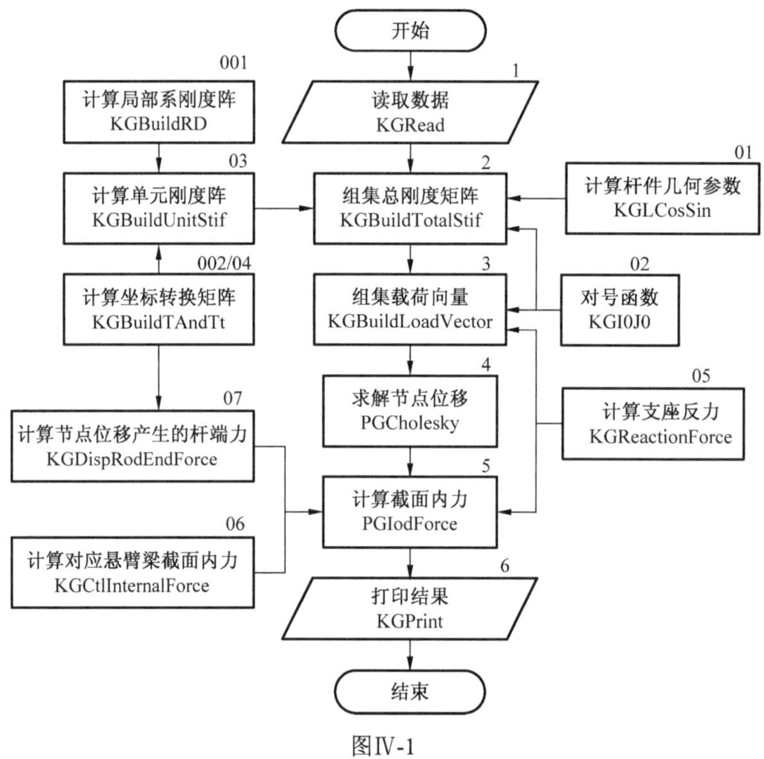

图Ⅳ-1

Ⅳ.2　变　量　说　明

空间刚架数据文件中提供的变量说明见表Ⅳ-1，计算过程中产生的变量见表Ⅳ-2，大写标识符为全局变量，小写标识符为局部变量。全局变量以其对应含义的英文首字母命名，具体参照程序注释。其余变量及含义参照程序注释。

表Ⅳ-1　数据文件中提供的变量

变量名	变量类型	变量含义	变量名	变量类型	变量含义
TNN	整型	节点总数	AAA	浮点型数组	杆件横截面积
NFIN	整型	固定节点数	JJY	浮点型数组	杆件 y 轴主惯性矩
NOR	整型	杆件总数	JJZ	浮点型数组	杆件 z 轴主惯性矩
NOL	整型	载荷总数	THE	浮点型数组	主惯性轴偏角
NOS	整型	截面总数	NRL	整型数组	载荷所在杆件号
XCN	浮点型数组	节点 x 坐标	PLI	整型数组	载荷作用平面
YCN	浮点型数组	节点 y 坐标	KOL	整型数组	载荷类型
ZCN	浮点型数组	节点 z 坐标	VOL	浮点型数组	载荷大小
BNR	整型数组	杆件始端节点号	DLB	浮点型数组	载荷距始端距离
ENR	整型数组	杆件末端节点号	NRS	整型数组	截面所在杆件号
EEE	浮点型数组	杆件弹性模量	DSB	浮点型数组	截面距始端距离
GGG	浮点型数组	杆件剪切模量			

表Ⅳ-2　计算过程中产生的变量

变量名	变量类型	变量含义	变量名	变量类型	变量含义
NFRN	整型	可动节点数	fp	文件指针	数据文件指针
LCS	二维浮点型数组	杆件几何参数	rd	浮点型	杆件局部系刚度
DON	浮点型数组	节点位移	us	二维浮点型数组	单元刚度阵子阵
IFS	浮点型数组	截面内力	kk	二维浮点型数组	总刚度阵
RFE	浮点型数组	杆件末端支反力	pp	浮点型数组	载荷向量

Ⅳ.3　读取数据——子框图 1

空间刚架程序与桁架程序、平面刚架程序相比，数据读取函数除所读取的数据有增加和修改外，其余部分基本相同。

对于六种载荷的方向规定，除集中弯矩外都是以与局部系坐标轴正向为正，而集中弯矩则以按右手法则形成的力矩矢量为准进行判断，同样以与局部系坐标轴正向为正。

与平面刚架读取的数据相比，空间刚架变动的数据包括节点信息参数、杆件材料参数、截面几何参数以及载荷信息参数，具体可参照变量说明。

其中节点信息参数只是增加了 z 方向上节点坐标，杆件材料参数增加了剪切模量 G。

截面几何参数取消了平面刚架中的极惯性矩，代之以两个正交方向的主惯性矩 J_y 和 J_z，极惯性矩可由两个主惯性矩相加得到。另外还增加了主惯性矩偏角的参数 θ，其具体含义和判断方法在下文中将会详细介绍。

载荷信息参数增加了载荷所作用的平面，其值为 0 或 1，0 代表载荷位于局部系 xy 平面，1 代表位于局部系 xz 平面，均以载荷的力矢量进行判断(载荷类型 7 和 8 以温度变化所发生的平面为准)。有一种特殊情况是轴向力和轴向力矩(即扭矩)，由于两者的计算公式形式上完全相同，故合并为一种类型载荷。当代表载荷所在平面的变量值为 0 时，对应载荷为轴向力；变量值为 1 时，对应载荷为轴向力矩。

此外，在计算过程中产生的变量中，增加一个储存杆件末端支反力的数组 RFE，该数组的设定主要是为了截面内力计算的简化。计算每一个截面的内力时，都要计算在末端施加固支梁支反力时所引起的截面内力，而如果一根杆件上的载荷数不止一个，或者一根杆件上需要计算内力的截面不止一个，则该杆件末端支反力的计算过程就需要重复进行，这样就降低了计算效率。为此，在组集载荷向量过程中计算固支梁支反力时，便将得到的各根杆件的末端支反力叠加到数组 RFE 中，计算截面内力时直接调用即可。

Ⅳ.4　组集总刚度矩阵——子框图 2

1. 空间刚架总刚度阵组集规律

空间刚架总刚度阵的组集过程与平面刚架基本相同，只是因单元刚度阵维数不同而需做简单改动，在此不赘述。

2. 计算杆件几何参数——子框图 01

与平面刚架类似，具体参见源程序不赘述。

3. 节点对号函数——子框图 02

与平面刚架类似，只是由于空间刚架自由度数增加，因而计算公式有所改动。

$$\begin{aligned} &\text{I0}=6\times(\text{i}-\text{NFIN}-1)\\ &\text{I0}+1=6\times(\text{i}-\text{NFIN}-1)+1\\ &\text{I0}+2=6\times(\text{i}-\text{NFIN}-1)+2 \end{aligned} \tag{Ⅳ-1}$$

式中，NFIN 为可动节点数。

4. 计算杆件的单元刚度阵—— 子框图 03

单元刚度阵的计算与平面刚架中基本相同不赘述。

5. 计算局部系刚度阵—— 子框图 001

局部系刚度阵的计算流程与平面刚架相同，只是刚度阵的维数和组成元素有所不同，因此只需在平面刚架的基础上稍加改动即可不赘述。

6. 计算坐标转换矩阵及其转置阵—— 子框图 002/04

空间刚架的坐标转换涉及不止一次转换，且对特殊情况需做不同处理，与桁架和平面刚架程序的坐标转换矩阵有较大不同。

首先，在总体坐标系和局部坐标系之间定义一个中间坐标系 $\bar{x}\bar{y}\bar{z}$，以杆件始端为坐标系原点，以杆件始端指向末端为 $\bar{x}$ 轴正方向。过 $\bar{x}$ 作垂直于总体系 XY 平面的平面，在该平面内将 $\bar{x}$ 轴转动 90° 作为 $\bar{y}$ 轴，然后按照右手法则作出 $\bar{z}$ 轴。根据几何关系可知，$\bar{z}$ 轴必定在总体系的 XY 面内。

对于有一个主惯性轴与总体系 Z 轴平行的杆件，坐标系 $\bar{x}\bar{y}\bar{z}$ 即可作为其局部坐标系，因其两个主惯性轴分别与 $\bar{y}$ 和 $\bar{z}$ 轴平行。而对于主惯性轴相对 $\bar{y}$ 和 $\bar{z}$ 轴有偏转的杆件，需要另外一个参数进行描述。这里选取其中一个主惯性轴与 $\bar{y}$ 轴的夹角 θ(弧度表示)，并将该主惯性轴作为局部系的 y 轴。局部系 x 轴与 $\bar{x}$ 轴重合，z 轴由右手法则判断确定。

除此之外，对与 Z 轴平行的竖直杆，以上规定的坐标转换矩阵不适用，因为此时 $\sin\gamma=0$，在转换矩阵中将出现分母为 0 的情况。因此需对竖直杆单独定义转换矩阵。这里规定局部系 x 轴定义方法不变，y 轴与总体系 Y 重合，z 轴按右手法则判断确定。

该函数的流程如图Ⅳ-2 所示。

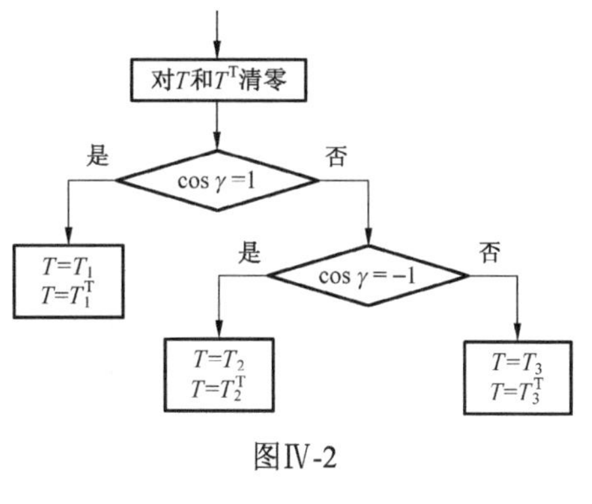

图Ⅳ-2

图中各矩阵表达式如下

$$[T_1]=\begin{bmatrix} t_1 & 0 \\ 0 & t_1 \end{bmatrix},\ [T_2]=\begin{bmatrix} t_2 & 0 \\ 0 & t_2 \end{bmatrix},\ [T_3]=\begin{bmatrix} t_3 & 0 \\ 0 & t_3 \end{bmatrix} \quad (\text{Ⅳ-2})$$

其中，

$$[t_1]=\begin{bmatrix} 0 & \sin\theta & -\cos\theta \\ 0 & \cos\theta & \sin\theta \\ 1 & 0 & 0 \end{bmatrix},\quad [t_2]=\begin{bmatrix} 0 & \sin\theta & \cos\theta \\ 0 & \cos\theta & -\sin\theta \\ -1 & 0 & 0 \end{bmatrix} \quad (\text{Ⅳ-3})$$

$$[t_3]=\frac{1}{\sin\gamma}\begin{bmatrix} \cos\alpha\sin\gamma & \cos\beta\sin\theta-\cos\alpha\cos\gamma\cos\theta & \cos\beta\cos\theta+\cos\alpha\cos\gamma\sin\theta \\ \cos\beta\sin\gamma & -\cos\alpha\sin\theta-\cos\beta\cos\gamma\cos\theta & -\cos\alpha\cos\theta+\cos\beta\cos\gamma\sin\theta \\ \cos\gamma\sin\gamma & \sin^2\gamma\cos\theta & -\sin^2\gamma\sin\theta \end{bmatrix}$$

Ⅳ.5　组集载荷向量——子框图 3

1. 组集载荷向量

空间刚架载荷向量的组集过程与平面刚架基本相同。

空间刚架每个节点具有六个自由度，其上载荷需要六个分量进行描述，故一个节点在载荷向量中对应六个位置。由于在空间刚架程序中设置了末端支反力存储数组 RFE，因此在组集载荷向量时需要增加对各节点支反力叠加的过程，其他步骤如平面刚架对应部分所述。组集载荷向量的流程如图Ⅳ-3 所示。

2. 计算固支梁支座反力—— 子框图 05

在空间刚架中，载荷虽然可以作用在局部系的 xy 和 xz 两个平面，但是对于同一类型的载荷，在这两个平面内产生的响应特征是相同的。因此计算固支梁支座反力时，仍然使用在平面刚架中的八种载荷的计算公式。

载荷作用在 xy 和 xz 平面分别以 0 和 1 表示，由此可确定不同情况下支反力在载荷向量中的位置。与平面刚架相同，对于轴向力和轴向力矩，分别以 0 和 1 作为其载荷所在平面的变量的值。

对于作用在不同平面的载荷，其产生的总共六个方向的支反力需要按照一定顺序叠加到载荷向量的不同位置。六个支反力按照顺序 F_x、F_y、F_z、M_x、M_y、M_z 进行排列。

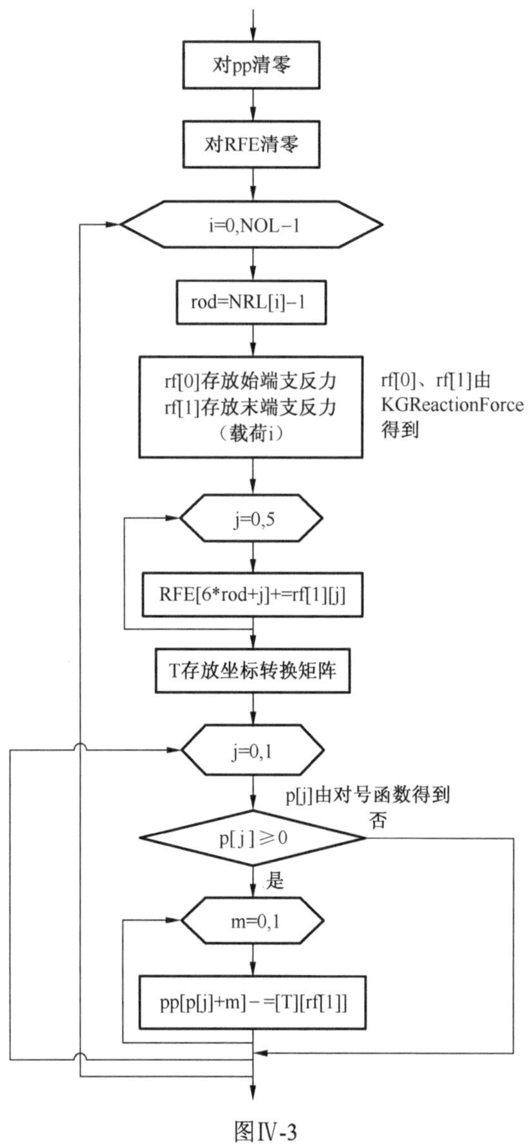

图Ⅳ-3

Ⅳ.6　求节点位移——子框图 4

前面已经求出总刚度阵和载荷向量，求解空间刚架刚度阵法方程的程序与桁架程序相同，仍然采用改进的平方根法进行求解，求解过程并无不同，不再赘述。

Ⅳ.7　计算杆件杆端力——子框图 5

空间刚架计算截面内力的思路与平面刚架相同，分两步进行计算，但是由于从平面刚架到空间刚架在具体实现时会复杂一些。

1. 计算截面内力

由于各杆对应的固支梁的末端支反力在组集载荷向量时已经计算出来，并存放在数组 RFE 中，因此在计算支反力作用于悬臂梁所引起的截面内力时，直接读取 RFE 中的相应支反力即可，而不必重新计算。除此之外，其余步骤与平面刚架的截面内力计算过程基本相同，在此不赘述。截面内力的计算流程如图Ⅳ-4 所示。

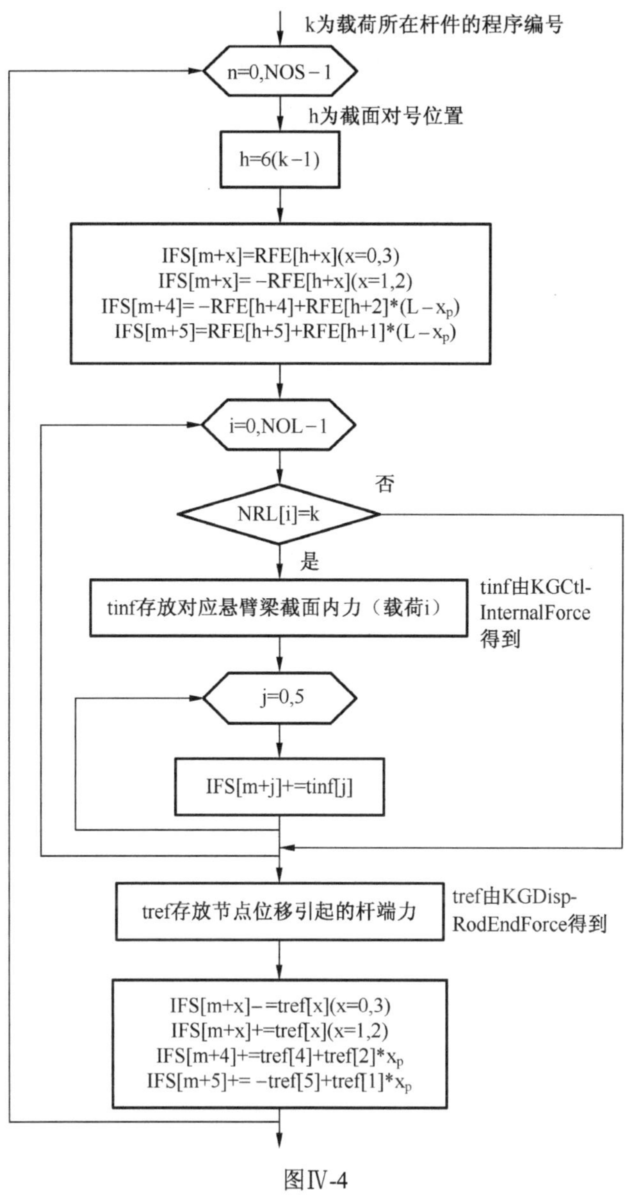

图Ⅳ-4

2. 计算对应悬臂梁截面内力—— 子框图 06

该过程与平面刚架相比变化不大。与组集荷载向量时类似，需要针对荷载所作用的平面，对产生的各自平面内的截面内力在相应的位置进行叠加。内力计算只需根据计算好的公式编写相应语句即可。

3. 计算节点位移产生的杆端力—— 子框图 07

该过程与平面刚架程序中的部分基本相同，只需针对矩阵维数不同等稍加改动即可，这里不作过多说明。

Ⅳ.8　计算程序考题

例Ⅳ-1　试求图Ⅳ-5 所示空间刚架的节点位移和指定截面内力。各杆均为等截面圆杆，截面半径 R=0.05m，弹性模量 E=210GPa，泊松比 ν=0.3。载荷如图Ⅳ-5 所示，选取截面为①、②、③号杆的跨中。

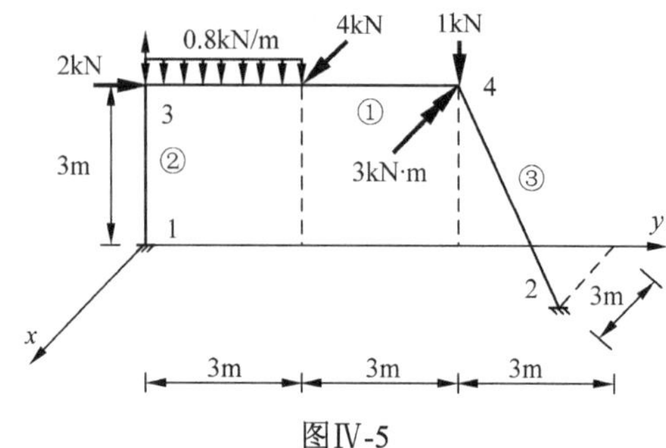

图Ⅳ-5

解：根据截面半径 R 可计算出数据文件中所需提供的截面积、两个正交主惯性矩和极惯性矩，计算公式为

$$A = \pi R^2\text{，}\quad J_y = J_z = \frac{\pi D^4}{64}\text{，}\quad J_p = J_y + J_z$$

而剪切模量可由弹性模量和泊松比求得

$$G = \frac{E}{2(1+\nu)}$$

这样便可得到所有结构参数。

(1)数据输入。

节点总数：4

固定节点数：2

杆件总数：3

荷载总数：5

截面总数：3

节点 x 坐标：0，3，0，0

节点 y 坐标：0，9，0，6

节点 z 坐标：0，0，3，3

杆件始节点：3，1，2

杆件末节点：4，3，4

杆件弹性模量：210000000，210000000，210000000

杆件剪切模量：80769000，80769000，80769000

杆件横截面积：0.007854，0.007854，0.007854

杆件 y 轴惯性矩：0.0000049087，0.0000049087，0.0000049087

杆件 z 轴惯性矩：0.0000049087，0.0000049087，0.0000049087

主惯性轴偏角：0，0，0

截面所在杆件号：1，2，3

截面距始端距离：3，1.5，2.598

载荷所在杆件号：1，1，1，1，2

载荷所在平面：0，1，0，1，0

载荷类型：2，1，1，6，1

载荷大小：–0.8，4，–1，–3，2

载荷距始端距离：3，3，6，6，3

(2)计算结果。

节点号	位移 x 分量	位移 y 分量	位移 z 分量
3	0.0143945	–0.0023823	–0.0000024
4	0.0102386	–0.0023911	0.0078269

节点号	转角 x 分量	转角 y 分量	转角 z 分量
3	0.0009884	0.0067752	–0.0043418
4	–0.0020528	0.0023856	0.0053706

截面号	轴力	剪力 y 分量	剪力 z 分量
1	–2.4122925	–1.0812467	2.0612507
2	–1.3187534	0.4122365	1.9387491
3	–3.7843225	–0.1270009	–0.2482188

截面号	扭矩	弯矩 y 分量	弯矩 z 分量
1	–0.5801092	–4.6686416	0.0775141
2	–1.1476064	–2.3280163	–0.3396086
3	0.4438522	–0.8968618	0.6226257

例Ⅳ-2 试求图Ⅳ-6 所示空间刚架的节点位移和指定截面内力。各杆均为等截面圆杆，截面半径 R=0.05m，弹性模量 E=210GPa，泊松比 ν=0.3。载荷如图Ⅳ-6 所示，③号杆在 yz 平面内及 xz 平面外作用均布载荷。选取截面为①②③④⑤号杆的跨中。

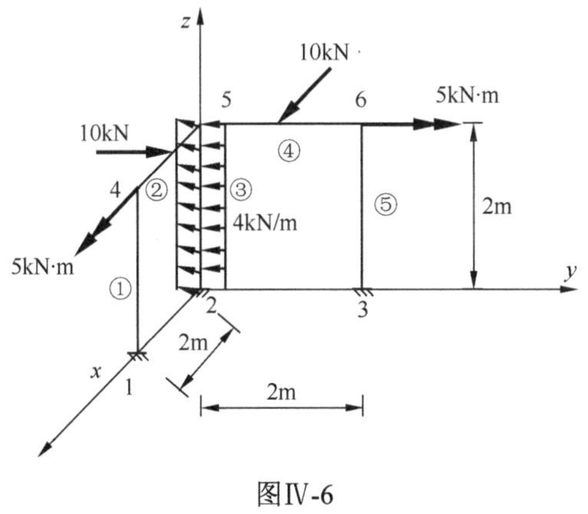

图Ⅳ-6

解：各参数求解过程见例Ⅳ-1。

(1)数据输入。

节点总数：6

固定节点数：3

杆件总数：5

荷载总数：6

截面总数：5

节点 x 坐标：2，0，0，2，0，0

节点 y 坐标：0，0，2，0，0，2

节点 z 坐标：0，0，0，2，2，2

杆件始节点：1，4，2，5，3

杆件末节点：4，5，5，6，6

杆件弹性模量：210000000，210000000，210000000，210000000，210000000

杆件剪切模量：80769000，80769000，80769000，80769000，80769000

杆件横截面积：0.007854，0.007854，0.007854，0.007854，0.007854

杆件 y 轴惯性矩：0.0000049087，0.0000049087，0.0000049087，0.0000049087，0.0000049087

杆件 z 轴惯性矩：0.0000049087，0.0000049087，0.0000049087，0.0000049087，0.0000049087

主惯性轴偏角：0，0，0，0，0

截面所在杆件号：1，2，3，4，5

截面距始端距离：1，1，1，1，1

载荷所在杆件号：2，2，3，3，4，4

载荷所在平面：1，1，1，0，1，1

载荷类型：3，1，2，2，1，3

载荷大小：−5，10，4，−4，10，5

载荷距始端距离：0，1，2，2，1，2

(2)计算结果。

节点号	位移 x 分量	位移 y 分量	位移 z 分量
4	40.0025641	−0.0005023	−0.0000043
5	50.0025679	0.0015484	0.0000061
6	0.0090324	0.0015463	−0.0000018
节点号	转角 x 分量	转角 y 分量	转角 z 分量
4	0.0022653	0.0005257	−0.0014299
5	−0.0005258	0.0017588	−0.0020916
6	−0.0004514	0.0079994	−0.0021722
截面号	轴力	剪力 y 分量	剪力 z 分量
1	−3.5164618	−2.7258954	3.1518428
2	−3.1518555	3.5164616	7.2741041
3	5.0151639	−1.5812327	1.2510285
4	−1.6927490	−1.4987020	1.5972080
5	−1.4987019	−1.6930337	1.5972080

截面号	扭矩	弯矩 y 分量	弯矩 z 分量
1	−0.5669169	−0.2709556	−1.1675470
2	1.1065574	−2.1589789	0.6355746
3	−0.8292401	−1.5731969	0.9376483
4	2.4742043	−2.4584265	0.0383248
5	−0.8612195	−4.1230049	0.2326567

Ⅳ.9 空间刚架源程序

```
#include <stdio.h>
#include <stdlib.h>
#include <conio.h>
#include <math.h>

/*全局变量声明*/
int TNN;          //节点总数/total number of nodes
int NFIN;         //固定节点数/number of fixed nodes
int NFRN;         //可动节点数/number of free nodes
int NOR;          //杆件数/number of rods
int NOL;          //载荷总数/number of loads
int NOS;          //截面数/number of sections

float *XCN;       //节点 x 方向的坐标/X coordinate of nodes
float *YCN;       //节点 y 方向的坐标/Y coordinate of nodes
float *ZCN;       //节点 z 方向的坐标/Z coordinate of nodes

int *BNR;         //杆件始端节点号/the beginning node number of rods
int *ENR;         //杆件末端节点号/the end node number of rods
float *EEE;       //弹性模量 E
float *GGG;       //剪切模量 G
float *AAA;       //横截面积 A
float *JJY;       //以局部系 y 轴为主惯性轴的主惯性矩
float *JJZ;       //以局部系 z 轴为主惯性轴的主惯性矩
float *THE;       //theta,杆件截面主惯性轴的偏角

int *NRL;         //加载杆件号/the number of rod with load
int *PLI;         //载荷作用平面/the plane the load's in
int *KOL;         //载荷类型/kind of load
float *VOL;       //载荷大小/the value of load
float *DLB;       //载荷距始端的距离/the distance between load and beginning node

int *NRS;         //截面所在的杆件编号/the number of rod with section
float *DSB;       //截面距始端的距离/the distance between section and beginning node

float **LCS;      //杆件的长度、倾角余弦
float *DON;       //存放节点位移/displacement of nodes
```

```
float *IFS;     //存放截面内力/internal force in the section
float *RFE;     //杆件局部系末端的支反力/reaction force of the end node

/*函数声明*/
void KGRead();                                              //从文本文件中读取数据
float **KGBuildTotalStif();                                 //组集总刚度阵
void KGLCosSin(int k);                                      //求杆件的长度,倾角余弦
int *KGI0J0(int rod);                                       //节点对号函数
void KGBuildUnitStif(int k,int flag,float us[6][6]); //求单根杆件的单元刚度阵
void KGBuildRD(int k,int flag,float rd[6][6]);       //求单根杆件局部系下刚度阵
void KGBuildTAndTt(int k,float t[6][6],float tt[6][6]);
                                                  //计算坐标转换矩阵及其转置阵
float *KGBuildLoadVector();                                 //组集载荷向量
void KGReactionForce(int i,float fa[6],float fb[6]);       //计算支座反力
void KGCholeSky(float **A,float *b,float *x,int n); //改进的平方根法求解方程组
void KGInternalForce(int m,int k,float xp);                //计算截面内力
void KGCtlInternalForce(int i,float xp,float tf[6]); //计算简支梁截面处内力
void KGDispRodEndForce(int k,float tref[6]); //计算由节点位移产生的截面内力
void KGaaa();                                               //格式输出函数
void KGPrint();                                             //结果输出函数

void main()
{
    char value=0;             //存放用户输入的字符
    int i;                    //循环控制变量
    float **kk,*pp;           //kk 为指向总刚度阵的指针，pp 为指向载荷向量的指针
    printf("欢迎使用空间刚架求解器！\n\n");
    printf("请在根目录中的 structure_data_force.txt 中输入结构数据，保存后返回
            该界面，按任意键继续操作。\n");
    printf("注：1.节点编号时先编固定节点再编可动节点，杆件的小号端为始端，大号端为
            末端。\n");
   printf("    2.弹性模量和剪切模量单位为千牛/平方米，荷载单位为千牛或千牛/米或千
            牛·米。\n");
   printf("    3.荷载类型 7 的“荷载距左端”距离对应“线膨胀系数”，类型 8 对应“线
            膨胀系数/杆件厚度”。\n\n");
    printf("是否开始进行结构节点位移和指定截面内力进行计算?(Y/N)：");
    scanf("%c",&value);           //用户根据提示信息选择输入字符
    if(value=='y'||value=='Y')   //用户选择'y'或'Y'则进行以下计算
    {
        KGRead();                 //从数据文件读入数据
        kk=KGBuildTotalStif();    //组集总刚度阵并将其指针赋给 kk
        pp=KGBuildLoadVector(); //组集载荷向量并将其指针赋给 pp
        KGCholeSky(kk,pp,DON,6*NFRN); //改进的平方根法求解，结果存放在 DON 中
        for(i=0;i<NOS;i++)        //对每一截面逐个求内力
            KGInternalForce(6*i,NRS[i],DSB[i]); //求局部系截面内力，结果存放在 IFS 中
        printf("\n");
        KGaaa();                  //输出间隔符号
        printf("\n\n");
```

```
        KGPrint();                      //结构参数以及计算结果的输出
    }
    printf("\n 感谢您的使用，再见！\n\n\n");
}
void KGRead()
{
    FILE *fp;                           //定义文件指针
    char c;                             //存放临时的字符型数据
    int i,j;                            //循环控制变量
    fp=fopen("structure_data_force.txt","r");   //为读取数据打开文本文件
    fseek(fp,15L,0);                    //将 fp 所指位置从初始位置向后移动 15 个字节
    fscanf(fp,"%d",&TNN);               //读取 fp 指向的整形数据，存放在 TNN 中
    fseek(fp,17L,1);                    //将 fp 所指位置从当前当前位置向后移动 17 个字节
    fscanf(fp,"%d",&NFIN);              //读取 fp 指向的整形数据，存放在 NFIN 中
    fseek(fp,17L,1);                    //将 fp 所指位置从当前当前位置向后移动 17 个字节
    fscanf(fp,"%d",&NOR);               //读取 fp 指向的整形数据，存放在 NOR 中
    fseek(fp,17L,1);                    //将 fp 所指位置从当前当前位置向后移动 17 个字节
    fscanf(fp,"%d",&NOL);               //读取 fp 指向的整形数据，存放在 NOL 中
    fseek(fp,17L,1);                    //将 fp 所指位置从当前当前位置向后移动 17 个字节
    fscanf(fp,"%d",&NOS);               //读取 fp 指向的整形数据，存放在 NOS 中
    fseek(fp,2L,1);                     //将 fp 所指位置从当前当前位置向后移动 2 个字节
    NFRN=TNN-NFIN;                      //计算可动节点数
    XCN=(float *)calloc(TNN,sizeof(float));
                                //为 XCN 分配 TNN 个长度等于 float 变量的内存空间，下同
    YCN=(float *)calloc(TNN,sizeof(float));
    ZCN=(float *)calloc(TNN,sizeof(float));
    BNR=(int *)calloc(NOR,sizeof(int));
    ENR=(int *)calloc(NOR,sizeof(int));
    EEE=(float *)calloc(NOR,sizeof(float));
    GGG=(float *)calloc(NOR,sizeof(float));
    AAA=(float *)calloc(NOR,sizeof(float));
    JJY=(float *)calloc(NOR,sizeof(float));
    JJZ=(float *)calloc(NOR,sizeof(float));
    THE=(float *)calloc(NOR,sizeof(float));
    NRL=(int *)calloc(NOL,sizeof(int));
    PLI=(int *)calloc(NOL,sizeof(int));
    KOL=(int *)calloc(NOL,sizeof(int));
    VOL=(float *)calloc(NOL,sizeof(float));
    DLB=(float *)calloc(NOL,sizeof(float));
    NRS=(int *)calloc(NOS,sizeof(int));
    DSB=(float *)calloc(NOS,sizeof(float));
    DON=(float *)calloc(3*NFRN,sizeof(float));
    IFS=(float *)calloc(3*NOS,sizeof(float));
    RFE=(float *)calloc(6*NOR,sizeof(float));
    for(i=0;i<18;i++)                   //分别读取 8 组数据存放在 8 个数组变量中
    {
        fseek(fp,15L,1);                //将 fp 所指位置从当前当前位置向后移动 15 个字节
        j=0;                            //数组指标，从每组数据的第一个数据开始
```

```
            do
            {
             switch(i)                     //用 switch 语句控制对各组数据的读取
             {
                case 0:fscanf(fp,"%f",&XCN[j]);break;    //i=0 时读取 fp 指向的
                     //浮点型数据存放在指标为 j 的 XCN 数组中，跳出 switch 语句，下同
                case 1:fscanf(fp,"%f",&YCN[j]);break;
                case 2:fscanf(fp,"%f",&ZCN[j]);break;
                case 3:fscanf(fp,"%d",&BNR[j]);break;
                case 4:fscanf(fp,"%d",&ENR[j]);break;
                case 5:fscanf(fp,"%f",&EEE[j]);break;
                case 6:fscanf(fp,"%f",&GGG[j]);break;
                case 7:fscanf(fp,"%f",&AAA[j]);break;
                case 8:fscanf(fp,"%f",&JJY[j]);break;
                case 9:fscanf(fp,"%f",&JJZ[j]);break;
                case 10:fscanf(fp,"%f",&THE[j]);break;
                case 11:fscanf(fp,"%d",&NRS[j]);break;
                case 12:fscanf(fp,"%f",&DSB[j]);break;
                case 13:fscanf(fp,"%d",&NRL[j]);break;
                case 14:fscanf(fp,"%d",&PLI[j]);break;
                case 15:fscanf(fp,"%d",&KOL[j]);break;
                case 16:fscanf(fp,"%f",&VOL[j]);break;
                case 17:fscanf(fp,"%f",&DLB[j]);break;
             }
             fscanf(fp,"%c",&c);           //读取每个数据后的逗号或换行符
             j++;                          //数组指标自加
            }while(c!='\n');               //若读取的数据后面不是换行符则继续读取
        }
}
float **KGBuildTotalStif()
{
        float **kk,us[6][6];            //kk 为总刚度阵，us 为单元刚度阵分块
        int i,j,k,m=0,n=0,*p,t[2];  //i、j、m、n 为循环控制变量，k 为杆件程序编号，
                        //t 为普通整型数组，p 为存放杆端节点对号位置的数组的指针
        kk=(float **)calloc(6*NFRN,sizeof(float *));
                                        //以下三行语句为 kk 申请二维内存空间
        for(i=0;i<6*NFRN;i++)
            *(kk+i)=(float *)calloc(6*NFRN,sizeof(float));
        for(i=0;i<6*NFRN;i++)           //以下三行语句对 kk 指向的总刚度阵清零
            for(j=0;j<6*NFRN;j++)
                kk[i][j]=0;
        LCS=(float **)calloc(4,sizeof(float *));
                                   //以下三行语句为存放杆件几何参数的LCS 申请二维内存空间
        for(i=0;i<4;i++)
          *(LCS+i)=(float *)calloc(NOR,sizeof(float));
        for(k=0;k<NOR;k++)   //k 为杆件程序编号，对每一根杆件循环，组装总刚度阵
        {
            KGLCosSin(k+1); //计算该杆件的几何参数
```

```
        p=KGI0J0(k+1);  //计算程序编号为 k 的杆件端点对号位置，并存放在 p 指向的数组中
        for(i=0;i<2;i++)
            t[i]=p[i];  //将 p 指向的数值赋给 t，避免指针 p 丢失
        for(i=0;i<2;i++)//对杆件两端点对应的主对角分块位置进行叠加
        {
            if(t[i]>=0) //符合条件说明为可动节点并进行叠加，否则不叠加
            {
                KGBuildUnitStif(k,1+i,us);
                        //计算程序编号为 k 的杆件的单元刚度阵分块，并存放在 us 中
                for(m=0;m<6;m++)
                    for(n=0;n<6;n++)
                        kk[t[i]+m][t[i]+n]+=us[m][n];
                        //对 us 中的 36 个元素按相应位置进行叠加
            }
        }
        if(t[0]>=0&&t[1]>=0)//符合条件说明两端点均为可动节点并进行叠加，否则不叠加
        {
            for(i=0;i<2;i++)//对杆件两端点对应的非主对角分块位置进行叠加
            {
                KGBuildUnitStif(k,3+i,us);
                        //计算程序编号为 k 的杆件的单元刚度阵分块，并存放在 us 中
                for(m=0;m<6;m++)
                    for(n=0;n<6;n++)
                        kk[t[i]+m][t[1-i]+n]+=us[m][n];
                                    //对 us 中的 36 个元素按相应位置进行叠加
            }
        }
    }
    return kk;
}
void KGLCosSin(int k)                 //k 为杆件实际编号
{
    int i,j;
    k--;                              //k 自减，即为程序杆件号
    i=BNR[k]-1;                       //i 存放杆件的始端节点对应程序中的数组指标
    j=ENR[k]-1;                       //j 存放杆件的末端节点对应程序中的数组指标
    LCS[1][k]=XCN[j]-XCN[i];          //杆件始末端节点 X 坐标之差
    LCS[2][k]=YCN[j]-YCN[i];          //杆件始末端节点 Y 坐标之差
    LCS[3][k]=ZCN[j]-ZCN[i];          //杆件始末端节点 Z 坐标之差
    LCS[0][k]=sqrt(LCS[1][k]*LCS[1][k]+LCS[2][k]*LCS[2][k]+LCS[3][k]*
            LCS[3][k]);               //求杆件长度
    LCS[1][k]=LCS[1][k]/LCS[0][k];    //求杆件倾角 alpha 余弦值
    LCS[2][k]=LCS[2][k]/LCS[0][k];    //求杆件倾角 beta 余弦值
    LCS[3][k]=LCS[3][k]/LCS[0][k];    //求杆件倾角 gama 余弦值
}
int *KGI0J0(int rod)                  //rod 为杆件的实际编号
{
    int bl,br,ij[2];
```

```
    bl=BNR[rod-1];                        //bl 存放杆件的始端节点号
    br=ENR[rod-1];                        //br 存放杆件的末端节点号
    ij[0]=6*(bl-NFIN-1);  //将始端节点在总刚度阵中对应的位置编号存放在 ij 数组中
    ij[1]=6*(br-NFIN-1);  //将末端节点在总刚度阵中对应的位置编号存放在 ij 数组中
    return ij;             //返回 ij 数组指针
}
void KGBuildUnitStif(int k,int flag,float us[6][6])
                    //k 为杆件程序编号，flag 为矩阵分块标号，us 为单元刚度阵分块
{
    int i,j,m;                          //i、j、m 均为循环控制变量
    float rd[6][6]={0},t[6][6]={0},tt[6][6]={0},c[6][6]={0};
                                        //rd 为局部系刚度阵，t 为坐标转换矩阵，tt 为其转置阵
    KGBuildRD(k,flag,rd);               //根据 flag 计算杆件(k+1)的 rd 阵的相应分块阵
    KGBuildTAndTt(k,t,tt);              //计算坐标转换矩阵及其转置阵
    for(i=0;i<6;i++)                    //以下三行语句对 us 进行清零
        for(j=0;j<6;j++)
            us[i][j]=0;
    for(i=0;i<6;i++) //以下四行语句计算矩阵 t 与矩阵 rd 相乘，结果存放在矩阵 c 中
        for(j=0;j<6;j++)
            for(m=0;m<6;m++)
                c[i][j]+=t[i][m]*rd[m][j];
    for(i=0;i<6;i++) //以下四行语句计算矩阵 c 与矩阵 tt 相乘，结果存放在矩阵 us 中
        for(j=0;j<6;j++)
            for(m=0;m<6;m++)
                us[i][j]+=c[i][m]*tt[m][j];
}
void KGBuildRD(int k,int flag,float rd[6][6])
                                        //k 为杆件程序编号，flag 为矩阵分块标号
{
    float a,b,c,d,e,f,g,h,l=LCS[0][k];
    a=EEE[k]*AAA[k]/l;                       //EA/l
    b=GGG[k]*(JJY[k]+JJZ[k])/l;              //GJ(p)/l
    c=4*EEE[k]*JJY[k]/l;                     //4EJ(y)/l
    d=c/2*3/l;                               //6EJ(y)/l/l
    e=2*d/l;                                 //12EJ(y)/l/l/l
    f=4*EEE[k]*JJZ[k]/l;                     //4EJ(z)/L
    g=f/2*3/l;                               //6EJ(z)/L/L
    h=2*g/l;                                 //12EJ(z)/L/L/l
    switch(flag)                             //根据 flag 计算相应分块阵
    {
        case 1:rd[0][0]=a;rd[1][1]=h;rd[1][5]=rd[5][1]=g;rd[2][2]=e;
               rd[2][4]=rd[4][2]=-d;rd[3][3]=b;rd[4][4]=c;rd[5][5]=f;
               break;                        //k11
        case 2:rd[0][0]=a;rd[1][1]=h;rd[1][5]=rd[5][1]=-g;rd[2][2]=e;
               rd[2][4]=rd[4][2]=d;rd[3][3]=b;rd[4][4]=c;rd[5][5]=f;
               break;                        //k22
        case 3:rd[0][0]=-a;rd[1][1]=-h;rd[1][5]=g;rd[5][1]=-g;rd[2][2]=-e;
              rd[2][4]=-d;rd[4][2]=d;rd[3][3]=-b;rd[4][4]=c/2;rd[5][5]=f/2;
```

```
                break;                          //k12
            case 4:rd[0][0]=-a;rd[1][1]=-h;rd[1][5]=-g;rd[5][1]=g;rd[2][2]=-e;
                rd[2][4]=d;rd[4][2]=-d;rd[3][3]=-b;rd[4][4]=c/2;rd[5][5]=f/2;
                break;                          //k21
    }
}
void KGBuildsTAndTt(int k,float t[6][6],float tt[6][6])
                                        //t 为坐标转换矩阵，tt 为其转置阵
{
    int i,j;                        //循环控制变量
    float coa,cob,coc,sic,sit,cot,m,n;//co 表示余弦，si 表示正弦，m、n 为中间变量
    coa=LCS[1][k];                  //alpha 的余弦值
    cob=LCS[2][k];                  //beta 的余弦值
    coc=LCS[3][k];                  //gama 的余弦值
    sit=sin(THE[k]);                //theta 的正弦值
    cot=cos(THE[k]);                //theta 的余弦值
    for(i=0;i<6;i++)                //以下三行语句对坐标转换矩阵及其转置阵清零
        for(j=0;j<6;j++)
            t[i][j]=tt[i][j]=0;
    if(coc==1)                      //竖直杆(局部系 x 轴沿 Z 轴正向)的转换矩阵
    {
        t[2][0]=tt[0][2]=t[5][3]=tt[3][5]=1;    //将 1 赋予矩阵中各值
        t[0][1]=t[3][4]=tt[1][0]=tt[4][3]=t[1][2]=t[4][5]=tt[2][1]
                =tt[5][4]=sit;      //将 theta 正弦值赋予矩阵中各值
        t[1][1]=t[4][4]=tt[1][1]=tt[4][4]=cot;//将 theta 余弦值赋予矩阵中各值
        t[0][2]=t[3][5]=tt[2][0]=tt[5][3]=-cot;
                                    //将 theta 余弦值的相反数赋予矩阵中各值
    }
    else if(coc==-1)                //竖直杆(局部系 x 轴沿 Z 轴负向)的转换矩阵
    {
        t[2][0]=tt[0][2]=t[5][3]=tt[3][5]=-1;  //将-1 赋予矩阵中各值
        t[0][1]=t[3][4]=tt[1][0]=tt[4][3]=sit;  //将 theta 正弦值赋予矩阵中各值
        t[1][2]=t[4][5]=tt[2][1]=tt[5][4]=-sit;
                                    //将 theta 正弦值的相反数赋予矩阵中各值
        t[1][1]=t[4][4]=tt[1][1]=tt[4][4]=t[0][2]=t[3][5]=tt[2][0]
               =tt[5][3]=cot;       //将 theta 余弦值赋予矩阵中各值
    }
    else                            //普通杆的转换矩阵
    {
        sic=sqrt(1-coc*coc);        //gama 的正弦值
        m=coa*coc;                  //将 alpha 余弦值与 gama 余弦值的乘积赋予 m
        n=cob*coc;                  //将 beta 余弦值与 gama 余弦值的乘积赋予 n
        t[0][0]=tt[0][0]=t[3][3]=tt[3][3]=coa;//将 alfa 余弦值赋予矩阵中各值
        t[1][0]=tt[0][1]=t[4][3]=tt[3][4]=cob;//将 beta 余弦值赋予矩阵中各值
        t[2][0]=tt[0][2]=t[5][3]=tt[3][5]=coc;//将 gama 余弦值赋予矩阵中各值
        t[0][1]=tt[1][0]=t[3][4]=tt[4][3]=(cob*sit-m*cot)/sic;
                                    //将右端表达式的值赋予矩阵中各值
        t[1][1]=tt[1][1]=t[4][4]=tt[4][4]=-(n*cot+coa*sit)/sic;
```

```
                              //将右端表达式的值赋予矩阵中各值
        t[2][1]=tt[1][2]=t[5][4]=tt[4][5]=cot*sic;
                              //将 theta 余弦值与 gama 正弦值的乘积赋予矩阵中各值
        t[0][2]=tt[2][0]=t[3][5]=tt[5][3]=(m*sit+cob*cot)/sic;
                              //将右端表达式的值赋予矩阵中各值
        t[1][2]=tt[2][1]=t[4][5]=tt[5][4]=(n*sit-coa*cot)/sic;
                              //将右端表达式的值赋予矩阵中各值
        t[2][2]=tt[2][2]=t[5][5]=tt[5][5]=-sit*sic;
                              //将theta 正弦值与gama 正弦值乘积的相反数赋予矩阵中各值
    }
}
float *KGBuildLoadVector()
{
    int i,j,m,n,rod,*p;       //i、j、m、n 为循环控制变量，rod 为杆件程序编号
    float rf[2][6],t[6][6],tt[6][6],*pp;
      //rf 存放杆件始末端支反力分量，t、tt 分别为转换矩阵及其转置阵，pp 为载荷向量
    pp=(float *)calloc(6*NFRN,sizeof(float));
                              //为 pp 分配 3*NFRN 个长度等于 float 变量的内存空间
    for(i=0;i<6*NFRN;i++)     //载荷向量清零
        pp[i]=0;
    for(i=0;i<6*NOR;i++)      //对 RFE 清零
        RFE[i]=0;
    for(i=0;i<NOL;i++)        //对每一载荷循环
    {
        rod=NRL[i]-1;         //将 NRL 中存放的杆件实际编号-1 即为相应程序编号
        for(j=0;j<6;j++)      //对二维数组 rf 清零
            rf[0][j]=rf[1][j]=0;
        KGReactionForce(i,rf[0],rf[1]); //计算固支梁第 i 个载荷始末端点支反力，
                                        //分别存放在 rab[0],rab[1]中
        for(j=0;j<6;j++)      //将末端支反力分量叠加到 RFE 中
            RFE[6*rod+j]+=rf[1][j];
        KGBuildTAndTt(rod,t,tt);        //计算坐标转换矩阵及其转置阵
        p=KGI0J0(NRL[i]);     //计算实际编号为 NRL[i]的杆件端点对号位置，
                              //并存放在 p 指向的数组中
        for(j=0;j<2;j++)      //分别对始末端支反力的相反数进行叠加
            if(p[j]>=0)       //符合条件为自由节点，执行叠加过程，反之为固定节点，不叠加
                for(m=0;m<6;m++)//以下三行语句完成坐标转换矩阵与支反力向量的相乘
                    for(n=0;n<6;n++)
                        pp[p[j]+m]-=t[m][n]*rf[j][n];
    }
    return pp;                //返回载荷变量数组指针
}
void KGReactionForce(int i,float rfb[6],float rfe[6])
                              //i 为荷载编号，rfb、rfe 分别为始末端支反力分量
{
    float ra,rb,a,b,q=VOL[i],xq=DLB[i];       //ra、rb、a、b 均为中间变量
    int rod=NRL[i]-1,pm=PLI[i],t;             //rod 为杆件程序编号
    if(pm==0)                                 //载荷在 xy 面内
```

```
        t=-1;          //支反力公式中弯矩以顺时针为正，t=-1 将其转换为以坐标轴正向为正
    else if(pm==1)     //载荷在 xz 面内
        t=1;           //支反力公式中弯矩以顺时针为正，t=1 将其转换为以坐标轴正向为正
    ra=DLB[i]/LCS[0][rod];     // x(q)/L
    rb=1-ra;           //1-x(q)/L
    switch(KOL[i])     //根据 KOL[i]计算相应荷载类型的支反力
    {
    case 1:a=rb*rb;rfb[pm+1]=-q*rb*(1+ra-2*ra*ra);rfe[pm+1]=
      -q-rfb[pm+1];rfb[5-pm]=t*q*rb*ra*(LCS[0][rod]-xq);rfe[5-pm]=
      -t*q*ra*rb*xq;break;                //竖直集中力
    case 2:a=q*xq;b=a*xq/12;rfb[pm+1]=-a*(1+0.5*ra*ra*ra-ra*ra);
      rfe[pm+1]=-a-rfb[pm+1];rfb[5-pm]=t*b*(6-8*ra+3*ra*ra);rfe[5-pm]=
      -t*b*(4*ra-3*ra*ra);break;          //竖直均布载荷
    case 3:rfb[3*pm]=-q*rb;rfe[3*pm]=-q*ra;break;
                                    //PLI 为 0 时为轴向集中力，PLI 为 1 时为扭矩
    case 4:a=q*xq;rfe[3*pm]=-a*ra/2;rfb[3*pm]=-a-rfe[3*pm];break;
                                                      //轴向均布载荷
    case 5:a=q*xq/2;b=-0.4*ra*ra;rfb[pm+1]=-2*a*(0.5-0.75*ra*ra+
      0.4*ra*ra*ra);rfe[pm+1]=-a-rfb[pm+1];rfb[5-pm]=t*a*(2/3+b-ra);
      rfe[5-pm]=-t*a*(0.5*ra+b);break;                //竖直三角形分布载荷
    case 6:rfb[2-pm]=t*6*q*rb*ra/LCS[0][rod];rfe[2-pm]=-rfb[2-pm];
      rfb[pm+4]=t*q*rb*(-1+3*ra);rfe[pm+4]=t*q*ra*(2-3*ra);break;
                                                      //集中弯矩
    case 7:rfb[0]=q*xq*EEE[rod]*AAA[rod];rfe[0]=-rfb[0];break;
                                                      //均匀升温
    case 8:if(pm==0)a=JJZ[rod];else if(pm==1)a=JJY[rod];rfb[5-pm]=
      t*q*2*EEE[rod]*a*xq;rfe[5-pm]=-rfb[5-pm];break;   //上升温下降温
    }
}
void KGCholeSky(float **A,float *b,float *x,int n)
                        //A 为对称系数阵，b 为常数向量，x 为未知数向量，n 为维数
{
    int i,j,k;                  //循环控制变量
    float s,**L,*D,*y;          //s 为中间变量，L、D 为分解矩阵，y 为中间向量
    L=(float **)calloc(n,sizeof(float *)); //以下三行语句为 kk 申请二维内存空间
    for(i=0;i<n;i++)
        *(L+i)=(float *)calloc(n,sizeof(float));
    D=(float *)calloc(n,sizeof(float));//为 D 申请 n 个长度等于 float 变量的内存空间
    y=(float *)calloc(n,sizeof(float));//为 y 申请 n 个长度等于 float 变量的内存空间
    for(i=0;i<n;i++)
      L[i][i]=1;                          //L 初始化
    /*将 A 分解为 LDL(t)*/
    D[0]=A[0][0];
    for(i=1;i<n;i++)
    {
        for(j=0;j<i;j++)
        {
            s=0;
```

```
            for(k=0;k<j;k++)
                s=s+L[i][k]*D[k]*L[j][k];
            L[i][j]=(A[i][j]-s)/D[j];
        }
        s=0;
        for(k=0;k<i;k++)
            s=s+L[i][k]*L[i][k]*D[k];
        D[i]=A[i][i]-s;
    }
    /*由 Ly=b 求解 y*/
    y[0]=b[0];
    for(i=1;i<n;i++)
    {
        s=0;
        for(k=0;k<i;k++)
            s=s+L[i][k]*y[k];
        y[i]=b[i]-s;
    }
    /*由 DL(t)x=y 求解 x*/
    x[n-1]=y[n-1]/D[n-1];
    for(i=n-2;i>=0;i--)
    {
        s=0;
        for(k=i+1;k<n;k++)
            s=s+L[k][i]*x[k];
        x[i]=y[i]/D[i]-s;
    }
}
void KGInternalForce(int m,int k,float xp)
                        //m 为截面对号位置，k 为杆件实际编号，xp 为截面与始端距离
{
    int i,j,n=6*(k-1);         //i、j 为循环控制变量，n 为杆件对号位置
    float tf[6];               //tf 为中间数组变量
    IFS[m]=RFE[n];  //以下六行语句计算杆件右端反力引起的内力分量，并叠加到 IFS 中
    IFS[m+1]=-RFE[n+1];
    IFS[m+2]=-RFE[n+2];
    IFS[m+3]=RFE[n+3];
    IFS[m+4]=-RFE[n+4]+RFE[n+2]*(LCS[0][k-1]-xp);
    IFS[m+5]=RFE[n+5]+RFE[n+1]*(LCS[0][k-1]-xp);
    for(i=0;i<NOL;i++)         //对每一载荷进行循环
    {
        if(NRL[i]==k)          //若该载荷施加于杆件 k
        {
            for(j=0;j<6;j++)//对 tinf 清零
                tf[j]=0;
            KGCtlInternalForce(i,xp,tf);  //对应悬臂梁在载荷下的截面内力计算
            for(j=0;j<6;j++)       //将悬臂梁的截面内力分量按相应位置叠加到 IFS 中
                IFS[m+j]+=tf[j];
```

```
        }
    }
    KGDispRodEndForce(k,tf);     //计算由节点位移产生的杆端力,并存放在数组 tf 中
    IFS[m]-=tf[0];
          //以下六行语句根据公式计算杆端力引起的截面内力，并按相应位置叠加到 IFS 中
    IFS[m+1]+=tf[1];
    IFS[m+2]+=tf[2];
    IFS[m+3]-=tf[3];
    IFS[m+4]+=tf[4]+tf[2]*xp;
    IFS[m+5]+=-tf[5]+tf[1]*xp;
}
void KGCtlInternalForce(int i,float xp,float tf[6])
                //i 为载荷程序编号，xp 为截面与始端距离，tf 为存储内力分量的数组
{
    float xq=DLB[i],t=xq-xp,r=xp/xq,q=VOL[i];    //t、r 均为中间变量
    int e=PLI[i];
    switch(KOL[i])       //根据 KOL[i]计算相应载荷类型对应悬臂梁的截面内力
    {
    case 1:if(xp<xq){tf[e+1]=-q;tf[5-e]=q*t;}break;
                //若符合条件则按照公式进行计算，否则分量为 0，跳过计算过程，下同
    case 2:if(xp<xq){tf[e+1]=-q*t;tf[5-e]=0.5*q*t*t;}break;
    case 3:if(xp<xq)tf[3*e]=q;break;
    case 4:if(xp<xq)tf[3*e]=q*t;break;
    case 5:if(xp<xq){tf[e+1]=-q*(1+r)*t/2;tf[5-e]=q*t*t*(2+r)/6;}break;
    case 6:if(xp<xq)tf[e+4]=(2*e-1)*q;break;
    case 7:break;        //温度荷载不在悬臂梁上产生内力，跳过计算过程，下同
    case 8:break;
    }
}
void KGDispRodEndForce(int k,float tref[6])
                              //k 为杆件实际编号，tref 存放杆端力分量
{
    int *p,i,j,m,n,a[2];    //i、j、m、n 为循环控制变量，t 为普通整型数组
    float rd[6][6]={0},rdb[6][6],t[6][6],tt[6][6],temp;
                //t、tt 为坐标转换矩阵及其转置阵，rdb、temp 均为临时存储数组变量
    for(i=0;i<6;i++)          //对 tref 清零
        tref[i]=0;
    KGBuildTAndTt(k-1,t,tt);     //计算坐标转换矩阵及其转置阵
    p=KGI0J0(k);     //计算实际编号为 k 的杆件端点对号位置，并存放在 p 指向的数组中
    for(i=0;i<2;i++)              //将 p 指向的数值赋给 t，避免指针 p 丢失
        a[i]=p[i];
    for(i=0;i<2;i++)              //分别对始末端进行计算叠加
    {
        if(a[i]>=0)               //符合条件为自由节点，执行计算，否则为固定节点
        {
            KGBuildRD(k-1,2*i+1,rd);  //根据标号计算杆件 k 的 rd 阵的相应分块阵
            for(j=0;j<6;j++)           //以下三行语句对 rdb 清零
                for(m=0;m<6;m++)
```

```
                    rdb[j][m]=0;
            for(j=0;j<6;j++)      //以下四行语句计算矩阵 rd 与矩阵 tt 相乘，
                                  //结果存放在矩阵 rdb 中
                for(m=0;m<6;m++)
                    for(n=0;n<6;n++)
                        rdb[j][m]+=rd[j][n]*tt[n][m];
            for(j=0;j<6;j++)      //对三个分量循环
            {
                temp=0;           //临时变量归零
                for(m=0;m<6;m++)//以下两行语句计算矩阵 rdb 与向量 DON 相乘，
                                  //结果存放在矩阵 temp 中
                    temp+=rdb[j][m]*DON[a[i]+m];
                tref[j]+=temp;        //将计算出的杆端力分量叠加到相应位置
            }
        }
        else                          //固定节点的节点位移为 0，矩阵相乘后仍为 0
            for(j=0;j<3;j++)
                tref[j]+=0;           //将 0 叠加到 tref 中
    }
}
void KGaaa()
{
   printf("**********************************************************");
}
void KGPrint()
{
    int i,j;    //循环控制变量
    printf("\t\t\t\t\t 空间刚架结构计算\n");
    KGaaa();
    printf("\t\t 节点总数=%d\t\t\t 固定节点数=%d\n\t\t 可动节点数=%d\t\t\t 杆件
            数=%d\n",TNN,NFIN,NFRN,NOR);
    printf("\t\t 荷载总数=%d\t\t\t 截面总数=%d\n",NOL,NOS);
    KGaaa();
    printf("   节点号\tX 坐标\t\tY 坐标\t\tZ 坐标\n");
    for(i=1;i<=TNN;i++)
        printf("    %d\t  %5.7f\t%5.7f\t%5.7f\n",i,XCN[i-1],YCN[i-1],ZCN[i-1]);
    KGaaa();
    printf("    杆件号 左节点 右节点  弹性模量 E  剪切模量 G   截面积 A   惯性矩 Jy
           惯性矩 Jz\n");
    for(i=0;i<NOR;i++)
        printf("      %d\t      %d\t      %d\t  %5.0f  %5.0f    %5.4f    %.5f
          %.5f\n",i+1,BNR[i],ENR[i],EEE[i],GGG[i],AAA[i],JJY[i],JJZ[i]);
    KGaaa();
    printf("    荷载号 所在平面 所在杆件号\t 荷载类型\t 荷载大小\t 距左端距离\n");
    for(i=0;i<NOL;i++)
        printf("     %02d        %d\t\t%d\t   %d\t\t%5.2f\t\t%5.5f\n",
            i+1,PLI[i],NRL[i],KOL[i],VOL[i],DLB[i]);
    KGaaa();
```

```
    printf("    截面号\t 所在杆件号\t  距左端距离\n");
    for(i=1;i<=NOS;i++)
        printf("      %d\t\t     %d\t\t  %5.7f\n",i,NRS[i-1],DSB[i-1]);
    KGaaa();
    printf("\n 结果输出如下: \n");
    KGaaa();
    printf("节点号    位移 X\t    位移 Y\t 位移 Z\t     转角 X\t 转角 Y\t    转角 Z\n");
    for (i=NFIN+1,j=0;i<=TNN;i++,j++)
        printf("   %d  %5.7f  %5.7f  %5.7f  %5.7f  %5.7f  %5.7f\n",i,
          DON[6*j],DON[6*j+1],DON[6*j+2],DON[6*j+3],DON[6*j+4],DON[6*j+5]);
    KGaaa();
    printf("截面号    轴力 X\t    剪力 Y\t 剪力 Z\t     扭矩 X\t 弯矩 Y\t    弯矩 Z\n");
    for (i=0;i<NOS;i++)
        printf("   %d  %5.7f  %5.7f  %5.7f  %5.7f  %5.7f  %5.7f\n",
         i+1,IFS[6*i],IFS[6*i+1],IFS[6*i+2],IFS[6*i+3],IFS[6*i+4],IFS[6*i+5]);
}
```

部分习题答案

第 1 章　杆系结构位移法

1-1　$M_{AB}=Fl/24$，$M_{BA}=Fl/12$，$M_{BC}=-Fl/8$，$M_{BD}=Fl/24$，$M_{DB}=Fl/48$

1-2　$M_{AC}=-22.5\text{kN·m}$，$M_{BD}=-13.5\text{kN·m}$，$F_{SAC}=9.75\text{kN}$，$F_{SCA}=-2.25\text{kN}$，
$F_{SBD}=2.25\text{kN}$，$F_{NCD}=-2.25\text{kN}$

1-3　$M_{CA}=-3\text{kN·m}$，$M_{AC}=-15\text{kN·m}$，$M_{DC}=9\text{kN·m}$，$M_{BD}=-9\text{kN·m}$

1-4　$M_{AB}=-3ql^2/28$，$M_{BC}=-ql^2/28$

1-5　$M_{BA}=3ql^2/56$，$M_{BC}=-ql^2/14$，$M_{BD}=ql^2/56$

1-6　$M_{CB}=34.8\text{kN·m}$，$M_{CD}=-69.5\text{kN·m}$，$M_{CE}=34.8\text{kN·m}$

1-7　$M_{BD}=-39\text{kN·m}$，$M_{BC}=55\text{kN·m}$，$M_{BA}=-16\text{kN·m}$

1-8　$M_{BA}=26.52\text{kN·m}$，$M_{BF}=16.52\text{kN·m}$，$M_{BC}=-43.03\text{kN·m}$，
$M_{DC}=56.96\text{kN·m}$，$M_{DE}=-48.48\text{kN·m}$，$M_{DG}=-8.48\text{kN·m}$

1-9　$M_{BA}=0.61Fl$，$M_{BC}=0.39Fl$，$M_{CB}=0.33Fl$，$M_{DC}=-0.27Fl$，$M_{AB}=0.09Fl$

1-10　$M_{BC}=-48.7\text{kN·m}$，$M_{CB}=69.6\text{kN·m}$，$M_{AB}=24.3\text{kN·m}$

1-11　$M_{AB}=-0.107Fl$，$M_{BA}=0.150Fl$，$M_{BC}=-0.150Fl$，
$M_{CB}=0.0606Fl$，$M_{CD}=-0.0606Fl$，$M_{DC}=0.0272Fl$

1-12　$M_{CD}=-139.6\text{kN·m}$，$M_{CA}=-139.6\text{kN·m}$

1-13　$M_{BA}=-2.62\text{kN·m}$，$M_{CB}=-0.084\text{kN·m}$，$M_{DE}=-1.19\text{kN·m}$

第 2 章　杆系结构刚度阵法

2-1　(1) $\delta_{x3}=0.0002402\text{m}$，向右；$\delta_{y3}=-0.00007702\text{m}$，向下；
$\theta_3=0.000004835\text{rad}$，顺时针
(2) $\delta_{x4}=0.0003689\text{m}$，向右；$\delta_{y4}=-0.0005391\text{m}$，向下；$\theta_4=0.00002598\text{rad}$，顺时针
(3) $\delta_{x4}=0.0005704\text{m}$，向右；$\delta_{y4}=-0.001874\text{m}$，向下；$\theta_4=-0.0001592\text{rad}$，顺时针

参 考 文 献

Cook R D. 1981. 有限元分析的概念和应用. 何穷，程耿东译. 北京：科学出版社

Kenneth H H. 1975. The Finite Element Method for Engineers. New York: JOHN WILEY & SONS A Wiley-Interscience Publication

季顺迎. 2013. 材料力学. 北京：科学出版社

龙驭球，包世华. 2000. 结构力学教程(Ⅰ). 北京：高等教育出版社

龙驭球，包世华. 2001. 结构力学教程(Ⅱ). 北京：高等教育出版社

钱令希. 1957. 超静定结构学. 北京：科学技术出版社

唐秀近，时战. 1986. 结构力学(下册). 大连：大连工学院出版社

阳日，梁琨. 1989. 结构力学的计算机方法. 重庆：重庆大学出版社

钟万勰，丁殿明，程耿东. 1982. 计算杆系结构力学. 北京：水利电力出版社

钟万勰，丁殿明，程耿东. 1989. 计算结构力学——杆件结构. 北京：高等教育出版社

朱鸣华. 2011. C 语言程序设计教程. 北京：机械工业出版社